铅膏的柠檬酸湿法回收新技术

朱新锋　张　伟　杨家宽　著

北　京
冶　金　工　业　出　版　社
2018

内容提要

本书从铅酸蓄电池中最难回收的铅膏清洁回收这一视角出发，从铅膏组成、物性与利用的相互关系和变化规律着手，直接制备电池活性材料，强调树立一种绿色回收新概念。本书主要内容有：铅膏的物性；利用铅与有机酸配体之间的螯合作用，研究柠檬酸-柠檬酸钠、乙酸-柠檬酸钠、柠檬酸-氨水体系等多种浸出体系；湿法脱硫转化同步制备前驱体柠檬酸铅；浸出过程中杂质元素迁移转化；柠檬酸铅的物质性质；晶粒与氧化度可控的超细氧化铅的制备工艺条件。

本书可供铅蓄电池企业和从事铅酸电池辅料生产、开发、应用的科技工作者阅读，也可供高等院校有色冶金、环保、材料等专业的本科生、研究生参考。

图书在版编目(CIP)数据

铅膏的柠檬酸湿法回收新技术／朱新锋，张伟，杨家宽著. —北京：冶金工业出版社，2018.6

ISBN 978-7-5024-7812-4

Ⅰ.①铅…　Ⅱ.①朱…　②张…　③杨…　Ⅲ.①柠檬酸—湿法—回收　Ⅳ.①TQ921

中国版本图书馆 CIP 数据核字（2018）第 132331 号

出 版 人　谭学余

地　　址　北京市东城区嵩祝院北巷 39 号　邮编　100009　电话　(010)64027926

网　　址　www.cnmip.com.cn　电子信箱　yjcbs@cnmip.com.cn

责任编辑　刘晓飞　高　娜　美术编辑　彭子赫　版式设计　孙跃红

责任校对　李　娜　责任印制　李玉山

ISBN 978-7-5024-7812-4

冶金工业出版社出版发行；各地新华书店经销；固安华明印业有限公司印刷

2018 年 6 月第 1 版，2018 年 6 月第 1 次印刷

169mm×239mm；14 印张；272 千字；214 页

74.00 元

冶金工业出版社　投稿电话　(010)64027932　投稿信箱　tougao@cnmip.com.cn

冶金工业出版社营销中心　电话　(010)64044283　传真　(010)64027893

冶金书店　地址　北京市东四西大街 46 号(100010)　电话　(010)65289081(兼传真)

冶金工业出版社天猫旗舰店　yjgycbs.tmall.com

（本书如有印装质量问题，本社营销中心负责退换）

前　言

铅酸蓄电池具有安全性能高、无记忆效应、可做成单体大容量电池等优点，使之在二次电池工业中占据主导地位。目前，中国是世界上最大的铅酸蓄电池生产和消费国，随之产生的废铅酸蓄电池正以每年10%的速度递增。无论是《巴塞尔公约》，还是我国危险废物名录，废铅酸蓄电池都属于危险废物。铅膏是废铅酸蓄电池中最难处理的部分。目前废铅蓄电池的处理主要采用火法，铅膏中$PbSO_4$含量一般在50%以上，$PbSO_4$熔点较高，达到完全分解的温度要在1000℃以上，高温过程产生大量的SO_2，同时会造成大量的铅挥发损失并形成污染性的铅尘。近年来群体性的血铅中毒事件频繁发生，因而铅酸电池以及废铅蓄电池回收行业的污染问题引起社会大众及政府的广泛关注。在我国通过的第一个“十二五”专项规划——《重金属污染综合防治“十二五”规划》（以下简称《规划》）中，铅蓄电池行业的整治成为重金属防治的重点行业。因此废铅酸蓄电池中的铅膏清洁回收及有效的资源利用是急需解决的重要课题。

本书以铅膏为研究对象，分析实际铅膏的物性，利用铅与有机酸配体之间的螯合作用，采用湿法脱硫转化同步制备前驱体有机酸铅，前驱体低温焙烧制备超细铅粉。探讨湿法处理工艺参数对铅膏脱硫率以及一次铅回收率的影响规律，铅膏中多组分对浸出过程中铅膏脱硫率以及一次铅回收率的作用规律，杂质元素迁移转化；柠檬酸铅的物质性质以及晶粒与氧化度可控的超细氧化铅的制备工艺条件。

在国家科技支撑项目资助下开展湿法示范工程研究，对湿法示范工程实验中的脱硫效果和杂质分布进行系统分析。

本书主要由河南城建学院朱新锋、郑州大学张伟、华中科技大学杨家宽撰写。在本书的写作和完稿过程中，研究生韩露对部分图表和资料进行了绘制整理，张伟等进行了文字录入及校对工作，朱新锋副教授负责全书的修改定稿。在此过程中，西安建筑科技大学王宇斌等给予了热忱帮助，在此深表感谢！

本书涉及内容的研究和出版得到了国家自然科学基金、河南城建学院重点学科建设基金的支持和资助，在此一并表示衷心的感谢！同时，对书中所引用文献资料的中外作者致以诚挚的谢意！

新技术涉及知识面极为广泛，加上作者水平有限，书中难免有不足之处，恳请读者多加指正。

作　者

2018 年 3 月

目　录

1 绪 论

1.1 铅与再生铅

1.1.1 铅与铅资源

铅（Pb）是一种蓝灰色金属，第ⅣA 族元素，原子序数 82，相对原子质量 207.2，密度 11.349g/cm^3，熔点 327.43℃，沸点 1750℃。铅的物理性质主要是硬度小，延展性好，高温下容易挥发，能与很多金属形成合金。铅的化学性质相对稳定。铅有+2 和+4 两种化合价，但由于 $6s^2 6p^2$ 惰性电子对效应，Pb(Ⅳ) 化合物有强氧化性，易被还原为 Pb(Ⅱ)，所以铅的化合物以 Pb(Ⅱ) 为主。在有色金属生产中，铅仅次于铝、铜、锌，占第四位。铅资源作为战略资源起到极其重要的作用，对经济和社会的发展均具有关键用途。近年来全球铅使用量迅猛增加，2012 年较 1980 年时增加约一倍。按来源，铅资源主要分为两种：原生铅和再生铅。大部分原生铅矿存储于矿石中，主要存在形式有方铅矿（PbS）、白铅矿（$PbCO_3$）和硫酸铅矿（$PbSO_4$）等。铅在现代工业中应用的主要领域是蓄电池工业。随着汽车工业和其他工业的发展，蓄电池工业对铅的需求量仍在增加。铅的另外一个重要用途是利用了铅对放射性物体的辐射具有良好的屏蔽性能用作防护材料。

铅在地壳中的平均含量为 0.0016%，根据铅矿石的矿物成分和氧化程度，将矿石划分为三种自然类型：硫化铅矿石（PbS）、氧化铅矿石（$PbCO_3$）、混合铅矿石。据美国地质调局统计，2002 年世界已查明的铅资源量有 15 亿吨，铅储量为 6800 万吨，储量基础为 14000 万吨。我国虽然铅储量和储量基础较多，但是我国铅资源特点是贫矿多、富矿少，铅矿平均品位 1.60%，大于或等于 3.5%的探明资源总量只占全国总量的 22.4%。现代开采的矿石含铅一般为 3%，最低含铅量在 0.4%~1.5%，必须进行选矿富集，才能得到适合冶炼要求的铅精矿。随着硫化铅资源的日趋枯竭，人们已越来越重视氧化铅锌矿的回收利用以及铅废弃物的综合利用。再生铅主要指从废铅酸蓄电池、铅尘、铅管、液晶显示器（liquid crystal display，LCD）含铅玻璃、铅冶炼过程中炉渣等含铅废料回收得到的铅。目前，中国是全球最大的铅生产国和消费国。随着我国汽车、交通、电信等基础产业的快速发展，铅的用量逐年增加。2010 年世界铅年产量约为 897.5 万吨，其中中国铅产量 392 万吨，铅消费量达到了 375 万吨，成为全球最具消费能力的国家。在再生铅资源中，废铅酸蓄电池运输和回收过程更为简单。从占有比例分析，废铅酸蓄电池是再生铅来源最主要的组成部分，约占再生铅总量的 85%。

与原生铅矿相比，再生铅逐渐成为铅资源的主要组成部分，在铅资源市场中占主要地位，1970~2012 年间全球原生铅和再生铅产量如图 1-1 所示。

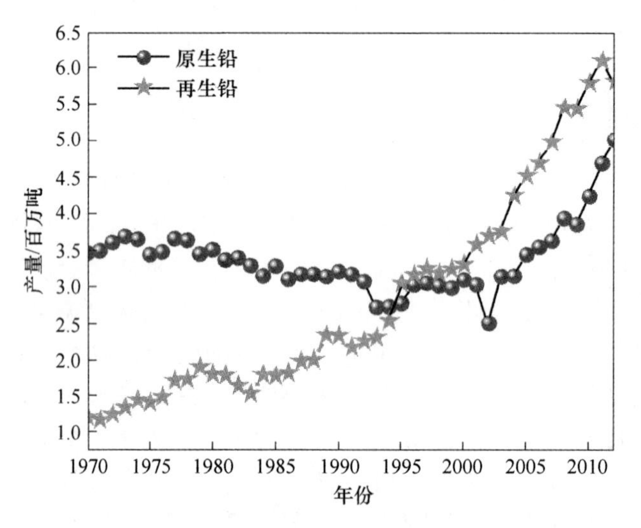

图 1-1　1970~2012 年间全球原生铅和再生铅产量

由图 1-1 可知，在 1995 年前，再生铅产量明显低于原生铅产量；自 1970 年来，再生铅产量处于持续增长的状态，而原生铅产量在 2000 年之前略有下降，2000 年之后逐年上升。总之，全球对铅的需求量一直处于增加状态，再生铅逐渐替代原生铅矿占据主导地位。再生铅产量持续增加，主要归因于电动汽车、电动自行车的普遍化，导致电池使用量增加，在以中国为代表的发展中国家增加幅度尤为明显。在发达国家，再生铅产量已经超过原生铅的产量。例如，美国再生铅产量已经占到其总铅产量的 70%以上，欧洲再生铅产量占到了总铅产量的 80%以上，一些缺少铅矿的国家则已经超过 90%，在全世界范围内再生铅的产量所占比例已经达到 50%。然而，到 2012 年为止，中国范围内再生铅产量比例只占 29. 3%，远低于世界平均水平。

全球铅酸电池生产值已达 39. 2 万亿美元，用于铅酸蓄电池制备的再生铅使用量由 2000 年的 50 万吨增加至 2010 年的 150 万吨。伴随铅蓄电池存在报废周期，不断增加的铅酸蓄电池生产量造成废铅酸蓄电池量也随之不断攀升。

总体来说，再生铅已经成为全球铅供应的主要来源，在铅市场占有越来越大的比重。迅速增加的废铅酸蓄电池产生量，造成再生铅回收规模在这些年逐渐增加。

1.1.2 铅的消耗与废旧铅蓄电池的产生

1.1.2.1 铅的消耗与铅蓄电池的发展

在2003年之前的10年里全球的精铅产量一直在300万吨左右徘徊，从2003年开始全球精铅产量有所突破，但是发达国家产量一直维持在200万吨左右。从2003年中国开始成为世界最大的精铅生产国。表1-1为2003~2010年全球精铅产量、中国精铅产量及消耗量，从表中可以看出，中国的精铅产量与再生铅逐年增加。2003~2010年间，世界精铅产量净增加218.8万吨，期间中国净增加235.6万吨，占全球增加量的107.6%。然而西方国家的精铅生产以再生铅为主，2008年占70%，其中发达国家都在83%以上。而中国再生铅产量虽然也逐渐增加，但是总比例却不高，70%以上是矿产铅。

表1-1 2003~2010年全球精铅产量、中国精铅产量、消耗量及再生铅产量

（万吨）

年份	全球精铅产量	中国精铅产量	中国精铅消耗量	中国二次铅产量
2003	678.7	156.4	118.3	28.25
2004	699.8	193	167.0	31.0
2005	763.2	237.9	199.0	51.5
2006	792.2	271.5	225.5	59.4
2007	811.4	278.7	253.4	67.8
2008	861.8	315.8	290.3	70.6
2009	866.0	355.0	332.8	123.3
2010	897.5	392.0	375.0	136.7

铅酸蓄电池是目前世界上各类电池中生产量最大、使用途径最广的一种电池。从1960年到1999年，全世界铅酸蓄电池占整个铅市场份额从28%增加到73%以上，其年耗铅量相应从不足100万吨攀升至440万吨以上。免维护汽车铅酸蓄电池的发展以及近年来我国迅猛增长的电动自行车配套蓄电池推动了铅酸蓄电池的全面发展，铅酸蓄电池现在的总产值为全部化学电源总产值的一半。据统计，在汽车、工业设施、电力、通信以及一些便携式工具中的铅酸蓄电池的精铅消耗量达到全球总消耗量的80%左右。我国精铅消费主要集中在铅酸蓄电池领域。2010年我国精铅消耗量为375万吨，而铅酸蓄电池耗铅量占总消费量的比例在81.5%左右。

1.1.2.2 铅酸蓄电池的电池反应与废铅蓄电池的产生

1859 年，铅酸蓄电池由普兰特（Plante）发明。1882 年，葛拉斯顿（Gland-stone）和特瑞比（Tribe）提出了蓄电池成流反应的“双极硫酸盐化理论”，反应式如下：

负极反应：

$$Pb + HSO_4^- \underset{充电}{\overset{放电}{\rightleftharpoons}} PbSO_4 + H^+ + 2e \tag{1-1}$$

正极反应：

$$PbO_2 + 3H^+ + HSO_4^- + 2e \underset{充电}{\overset{放电}{\rightleftharpoons}} PbSO_4 + 2H_2O \tag{1-2}$$

在铅酸蓄电池放电时，负极上活性物质 Pb 失去电子发生氧化反应生成 Pb^{2+}，与电解液 $H_2SO_4^-$ 一步电离的 HSO_4^- 反应生成 $PbSO_4$；正极上的活性物质 PbO_2 得到电子发生还原反应生成 Pb^{2+}，也与电解液反应生成 $PbSO_4$。因为放电时，正负极都生成了 $PbSO_4$，所以称为“双极硫酸盐化理论”。图 1-2 是铅酸蓄电池在放电时的示意图。

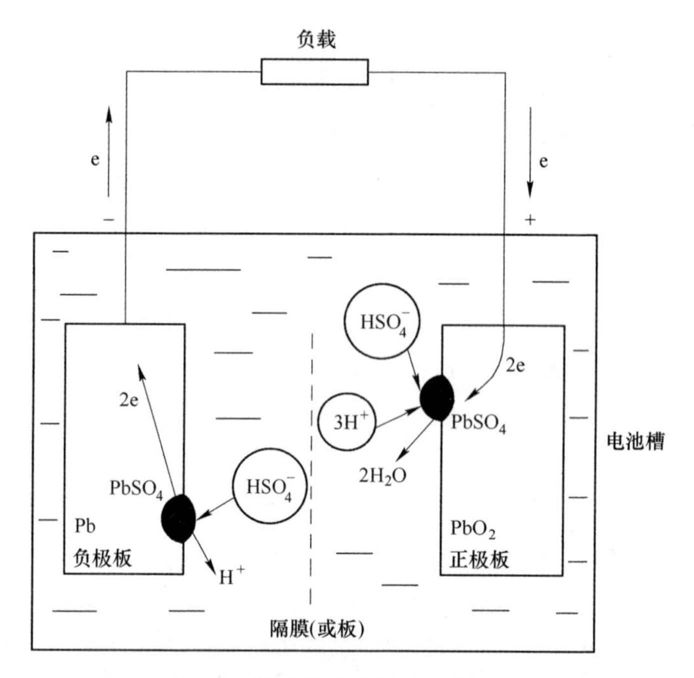

图 1-2 铅酸蓄电池放电示意图

铅酸蓄电池的主要部件是正极板、负极板、电解液、隔膜或隔板、电池槽等。铅酸蓄电池经过一定使用时间后，无法正常进行充放电工作，电池就报废了。常见的报废原因有极板的硫酸盐化、板栅腐蚀、极板上活性物质软化脱落等。报废以后的铅酸蓄电池一般经过收集后，集中进行火法处理。

1.1.2.3 废旧铅蓄电池的产量与回收的必要性

截至2011年6月底，全国机动车总保有量达2.17亿辆。在未来几年，我国汽车以及机动车的保有量将继续保持快速增长势头，年均增长率将超过10%。近年来我国电动自行车产量出现爆炸性增长，2001年我国电动自行车产量为59万辆，2004年已达到了675万辆。2010年中国电动自行车的产量为2954万辆，保有量在6000万辆左右，电动自行车耗铅量在60万吨左右。一般的电动自行车都采用一组3只或4只铅酸电池，每只质量约4千克，此类电池按平均使用寿命2年计，仅此一项我国每年将有20万吨电池报废。中国农村现在机动车保有量仅能完成农村运输量的30%左右，而发达国家是80%，发展空间巨大。同时，通信、电力等行业蓬勃发展都需要大量的铅蓄电池，并且铅蓄电池使用寿命有限，也会产生大量的废旧铅酸蓄电池。2010年废旧铅蓄电池的产量已经超过200万吨。

随着经济的快速发展，我国铅消费量从1978年的18.9万吨发展到2010年的375万吨，已成为世界精铅消费的大国。根据我国目前每生产1t铅精矿含量约消耗1.6t地质储量计算，我国铅储量和基础储量静态保证年限分别为6.4年和10.4年。由于冶炼能力和产量大大高于矿产品产量，造成原料供应自给率不断降低，原料进口依赖度越来越大。我国铅矿产品生产存在严重的潜在资源危机。另一方面，铅蓄电池生产及使用等过程中产生的含铅废物属于危险废物，如不进行适当处理，将会对人类健康和环境造成较大的危害。因此，如何将其进行安全的处理、处置和综合利用将成为当前一个急需解决的问题。

1.2 铅酸蓄电池铅膏资源化工艺现状与存在的问题

1.2.1 废铅酸蓄电池的分选预处理及铅膏的组成

由于废铅蓄电池各部分成分不同，性质各异，直接处理则会造成金属回收率低，且环境污染严重，因此必须分离后再分别处理，以提高技术经济指标和减少甚至消除环境污染。废铅蓄电池预处理方法根据经济、技术水平不同而差异较大。目前废铅蓄电池常用预处理采用的流程一般为机械化破碎、自动筛分、重介质重选，主要预处理设备有意大利Engitec公司开发的CX破碎分选系统和美国M.A.公司开发的MA破碎分选系统。整个废铅酸蓄电池通常由以下4部分组成(图1-3)：废电解液11%~30%、铅极柱及铅合金板栅24%~30%、铅膏30%~40%、有机物22%~30%。其中，废电解液进一步处理后排放或回用；板栅主要以铅及合金为主可以独立回收利用；有机物如聚丙烯塑料可作为副产品再生利用；铅膏主要是极板上活性物质经过充放电使用后形成的料浆状物质，其成分主

要是 $PbSO_4$(约 55%)、PbO_2(约 28%)、PbO(约 9%)、Pb(约 4%) 等，还可能含有少量 Sb(约 0.5%)。由于铅膏中含有大量硫酸盐，而且存在不同价态的铅的氧化物，因此，铅膏的回收利用，通常是废旧铅酸蓄电池回用需要着重研究的技术难题。

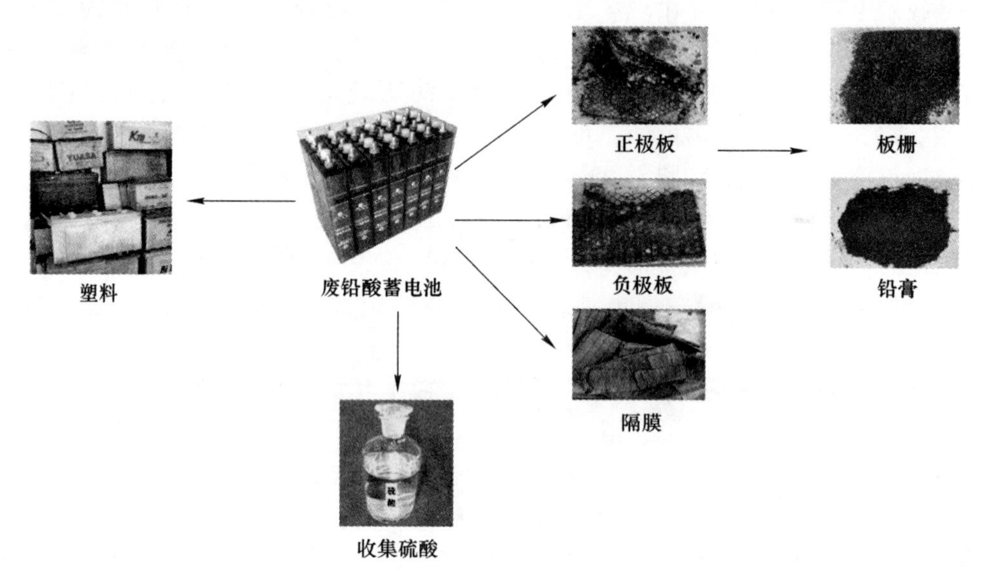

图 1-3 废铅酸电池分解后部分组成

1.2.2 废蓄电池铅膏回收铅的方法

1.2.2.1 火法熔炼

火法工艺的难点是废铅酸蓄电池中主要组分——废铅膏火法冶炼工艺。传统的废铅膏火法冶炼方法主要分为以下两种：

（1）直接冶炼，一般废铅膏的冶炼温度超过 1600℃。

（2）预脱硫+冶炼，为降低冶炼过程中 SO_2 的排放量，首先添加脱硫剂，如 Na_2CO_3 或 NaOH 对废铅膏进行脱硫处理，脱硫后的铅膏冶炼，因大部分硫酸铅被脱硫转化，冶炼温度较直接冶炼废铅膏温度低。而从脱硫效果看，NaOH 的脱硫速度要快于 Na_2CO_3。

根据具体铅冶炼过程中的不同炉型结构和布气方式等，火法冶炼工艺基本分为 QSL 工艺、Isasmelt 工艺、Kivcet 工艺和 Kaldo 工艺等。

传统火法铅冶炼工艺已经对空气、土壤以及相关水体等造成不可逆的恶劣影响，同时工作区域的挥发铅对从业工人具有明显的不可逆器官性伤害。有文献报道，国内某铅回收工厂附近儿童和成人的吸收量分别为 6.2μg/(kg·d) 和 50.1μg/(kg·d)，远高于安全规定的暂定每周耐受摄入量。再生铅产区附近儿童血铅含量远高于未受铅污染区域。挥发性铅尘污染对儿童在大脑发育时期的影响尤为严重，对其器官等产生不可逆的伤害。在中国某省份，约有 4000 名儿童受铅扩散污染事故严重影响，造成较为恶劣的影响和后果。针对愈发严重的铅尘和二氧化硫污染问题，环保、有色金属及相关部门陆续推出再生铅领域相关严格法律和准入条例。在新出台的《再生铅行业准入条件》（工业和信息化部、环境保护部 2012 年第 38 号公告）中，没有环保措施的中小型冶炼厂已被严令禁止，对新建的冶炼厂提出了更为严格的准入要求。2015 年底之前，未达到要求的再生铅回收企业或铅酸蓄电池企业已被禁止运行。在新的准入条例下，铅尘和二氧化硫排放量可得到一定程度的控制，但仍然无法保证对环境污染控制在可接受范围。为避免火法冶炼所带来的环境污染问题，相关学者也探讨了电解等湿法工艺应用于废铅酸蓄电池回收。

《再生铅行业准入条件》的颁布，敦促企业开始逐渐接纳预脱硫+冶炼的工艺步骤，此生产线操作单元已经被部分再生铅企业所采用。目前，废铅膏火法冶炼工艺在能效方面有了一定提高，但运行成本、工艺控制及管理水平仍亟待提高。预脱硫处理可在一定幅度上降低 SO_2 有害气体的扩散，但冶炼工艺仍不可避免地带来众多的环境污染难题，冶炼炉向空气环境排放的铅尘、部分二氧化硫以及铅渣等对环境污染极为严重。

1.2.2.2 湿法/电解处理

鉴于传统火法冶炼所带来的环境污染问题，众多学者研究使用电沉积的方法。作为传统火法冶炼工艺的尝试替代方案，该研究主要集中在 20 世纪 70 年代至 90 年代前期阶段。

该工艺首先对废铅酸蓄电池铅膏进行预脱硫处理，然后酸浸处理脱硫铅膏生成酸性含铅电解液，最后电沉积得到的铅锭从电解液进行分离。在此过程中，二氧化铅可通入二氧化硫进行还原，而还原过程中所需要的二氧化硫则可通过在破碎分离过程中产生的废酸分解得到。

A 传统氟硼酸或氟硅酸作电解液

Olper 等使用 Na_2CO_3 和 NaOH 等脱硫剂对废铅酸蓄电池铅膏进行脱硫，脱硫产物主要为 Pb、PbO、$PbCO_3$、PbO_2 和 $Pb(OH)_2$ 等。采用氟硼酸对脱硫铅膏进行酸浸处理形成的含铅电解液直接进行电沉积操作，未反应溶解的组分 PbO_2 主要与硫酸和碳进行反应，反应方程式如式（1-3）和式（1-4）所示。电沉积形成的铅锭可直接用于工业化生产。

$$C + 2PbO_2 + 2H_2SO_4 \longrightarrow 2PbSO_4 + CO_2 + 2H_2O \tag{1-3}$$

$$PbSO_4 + Na_2CO_3 \longrightarrow PbCO_3 + Na_2SO_4 \tag{1-4}$$

Prengaman 等开发了 RSR 工艺，该工艺采用 $(NH_4)_2CO_3$ 对废铅酸蓄电池铅膏进行脱硫处理，反应方程式如式（1-5）所示。脱硫过程中通入 SO_2 可使 $(NH_4)_2CO_3$ 与 PbO_2 反应，实现 PbO_2 的还原，反应方程式如式（1-6）、式（1-7）所示。

$$PbSO_4 + (NH_4)_2CO_3 \longrightarrow PbCO_3 + (NH_4)_2SO_4 \tag{1-5}$$

$$SO_2 + (NH_4)_2CO_3 \longrightarrow (NH_4)_2SO_3 + CO_2 \tag{1-6}$$

$$2PbO_2 + 2(NH_4)_2SO_3 + (NH_4)_2CO_3 \longrightarrow PbCO_3 \cdot Pb(OH)_2 + 2(NH_4)_2SO_4 \tag{1-7}$$

Cole 等对脱硫和还原后的铅组分经氟硼酸或氟硅酸处理后形成含铅液，酸浸所采用的酸为氟硼酸或氟硅酸。该工艺中，碳酸铵作为脱硫剂，废铅膏中的铅单质可实现二氧化铅的还原，其反应方程式如式（1-8）所示。电沉积条件为：电流密度，$180A/m^2$；运行时间，24h。结果表明，电沉积过程中约有 69%（质量分数）的铅沉积在阴极，铅的总体回收率较低。

$$Pb + PbO_2 + 4HBF_4 \longrightarrow 2Pb(BF_4)_2 + 2H_2O \tag{1-8}$$

B　碱性溶液作电解液

碱性溶液中电解回收铅方法中脱硫反应如方程式（1-9）和式（1-10）所示。脱硫铅膏产物通过 $NaOH\text{-}KNaC_4H_4O_6$ 浸出获得含铅电解液，通过电沉积获得的铅涂层呈海绵状，粒度较细。

$$PbSO_4 + 2NaOH \longrightarrow PbO + Na_2SO_4 + H_2O \tag{1-9}$$

$$PbSO_4 + 3NaOH \longrightarrow Na_2SO_4 + NaHPbO_2 + H_2O \tag{1-10}$$

Morachevskii 等通过铅-氢氧化钠-甘油电解液体系开展电沉积铅工艺的研究，电流效率可达到 85%~90%，获得的电解铅产品纯度可达到 99.98%。该过程避免前处理脱硫步骤，单位吨铅产出的能耗为 400~500kW · h。Buzatu 等研究使用 NaOH 溶解废铅膏，过程中通过使用 NaOH 与废电池铅膏进行反应，研究不同温度（40℃、60℃和 80℃）、不同固液比（S：L=1：10、1：30 和 1：50）和不同浓度 NaOH 溶液（2mol/L、4mol/L、6mol/L 和 8mol/L）对废铅膏浸出的影响。在浓度为 6mol/L 的 NaOH 溶液，反应温度为 60℃，反应时间为 2h 和固液比为 1：30~1：20 的条件下，92%的铅得以浸出。郭翠香研究采用 NaOH 溶液浸出含铅废物和铅矿，并对浸出后的含铅电解液进行电沉积，主要研究了电解液铅浓度、温度、电流密度、NaOH 溶液的浓度、电极距离和电极材料等基本参数对电流效率和电解能耗的影响，最佳的工艺条件为：电解液中铅初始浓度 20g/L；温度 50℃；电流密度 $400A/m^2$；NaOH 浓度 5mol/L；电极材料优选为不锈钢材质。

陆克源等研究使用固相电解法回收废铅膏，将废铅膏固定在不锈钢阴极上，使用 NaOH 溶液作为电解液，电沉积步骤适宜的电压范围为 1.4~2.2V，电沉积过程中阴极反应和阳极反应方程式如式（1-11）~式（1-14）所示。

阴极反应：

$$PbSO_4 + 2e \longrightarrow Pb + SO_4^{2-} \tag{1-11}$$

$$PbO_2 + 2H_2O + 4e \longrightarrow Pb + 4OH^- \tag{1-12}$$

$$PbO + H_2O + 2e \longrightarrow Pb + 2OH^- \tag{1-13}$$

阳极反应：

$$2OH^- \longrightarrow H_2O + 1/2O_2\uparrow + 2e \tag{1-14}$$

张正洁等研究采用脱硫步骤、NaOH 浸出和电解步骤对废铅膏进行回收，电解过程获得的铅通过球磨氧化制备用于电池制备的氧化铅粉，铅的回收率可达98%，单位吨铅产出能耗略低，约为 600kW · h。

C 氯化物作电解液

部分学者研究基于电沉积方法的 PLACID 工艺，废铅膏中主组分硫酸铅可直接与外加氯化物反应生成氯化铅，方程式如式（1-15）~式（1-17）所示。直接使用氯化物进行废铅膏浸出与 HBF_4和 H_2SiF_6 两种酸溶解具有明显的差别。电沉积工艺制备的电解铅纯度可达 99.995%，铅回收率可达 99.5%，单位吨铅产出能耗为 1300kW · h。

$$PbO + 2HCl \longrightarrow PbCl_2 + H_2O \tag{1-15}$$

$$Pb + PbO_2 + 4HCl \longrightarrow 2PbCl_2 + 2H_2O \tag{1-16}$$

$$PbSO_4 + 2NaCl \longrightarrow PbCl_2 + Na_2SO_4 \tag{1-17}$$

D 不同电极材料研究

Expósit 等研究电极材料的更换对电沉积铅过程的影响，以 HDE 阳极替换 DSA-O 可减少约 45%的能量损耗。Bakkar 通过使用氯化胆碱-尿素离子液体溶解电弧炉的灰尘，其溶解过程中 60%的 Zn 和 39%的 Pb 进入电解液中。部分学者研究采用电动分离工艺（elecrokinetic separation）从废铅膏中分离铅和硫酸，该过程对比研究钛电极和钛基体不溶性阳极电极对分离过程的影响，结果表明钛电极的分离效果要好于钛基体不溶性阳极电极。

典型的工艺流程见图 1-4，从图中可以看出：废蓄电池经过解体分离、填料破碎、栅板-铅膏分离、栅板熔铸合金、铅膏脱硫滤液蒸发结晶、滤液浸出，利用不溶阳极电解沉积最终得到产品——电铅。

综上分析，目前电沉积工艺存在的问题可归纳为：较传统火法工艺，通过电沉积工艺回收废铅膏不存在二氧化硫和 $PM_{2.5}$铅尘污染等问题，但能耗较大，单位 PbO 产品产出的能耗成本约为 78~112 美元，与传统火法工艺单位 PbO 产品产出的能耗成本 47.3~63.8 美元相比，明显较高。运行时酸或碱性试剂使用不安全，操作工人与试剂接触安全性较差，所使用的酸不易降解，存在环境友好性较差等问题。相关设备腐蚀严重，需及时更新，进一步提高运行成本。PbO_2 还原

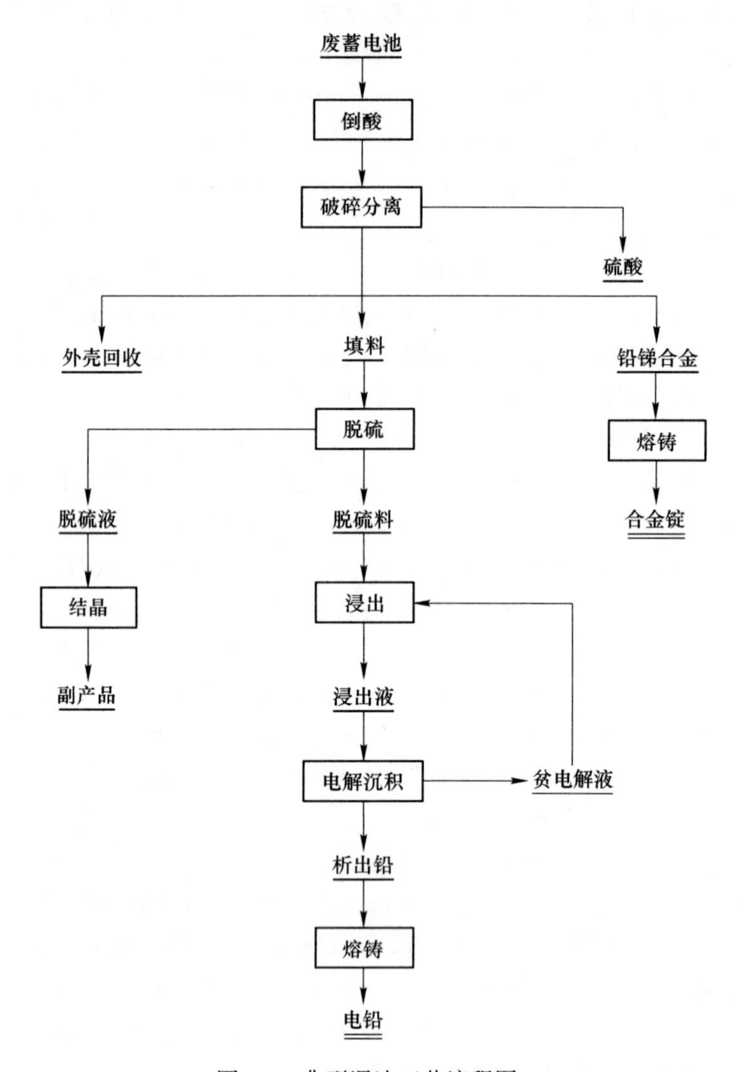

图 1-4　典型湿法工艺流程图

过程极难，需 Pb 和 SO_2 等添加剂的存在。

1.2.2.3　废铅膏制备化工产品

Volpe 等研究使用置换反应的方法从铅膏中将铅进行有效地回收和再利用。首先利用尿素-乙酸溶液溶解铅膏，其主要参数 pH 值通过水和乙酸的投加物质的量比例进行控制，溶液体系需保持较低 pH 值以免形成氢氧化铁，工艺优选的 pH 值为 3.4。PbO 和 $PbSO_4$可在过量乙酸根时与其反应生成 $Pb(Ac)_2$，溶液中铅离子浓度约为 37.5g/L。使用铁钉、铁片和铁粉在纯氮气条件下从含铅溶液中置换铅。结果表明金属铁基材的比表面积对反应速率影响较大，使用铁粉作为还原剂时，铅的回收率将达到99.7%。基于铅置换反应的湿法回收工艺虽可为回收铅提供新思路，但较严苛的实验条件及反应过程中铁的不可控性明显限制了进一步应用。Shin等研究使用纯铝或镁棒从含Pb^{2+}和Cl^-的盐酸溶液中置换铅，制备的海绵状铅厚度约为1mm，长和宽约为10~30mm，在空气气氛300℃或400℃条件的电炉中可氧化制得氧化铅产品。

基于原电池的概念，潘军青等提出了H_2-PbO燃料电池回收废铅膏并提取铅产品的思路。从废铅膏中通过NaOH脱硫、二氧化铅还原、PbO溶解和结晶步骤可获得PbO，过程中铅回收率可达99.7%。将获得的PbO溶解于热NaOH溶液中，进一步形成$HPbO_2^-$离子并泵入阴极。阳极和阴极处所发生的电极反应如式(1-18)~式（1-20）所示，总反应方程式如式（1-21）所示。通过进一步提纯过程，铅、自由水和电能可持续产生。基于氧化铅回收和再提纯的工艺可获得纯度为99.9992%的致密铅锭产品。通过原电池的思路进行氧化铅产品的提纯可为湿法回收废铅膏工艺提纯提供理论支撑。

阳极：

$$H_2 + 2OH^- \longrightarrow 2H_2O + 2e \tag{1-18}$$

阴极：

$$PbO(s) + OH^- \longrightarrow HPbO_2^- \tag{1-19}$$

$$HPbO_2^- + 2e + H_2O \longrightarrow Pb(s) + 3OH^- \tag{1-20}$$

总反应：

$$PbO(s) + H_2 \longrightarrow H_2O + Pb(s) \tag{1-21}$$

Pan等将铅膏与Pb-Ca合金转化为$PbSO_4$，铅转化率不小于99.5%（质量分数），再通过NaOH溶液的脱硫-结晶步骤，将$PbSO_4$脱硫转化为PbO，并将其在高温条件下溶于35%的NaOH溶液中，然后在室温下结晶，实现与杂质的分离。结晶产物中主要杂质浓度：$w(Ba) \approx 0.0031\%$，$w(Fe) \approx 0.0026\%$，$w(Sb) \approx 0.0011\%$，制备的α-PbO纯度不小于99.99%。王玉等使用氯化钠（24%，质量分数）和盐酸在70℃浸出废铅膏，当固液比为1∶13，反应时间为2.5h时，铅的浸出率可达99.3%。提高盐酸配比、反应时间、反应温度和固液比等基本参数均可促进铅的浸出率，最终产品氯化铅纯度可达99.1%。Ma等使用脱硫和真空高温还原的方法回收废铅膏。选用铅膏、碳酸钠和水的质量比为100∶28∶250进行脱硫，处理后的废铅膏中硫含量（质量分数）由7.87%降低至0.26%。脱硫铅膏通过真空还原处理，制备的铅锭中铅质量分数为99.77%，在真空还原阶段铅回收率为98.13%（质量分数）。Zhan等对真空焙烧方法回收废铅酸蓄电池进行了总结，真空焙烧铅产品纯度不小于99.81%。

目前，国内外部分学者采用有机酸进行废铅膏的湿法浸出，浸出过程可形成铅与有机酸的前驱体，或形成含铅的溶液，所生成的前驱体或含铅溶液可进一步焙烧或合成处理。

Zhou 等研究使用乙酸-聚乙烯吡咯烷酮（简称为 PVP）的方法来处理废铅酸蓄电池中组分 PbO，其基本过程为先使用乙酸处理分析纯 PbO，后加入定量的 PVP 以形成 PVP/$Pb(CH_3COO)_2$ 溶液，最后将浆液在 105℃、尿素辅助水热处理的条件下加热蒸发获得亚微米级的氧化铅产物，该产物为 β-PbO，平均尺寸约为 200nm。Ma 等使用草酸和草酸钠直接浸出废铅膏获得前驱体 PbC_2O_4，然后在不同的焙烧温度下得到 α-PbO 和 β-PbO，结果证明 β-PbO 质量分数为 15%的铅粉表现出良好的初始容量和循环性能。其制备的电池前 50 次循环电池容量损失保持在 5%以内。基于此研究，该学者继续开展另一条研究处理废铅膏路径，废铅膏首先在 300~400℃焙烧处理，使主要杂质（硫酸钡除外）转化为氧化物，接着在硫酸和稀双氧水作用下，将主要杂质转化为可溶性硫酸盐，过滤后滤渣主要含有 $PbSO_4$和 $BaSO_4$，通过添加 NH_4Ac 溶液，含铅组分转化为 $Pb(Ac)_2$ 溶液，过滤后 $BaSO_4$与 $Pb(Ac)_2$ 分离，在滤液中添加 CO_2，可将滤渣中的 $PbSO_4$转化为 $PbCO_3$，经焙烧制备获得高纯度的氧化铅粉末。

Shahrjerdi 等研究采用超声电化学的方法合成铅与 2-喹啉羧酸的复合物 $Pb(Q)_2$（Q = 2-喹啉羧酸），在 600℃温度条件下直接焙烧复合物，制备的氧化铅粉粒径分布均匀，平均粒径在 37nm，尺寸很小。Gao 等研究采用热溶剂法对废铅膏中主要组分 PbO_2 和 $PbSO_4$进行回收并制备氧化铅。在 140℃条件下，PbO_2 与甲醇溶液在高压反应釜反应生成 α-PbO 和 PbO · $PbCO_3$，后在不低于 350℃温度条件下焙烧制备产物，其主要组成为 PbO 和 Pb_3O_4。将相关研究和处理方法应用于 PbO_2 和 $PbSO_4$的混合物料中，首先对混合物料进行脱硫处理，脱硫产物在高压反应釜中热处理 24h，产物主要含有 PbO · $PbCO_3$ 和 $PbCO_3$，在 450℃温度下焙烧产物中主要含有 α-PbO。

Smith 等使用氢氧化钠或氢氧化钾等碱性试剂在 pH = 12，温度 60~70℃下脱硫，脱硫产物主要为 Pb_3O_4，脱硫产物与乙酸溶液和还原剂反应生成乙酸铅溶液，其反应过程如方程式（1-22）所示。制备的乙酸铅溶液与氢氧化钠在 50~100℃温度下反应制备氧化铅产品，其过程如方程式（1-23）所示，该湿法过程的铅回收率可达 90%（质量分数）。

$$Pb_3O_4 + 6CH_3COOH + 3H_2O_2 \longrightarrow 3Pb(CH_3COO)_2 + 6H_2O \quad (1\text{-}22)$$

$$Pb(CH_3COO)_2 + 2NaOH \longrightarrow PbO + 2CH_3COONa + H_2O \quad (1\text{-}23)$$

1.2.3　目前铅膏回收方法存在的问题

铅膏是废铅蓄电池中成分最复杂的组成部分，它既是污染环境的有害物质，也是提取有价成分的重要二次资源。火法处理废蓄电池铅膏，污染较大且生产过程中能耗高。湿法—电沉积处理虽然可以防止大气污染，但能耗大、工艺流程长、设备投入大、不适宜小厂处理。同时高能耗的火法冶金或电沉积冶金最终都是金属铅的形式，如果金属铅作为生产铅酸蓄电池制备极板的活性物质，必须经过多道工序的复杂生产工艺流程。因此在处理废铅膏的过程中，如何结合铅的后续利用开发小污染、回收率高、经济效益和社会效益好的工艺与技术，是今后研究的主要任务。

1.3 铅粉的制备及超细铅粉用于电极活性材料的应用研究

1.3.1 铅粉的性质与常规的制备方法

铅粉作为整个铅酸蓄电池的核心，对其性能的探索和改进一直是众多科技人员的研究热点。铅元素具有多种氧化物形态，其中用于铅酸蓄电池的主要是 PbO、PbO_2 和 Pb_3O_4。其中最常用的是铅粉，铅粉是包括 PbO 与金属铅的混合物。据资料显示，我国每年铅蓄电池耗铅量近 80%，其中就有约 35%是制备铅蓄电池用铅粉活性物质。

大多铅酸蓄电池制造企业采用铅粉，目前所谓的铅粉就是指由 70%~80%的 PbO 和 20%~30%的金属铅组成的混合物。Pb_3O_4 也叫红丹，是 PbO 在空气中加热到 540℃左右的产物，具有特殊的晶体结构，很早以前就用于铅酸蓄电池，尤其用于管状极板的制造。废旧铅酸蓄电池铅膏主要是电极板上活性物质长期充放电后转化的产物。废铅膏以高能耗的火法冶金或电沉积湿法冶金回收金属 Pb，金属 Pb 如果要想作为原料再次用于生产铅酸蓄电池制备极板的活性物质，必须经过多道工序的复杂生产工艺流程。以用途最广的汽车起动用铅酸蓄电池的制造为例，铅酸蓄电池极板化成及活性物质制备工艺流程见图 1-5。从图中可知，金属铅锭生产出以 PbO 为主的铅粉，铅粉再经过和膏、涂板、生极板、极板化成等多道工序后重新获得化成后极板上的活性物质。其中由铅锭制备出铅粉，又要经过熔融—氧化的高能耗工艺。用于制备铅粉的方法很多，传统方法主要有球磨法、气相氧化法等。铅粉的制造工艺是由铅锭采用球磨法（岛津法）或气相氧化法（巴顿法），都是通过专用设备铅粉机氧化筛选制成含 PbO 为主要成分的铅粉。球磨法是利用在铅粉机内铅球或铅块相互摩擦和撞击产生大量的热量，使得筒体内温度增加，在给铅粉机内输入一定温度和湿度的空气气流中氧的作用下，铅球或铅块表面发生氧化而生成 PbO。气相氧化法主要是通过熔融的铅液在气相氧化室内被搅拌成雾滴状后与空气中的氧化合制取铅粉的过程，由此制得的铅粉通常称为巴顿粉。一般控制铅粉中 PbO 含量约为 75%（称为铅粉的氧化度）。气相氧化法具有耗能低、产量大、操作易于控制、环境污染小等特点，但生产出来的铅粉的表观密度和颗粒尺寸偏大，而岛津铅粉的颗粒尺寸虽然较小，但是能耗相对较高。

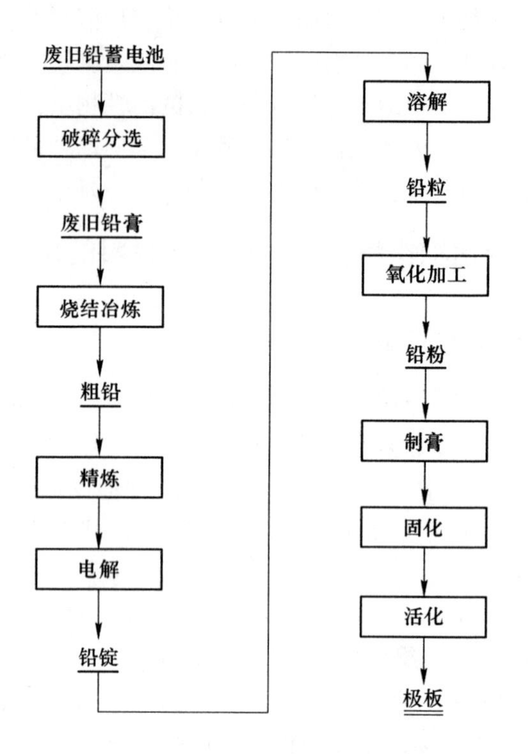

图 1-5　金属铅制备活性物质工艺流程示意图

1.3.2　超细铅粉的制备

铅粉作为铅酸蓄电池形成电极板活性物质的母体材料，铅粉的性质和质量控制对于整个铅酸蓄电池的性能提高有重要作用。超细粉体对电极材料的性能影响一直是研究者关注的课题。国际铅锌研究组织（ILZRO）设立重大专项开展铅酸蓄电池活性物质的研究，其中 Schrade 博士研究表明，超细 PbO 颗粒制备的铅酸蓄电池具有高容量及长充放电寿命等优点，缺点是制备超细氧化铅成本太高。Hasan Karami 等人对超声化学方法合成纳米氧化铅进行了系统的研究，将超声技术引入化学反应中，制备的纳米氧化铅不仅结构统一，而且在放电过程中能够传递更多的电化学能量，具有良好的循环性能。此外，科技人员们还探索了各种生产超细铅粉的新方法。国内李娟等人利用 Pb(Ⅱ) 盐与 NaOH 在室温下进行固相反应制备纳米级 α-PbO 粉体（橘红色），利用醋酸铅与 8-羟基喹啉、柠檬酸、草酸在低加热条件下进行固-固相配位反应，首先合成了不同的前驱配合物进而经不同的热分解历程得到了纳米量级 β-PbO 粉体。高艳阳等人分别以 $Pb(Ac)_2 \cdot 3H_2O$、$Pb(NO_3)_2$ 为原料，与 NaOH 在室温条件下进行固相化学反应，得到了纳米 PbO 粒子，通过在反应体系中添加 NaCl，成功地制得了棒状 PbO 纳米粒子。

刘建斌等人以醋酸铅和碳酸钠为原料，用室温固相化学反应首先合成前驱物碳酸铅，在此基础上通过 620℃ 高温分解 4h，得到了黄色纳米 β-PbO 粉体，纳米 β-PbO 粉体为球形，粒径大小约为 5~30nm。马凤国等人采用均匀沉淀法，以硝酸铅为原料、尿素为沉淀剂制备了合成碳酸铅，420℃ 分解制得纳米氧化铅，粒径为 1~15nm。Li 等人在微波辅助下采用 0.1mol/L 的 $Pb(NO_3)_2$ 与 0.1mol/L 尿素溶液反应，得到的 $Pb_3(CO_3)_2(OH)_2$ 在 400~600℃ 分解得到 α-PbO 和 β-PbO。Haddadian 等人采用二苯乙酸和苯乙酸与醋酸铅反应，生成 $[Pb(DPAcO)_2]_n$ 与 $[Pb(MPAcO)_2]_n$，焙烧后得到了不同晶形的纳米氧化铅。Mohandes 等人采用硝酸铅与草酸钾反应生成前驱体草酸铅，300℃ 焙烧成为纳米氧化铅。胡彬彬等人通过直流反应磁控溅射的方法制备了氧化铅薄膜，可以形成 3 种氧化铅薄膜，即非晶态 PbO、正交晶系的 β-PbO 以及四方晶系的 Pb_3O_4。任鹏飞等人采用电化学还原法成功地制备了准一维结构的氧化铅纳米棒，并且产物为单晶结构。M. Cruz 等人利用真空溅射的方法，以 $Pb(CH_3COO)_2 \cdot 2H_2O$ 的溶液为原料，在 260℃ 下制备了 α-PbO。Mohammad 等人采用电化学合成法得到了两种纳米级 Pb(Ⅱ) 聚合物，它们在 600℃ 条件下进行焙烧即可分别直接得到 $Pb_2(SO_4)O$ 和 PbO 纳米颗粒，可用作铅膏的活性物质原料。

废铅酸蓄电池铅膏回收的金属铅锭应用到蓄电池生产中，需要再次消耗能量。如果采用合适的湿法工艺流程，将废铅膏直接制备应用于电池生产的超细 PbO 粉体，将降低大量能耗，而且由于超细粉体较大比表面积等特性，可能制备出高容量、长寿命的高性能蓄电池。

1.4 有机酸湿法处理铅膏直接制备超细 PbO 粉体

1.4.1 铅与有机物形成的螯合物研究

由于铅的毒性，在生物医药以及环境领域，铅及其化合物与生物体的作用及在环境中的固定化受到了广泛关注。铅与生物体或有机分子相互作用，一般是形成金属-有机配位化合物的形式。由于铅的原子半径较大，可以形成配位数较高的配合物，与有机分子形成的配合物几何构型多变，而且容易形成双齿或多齿的螯合环稳定结构。Yang 报道了不同有机酸与铅可以形成系列配合物，获得了从双核到 3D 的不同结构。EDTA 就是我们熟知的一种金属离子螯合剂。由于螯合物稳定的结构，可以将 Pb 固定后从环境中分离。Pellissier 报道了一种新型甲基吡啶配体，与铅形成的螯合物具有很高的稳定性和选择性，可以用于废水中铅的固定化。临床医学研究表明柠檬酸与生物体内的铅吸收有很大关系，柠檬酸作为一个与生物体有关的配体，柠檬酸铅的螯合结构能够对了解铅的毒性提供帮助。Haddadian 等人采用二苯乙酸和苯乙酸与醋酸铅反应，生成 $[Pb(DPAcO)_2]_n$ 和

$[Pb(MPAcO)_2]_n$。李加荣等采用单晶 X 射线衍射的方法研究了 3-硝基-1，2，4-三哇酮-5NTO 的铅盐$[Pb(NTO)_2 \cdot H_2O]$的晶体结构，发现该晶体属单斜晶系，有一分子水参与配位，重原子铅的配位数为 6。

1.4.2 铅与柠檬酸形成的螯合物研究

Seymour 等研究发现柠檬酸、乳酸、乙酸、抗坏血酸离子可以与铅形成配合物，特别是正常的血液柠檬酸体系构成可以从身体中除铅的生理机制，柠檬酸可以成为一个安全有效的铅中毒治疗方法。Bottari 等研究了不同 pH 值下柠檬酸与 Pb^{2+}的物质存在形式，在 pH 值为 1~4 的情况下 Pb^{2+}与柠檬酸系统的复杂存在形式为 PbA、PbHA、PbH_2A、PbA_2、PbH_2A_3、PbH_4A_2；在 pH 值为 12.5~13.1 的情况下主要是 $Pb(OH)_2A$、$Pb(OH)_2A_2$、$Pb_2(OH)_3A$（其中 $C_6H_5O_7^{3-}=A^{3-}$）。Ekström 等更系统地研究了 Pb^{2+}在 1mol/L $NaClO_4$的酸性、中性以及弱碱性（pH 值为 2.5~9.4）柠檬酸溶液中的复杂体系，发现主要的物相为 H_2PbA、HPbA、PbA、PbA_2 以及 H_2PbA_2。Kourgiantakis 等采用硝酸铅与柠檬酸在 pH=2 的情况反应得到柠檬酸铅，分子式 $Pb(C_6H_6O_7) \cdot H_2O$。石晶等也合成了 2 个含柔性配体柠檬酸和酒石酸的二价铅配位聚合物，其中柠檬酸铅是采用硝酸铅与柠檬酸为起始物质利用水热法合成，柠檬酸铅的单元结构中 3 个铅离子分别以 4、5、7 位与柠檬酸配位合成了中性三维骨架结构，分子式为 $Pb_6(H_2O)_2(C_6H_6O_7)_4 \cdot 3H_2O$，焙烧得到超细氧化铅。Sonmez 与 Kumar 主要利用柠檬酸、柠檬酸钠分别与氧化铅、二氧化铅和硫酸铅反应得到柠檬酸铅，初步推断由氧化铅与二氧化铅得到的柠檬酸铅分子式为 $Pb(C_6H_6O_7) \cdot H_2O$，由硫酸铅制备的前驱体物是 $Pb_3(C_6H_5O_7)_2 \cdot 3H_2O$。

国内外学者对铅与有机酸配位形成聚合物领域进行了研究。Haddadian 等对通过声化学的方法合成纳米铅（Ⅱ）配位聚合物——二苯基乙酸铅和单苯基乙酸铅，所合成的材料为纳米结构，通过在 400℃条件下焙烧可获得纳米级 PbO 粉末。Hashemi 等研究通过声化学方法合成新型纳米铅（Ⅱ）二维配位聚合物 $[Pb_2(\mu\text{-3-bpdh})(\mu\text{-}NO_3)_3(NO_3)]_n$，新合成的纳米铅二维聚合物粒径约为 95nm，通过热解二维聚合物制备得氧化铅粉粒径约为 60nm。Sadeghzadeh 等使用乙酸铅与 3-吡啶羧酸（3-pyc）反应合成 $[Pb(3\text{-pyc})_2]_n$，采用声化学和热合成方法制备的 $[Pb(3\text{-pyc})_2]_n$粒径约为 90nm，在 400℃温度条件焙烧可制得纳米级 PbO 粉末。Ranjbar 等合成新型含铅纳米材料$[Pb(bpacb)(OAc)] \cdot DMF$，在 700℃温度条件焙烧制备 PbO 纳米粉末。李文戈等通过水热合成的方法制备并解析丙烯酸配体与铅的聚合物，该晶体结构中铅与 2 个氮原子和 3 个氧原子形成 5 配位结构，为单斜晶系，*P*2 空间群。

Bottari 等对铅与柠檬酸根离子在酸性、中性和弱碱性条件的配位组成进行分析，根据热力学计算结果，铅与柠檬酸根离子的配合物包括 H_2PbA、HPbA、PbA_2 和 $H_2Pb_2A_2$ 等。石晶等研究铅与酒石酸和柠檬酸等构建配位聚合物的合成与表征，在水热条件下可形成稳定二价铅配位聚合物：酒石酸铅和柠檬酸铅，也表明铅与此两种柔性酸构建较为稳定的配位聚合物，通过单晶分析的方法对形成的稳定配位聚合物进行解析，表明制备的柠檬酸铅晶体结构属三斜晶系，*P*1 空间群。Kourgiantakis 等对使用 $Pb(NO_3)_2$ 和柠檬酸在 pH 值为 2 的条件下反应生成的柠檬酸铅物相进行物相分析和晶体结构的研究，其反应结果证明过程可形成分子式为 $[Pb(C_6H_6O_7)]_n \cdot nH_2O$ 的柠檬酸铅产物，铅离子周围的原子排布呈现不规则的三角双锥。Christopher 等对铅的可溶物 $Pb(NO_3)_2$ 与有机盐 $Na_3(C_6H_5O_7)$ 以 1∶22.5 摩尔比和 pH 值为 4.8 条件下进行合成，合成结果表明其产物分子式为 $[Na(H_2O)_3][Pb_5(H_2O)_3(C_6H_5O_7)_3(C_6H_6O_7)] \cdot 9.5H_2O$，呈二维状，分子结构中有 5 种不同环境的铅原子和 4 种不同的柠檬酸根。

Narenda 等分析在 pH 值为 6～10 时，$Pb(C_6H_5O_7)^-$、$Pb(C_6H_5O_7)_2^{4-}$ 和 $Pb_2(C_6H_4O_7)_2^{4-}$ 为 Pb 与柠檬酸混合体系的优势物相；在 pH 值介于 4～8、Pb^{2+} 浓度较高时，$Pb_3(C_6H_6O_7)_2$ 沉淀会形成；在 pH>9、Pb 与柠檬酸根摩尔比大于 1∶2 时，$Pb_3(C_6H_6O_7)_2$ 会溶解在过量的柠檬酸溶液中。

1.4.3 铅膏湿法回收新工艺

作者课题组前期与剑桥大学 Kumar 等合作开展了大量的柠檬酸湿法回收废铅膏的研究。在研究前期，使用柠檬酸、柠檬酸钠浸出试剂对废铅膏中主要组分硫酸铅、二氧化铅和氧化铅等进行分别浸出，结果表明铅氧化物或硫酸盐均可与柠檬酸和柠檬酸钠试剂反应，PbO 或 PbO_2（双氧水还原）直接与柠檬酸反应的产物分子式为 $Pb(C_6H_6O_7) \cdot H_2O$(pH<3.5)；$PbSO_4$ 与柠檬酸和柠檬酸钠混合浸出液反应，其产物分子式区别于 PbO 或 PbO_2，通过热分析等证明其分子式为 $[3Pb \cdot 2(C_6H_5O_7)] \cdot 3H_2O$(pH≈4～5)。

Yang 等在模拟铅膏浸出转化研究基础上，以柠檬酸铅为前驱体，在不同温度条件下焙烧热处理，可控制备超细铅粉产物（PbO 质量分数在 70%以上），并直接用于电池的制备，该方法避免传统火法冶炼铅锭过程过长带来的铅尘以及二氧化硫污染等环境隐患。

在使用柠檬酸-柠檬酸钠浸出研究基础上，Zhu 研究采用柠檬酸钠–乙酸混合体系浸出废铅膏，在提高浸出体系 pH 值时，生成的产物分子式为 $Pb_3(C_6H_5O_7)_2 \cdot 3H_2O$。控制较高 pH 值，模拟铅膏主要组分转化速率明显提高。Zhu 等分析直接以废铅膏为原料，采用碳酸铵脱硫—硝酸浸出—碳酸钠合成的步骤制备碳酸铅，通过控制焙烧热处理条件制备氧化铅粉末，用于电池制备。

然而，如何实现高效脱硫转化为目标中间产物柠檬酸铅，研究配合物结构，并实现废铅膏中杂质元素的分离与去除仍需进一步研究。

利用金属-有机配合物前驱体低温合成单组分或复合组分纳米金属粉体，是纳米材料制备的热点之一。Pechini 工艺是利用金属柠檬酸盐低温合成纳米金属化合物的代表性工艺，其主要原理是利用柠檬酸与金属离子的螯合作用，将金属离子均匀分布在高分子网络结构中，在低温热分解中形成超细金属氧化物粉末。很多的研究者对此进行了大量研究。剑桥大学 Kumar 等提出了一种利用柠檬酸湿法处理废铅酸蓄电池铅膏的新工艺（但是只进行了初步研究），分别用单组分 PbO、PbO_2、$PbSO_4$三种起始物的模拟铅膏与柠檬酸溶液反应，均可以获得柠檬酸铅的白色晶体。总的来说，柠檬酸低温浸出新工艺将柠檬酸与铅的螯合配位作用引入到铅再生工艺中，它与传统火法冶炼流程相比具有以下优点：（1）消除了高温熔炼排放的 SO_2 及挥发性铅尘等大气污染物；（2）大大地降低了能耗；（3）直接制备超细 PbO 粉体，可以直接作为生产蓄电池的铅粉；（4）超细 PbO 粉体作为极板的活性物质，可能获得高性能的铅酸蓄电池新产品。

但是，柠檬酸湿法回收废铅膏作为一种新的处理工艺，还有很多需要研究的地方，主要的问题表现在对浸出过程主要体现在只进行了单组分物质氧化铅、二氧化铅、硫酸铅在柠檬酸溶液中的转化。柠檬酸与铅的结合是一个复杂的过程，柠檬酸与铅的配位形式以及机理都不是十分清楚。实际铅膏中粒径的分布、杂质的存在、不同铅化合物结合方式都与单组分的模拟铅膏有极大的差别，人们对铅膏在浸出过程中铅的行为、硫酸铅的转化、浸出过程的主要影响因素、浸出机理以及杂质迁移都缺乏足够的认识。而柠檬酸价格相对较高，反应速度较慢，寻找柠檬酸的替代物质提高反应速度，同时减少柠檬酸使用量都需要进一步的研究。在新工艺中，如何通过热分解的方法制备出氧化度、粒度及晶相组成等符合电池制作要求的超细铅粉，是实现废铅膏浸出和后续电池制作衔接的关键科学问题。但是，人们对柠檬酸铅分解过程中分解过程的机理缺乏足够的认识，特别是分解过程中气体产物的特性，以及不同温度与保温时间下铅氧化物的变化都不清楚，这些问题都有待进一步的研究与探讨。

1.5 本书的主要研究内容

本书以铅膏为研究对象，分析实际铅膏的物性，利用铅与有机酸配体之间的螯合作用，采用湿法脱硫转化同步制备前驱体有机酸铅，前驱体低温焙烧制备超细铅粉。探讨湿法处理工艺参数对铅膏脱硫率和一次铅回收率的影响规律，铅膏中多组分对浸出过程中铅膏脱硫率和一次铅回收率的作用规律、杂质元素迁移转化，柠檬酸铅的物质性质，以及晶粒与氧化度可控的超细氧化铅的制备工艺条件。具体包括以下几个方面：

（1）研究铅膏的基本特性，包括化学组成、矿物组成等；研究铅膏的组成特性，分析铅膏的粒径分布，通过化学分析技术研究铅膏中不同含铅化合物含量。

(2) 以铅膏的主要成分（$PbSO_4$、PbO_2、PbO)、模拟铅膏、实际铅膏作为研究对象，开展在柠檬酸-柠檬酸钠体系中的浸出以及对产物的表征的实验规律研究。分析 Pb 在柠檬酸浸出体系中的热力学规律，基于柠檬酸钠-柠檬酸、柠檬酸-氨水、柠檬酸-NaOH 等不同柠檬酸浸出体系，研究 pH 值对转化产物柠檬酸铅前驱体的晶体结构、浸出产物脱硫率、滤液中 Pb 残留率等的影响规律。根据对不同重结晶方式对铅膏晶体的生长规律和影响机理研究，提出铅在柠檬酸浸出体系中反应过程的机理模型。

主要研究内容为单因素对铅膏脱硫率以及一次铅回收率的影响规律实验；实际铅膏的动力学反应研究，研究铅膏柠檬酸转化的机理；初步探讨含铅矿物相变化规律。系统研究柠檬酸浸出工艺的滤液循环回用机制，分别研究了不同的柠檬酸钠/铅摩尔比、柠檬酸钠/乙酸摩尔比对滤液循环回用过程中废铅膏脱硫率的影响。

(3) 乙酸代替柠檬酸有可能克服实际铅膏在柠檬酸-柠檬酸钠体系中反应速度较慢，同时柠檬酸消耗量较大的缺点，因此研究了 $PbSO_4$、PbO_2、PbO、实际铅膏在乙酸-柠檬酸钠体系中的浸出以及对产物表征的实验规律。主要内容是开展单因素（原料配比、固液比、反应时间、反应温度等）对铅膏脱硫率以及溶液中一次铅回收率的影响规律实验，研究铅膏柠檬酸转化后的晶体长大规律以及对分离纯化效果的影响。

基于 Fe、Ba、Sb、Al、Cu、Zn 等杂质元素在浸出体系的热力学规律，研究 pH 值对柠檬酸体系浸出废铅膏杂质分布影响，进而提出两步法除杂新工艺并研究过程中杂质分布、除杂效果等。在国家科技支撑项目资助下开展湿法示范工程研究，对湿法示范工程实验中的脱硫效果和杂质分布进行系统分析。

(4) 在前驱体柠檬酸铅特性研究结果的基础上，通过 TG/DTA 研究热分解的规律。研究在不同焙烧程序下，焙烧产物的失重变化规律，以及形貌的变化规律。对于焙烧合成的超细 PbO 粉体进行 XRD、SEM 等测试，探讨不同焙烧条件下，焙烧产物的物相组成、晶粒形貌的变化规律及电化学性能。

2 废旧铅酸蓄电池的预处理及铅膏性质

2.1 废旧铅酸蓄电池的预处理

铅蓄电池已有160多年的历史，因其安全性高、价格低廉以及在一段时间可以大规模利用等特点，被广泛使用在人们的生产生活中。特别是随着汽车、电动车使用量的快速增长，我国每年生产复杂铅酸蓄电池数亿只，出于资源循环和环境保护的需要，必须对废旧复杂铅酸蓄电池进行回收处理。由于历史原因，我国复杂铅酸蓄电池回收价格较高，传统的做法是在收购时将电池破开，然后将电解液倒掉。这种传统的破开电池的处理方式，存在如下缺陷：人工手工拆解，效率低、工人的劳动强度大；电解液随意倾倒，对环境污染严重。随着国家对于环境保护的重视，人工拆解废旧电池以及随意倾倒电解液的做法将被禁止。

目前废铅酸蓄电池回收铅采用的主要方法有火法和湿法，火法是对铅膏进行倒酸及初步破碎等处理后进行火法冶炼，得到铅产品。湿法主要有两种：直接电积法与间接电积法。直接电积法将铅膏直接置于电解槽中进行电解回收铅，间接电积法需经过进一步的转化、浸出后再进行电积处理。无论采用何种方法回收废铅酸蓄电池中的铅，均需首先对废铅酸蓄电池进行破碎及初步分选。

国外对废铅酸蓄电池破碎分选技术的研究起步早，并已将全自动化机械化破碎技术应用于生产实践，目前主流的破碎分选系统有两种：美国M. A. 公司生产的破碎分选系统（简称M. A. 技术）和意大利Engitec公司生产的破碎分选系统（简称CX技术），两种技术原理均是先通过机械破碎将废铅酸蓄电池破碎成小尺寸组件，然后通过分选技术实现四分离。

目前较多工程采用意大利先进CX全自动预处理技术处理铅酸蓄电池，产出铅膏、栅板、塑料、橡胶等，铅膏送金晨公司粗锌渣系统作生产原料，栅板清洗后外售，塑料、橡胶清洗合格后直接外售，拆解流程见图2-1。

（1）电解液收集和过滤单元。废蓄电池由汽车从厂外运到蓄电池仓库内，经油压钻穿孔放出废电解液后，用抓斗行车抓到胶带输送机上的加料斗，通过振动加料机均匀地加到胶带输送机上输送到破碎机破碎。在行车抓运、振动给料以及胶带输送机的输送过程中，剩余废电解液从废电池中流出。

从废旧蓄电池流出来的废酸，由适度斜坡设计的地沟收集到废酸集液池内，在集液池中沉淀重金属离子。经过滤后，滤渣与铅膏一同送铅冶炼；滤液（稀硫

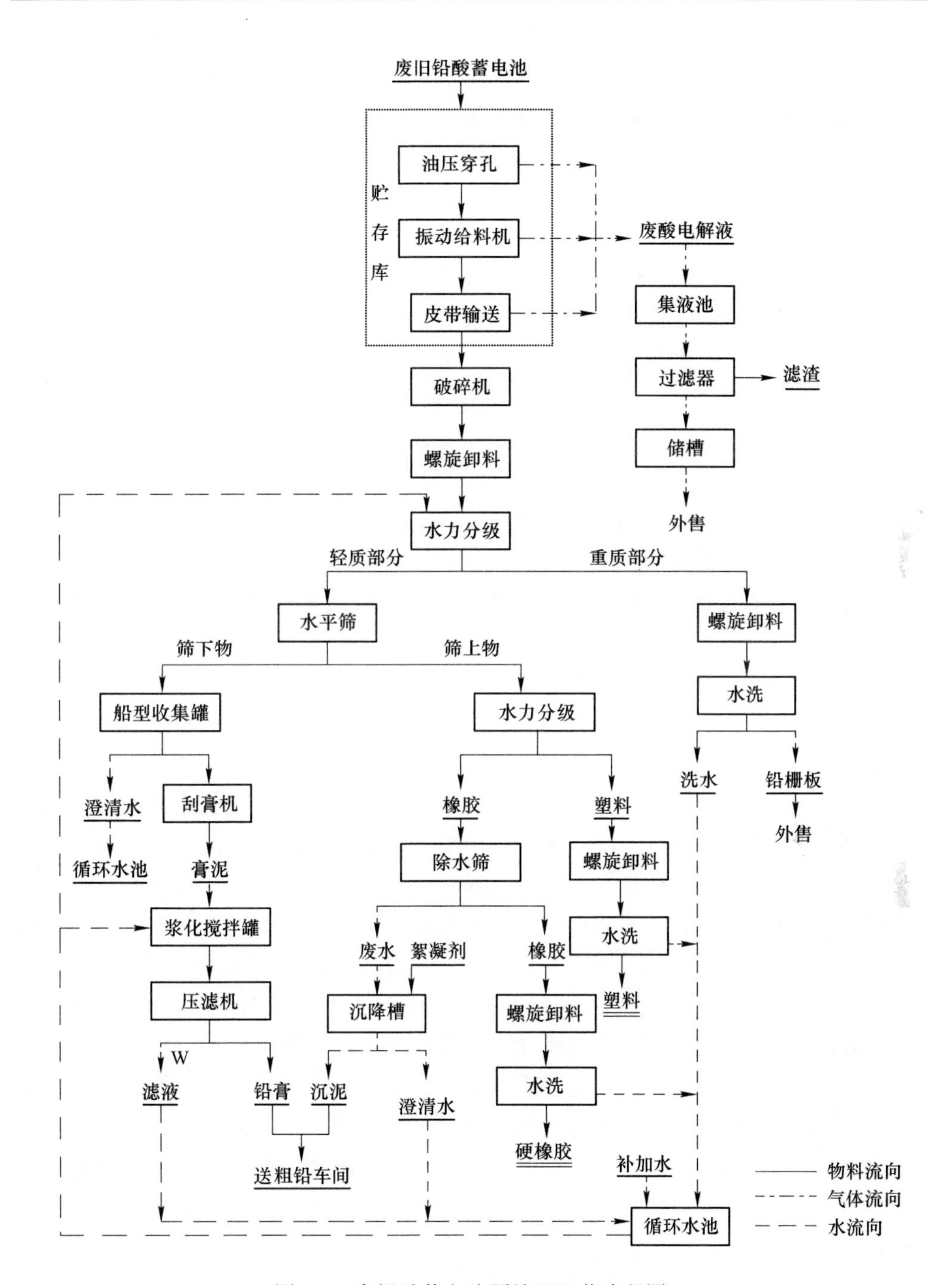

图 2-1　废铅酸蓄电池预处理工艺流程图

酸）作为副产品送入废酸储槽，储存硫酸浓度约 38%（凝固点介于 -10℃ 至 -14℃ 间），作为副产品外售。

（2）上料。废铅酸蓄电池由铲车或抓斗倒入料斗内，再经由设有变频驱动器的振动给料机，可按料斗减损重量以比例关系送料，再由皮带输送至破碎机内，金属碎片由装置于皮带机上的除铁器移除，可保护破碎机锤头。如进料中有未被除铁器吸走的非磁性金属或铁屑存在，后端金属探测器监测到就会自动停止皮带机。

（3）CX 破碎分选。

1）原理。破碎机采用“钩型重锤式结构”，能有效地将带壳的废蓄电池击碎至小于 20mm 的粒度后排出，经一台水平螺旋输送机连续送往水力分级箱，通过调整高压水泵的供水压力以及由于碎料本身各组分的密度差别，使密度大的重质部分（即金属粒子）沉入分级箱底部，由一台螺旋机取走，经洗涤沥干后合格的金属粒子由胶带输送机送往栅板仓库。密度小的轻质部分（即氧化物和有机物）随水流往水平筛，筛下物为粒度较小的氧化物，由一台步进式除膏机将其卸出；经浆化槽浆化后送往压滤机压滤，滤饼送做铅冶炼原料，滤液进循环池循环使用。筛上的有机物随水流入另一水力分级箱进行分级，将密度小的塑料部分和密度大的橡胶部分分开，分别由各自的螺旋机卸出，送往仓库堆存后外售。

2）分选。废旧铅酸蓄电池进入破碎机后，经由锤头粉碎，碎料直接掉入水动力分离机内，由循环水喷洒机制的配合开始进行分类动作。重质部分的板栅金属从水动力分离设备下方，由螺旋输送机运送分离出来，再做最后清洗与处置。轻质部分包括铅膏、塑料、橡胶等随水流进入水平筛，铅膏由水流带进下方的船型收集罐内，然后再经链条刮除机刮送至可称重搅拌罐内，由搅拌器搅动使其呈现悬浮状态。铅泥浆经重量与液位传感器将信号送至 PLC 计算后，再调整链条刮除机速度，达到控制密度的目的。船型收集罐内的澄清水经由溢流口不断地流入喷洒水收集罐，由泵再次抽送到振动筛当喷洒水，再次分离铅膏和其他碎料，水流以此方式连续循环使用。循环水路线上设有一组过滤器，可将大于 3mm 的杂质滤除，以防止循环水喷嘴造成堵塞。塑料从水动力分离设备上方，由螺旋输送设施，运送分离出来。橡胶随分离水流一起输送至除水筛，固体橡胶部分被分离出来。塑料和橡胶分别采用洁净水清洗后外售，清洗水送循环水池。从除水筛出来的水，带有铅的固体颗粒、铅泥和一些微塑料碎片，再收集到沉降池内，进行沉降分离，即凝聚剂加药机经由定量泵将凝聚剂加入，使铅泥凝结沉降以澄清水质。

（4）铅膏压滤。收集在搅拌槽内的铅泥浆，由泵以批次式抽送至压滤机，可将酸性水液与铅膏分开。压滤出来的铅膏掉入储料区，酸性水溶液则收集到储罐，再经泵返回使用。

2.2 铅膏的性质

本节以湖北某公司实际铅膏为对象来研究铅膏的性质。该公司是国家循环经济试点示范单位，年处理 30 万吨废铅酸蓄电池。铅膏样品取自破碎处理后的铅膏。

2.2.1 铅膏的物理性质

2.2.1.1 铅膏的外观

铅膏取回以后，首先在烘箱中烘干、破碎研磨，然后筛分成不同粒径的产品备用。烘干后的铅膏如图 2-2（a）所示，破碎后经过 60 目筛分，筛上物如图 2-2（b）所示，筛下物如图 2-2（c）所示，筛下物供后面实验所用。从图中可以看出筛上物颗粒较大，是破碎的栅板类物质，而筛下物主要是铅膏物质。

(a) (b) (c)

图 2-2 铅膏外观图
（a）原始铅膏；（b）筛上物；（c）筛下物

2.2.1.2 铅膏的粒径分布

为了确定铅膏的不同粒径范围，将大于 250μm 的铅膏再经 45～180μm 的筛子分级，结果如表 2-1 所示。

表 2-1 铅膏的粒径分布

目数	$d<60$	60～100	100～120	120～200	200～270	270～325	$d>325$
尺寸/μm	$d>250$	$250>d>150$	$150>d>124$	$124>d>74$	$74>d>53$	$53>d>45$	$d<45$
百分比/%	7.5	10.7	7.5	22.9	40.4	8.6	2.4

由表 2-1 可知，大部分颗粒直径分布在 50~150μm 之间，约占总质量的80%。

2.2.1.3 铅膏的密度

在浸出过程中，为保证浸出效率，铅膏颗粒应和浸出溶液形成均匀的悬浊液，因此铅膏的密度以及后续浸出反应器的设计，将是浸出过程的重要因素。采用美国麦克仪器公司生产的 AccuPyc1330 型真密度自动测试仪对三种不同粒度的铅膏进行密度测试，实验结果如表 2-2 所示。从表中可以看出，铅膏粒径在 53~124μm 之间与小于 53μm 的范围内密度相差不大，基本上稳定在 6.95g/cm^{3}左右。而粒径大于 124μm 的铅膏粒径稍小，为 6.07g/cm^3，主要原因可能是该粒径范围内含有密度较小的杂质（隔板纸或塑料等）。为了保证实验的统一，避免由于颗粒大小不均引起的误差，浸出实验采用粒径在 124μm 以下的铅膏。

表 2-2 不同粒径铅膏的密度

目数	<120	120~270	>270
尺寸/μm	$d>124$	$124>d>53$	$d<53$
密度/g · cm^{-3}	6.07	6.93	6.98

2.2.2 铅膏的物相与化学成分分析

2.2.2.1 XRF 分析

采用荷兰 PANalytical 公司生产的 X 射线荧光光谱仪对经过预处理的铅膏粉末进行 XRF 分析，其分析结果见表 2-3。从表中可以看出，实际铅膏中的主要元素为 Pb、S 以及微量的 Si、Fe、Sb 等，由此分析由某公司提供的铅膏的主要元素是 Pb、S、O。由于各种金属的价态并不唯一或确定，XRF 无法准确地判断出铅膏中的铅含量，铅膏中以氧化铅计为 77.9%的数值为估算。不同用途的铅酸蓄电池中会采用各种不同的添加剂与板栅，所以铅膏中会引入 Sb 等不同的杂质。废旧铅酸蓄电池由于在使用过程中有较多的含铁部件，同时进行破碎时采用的破碎系统是含铁部件，因此在破碎过程中会掺入 Fe 元素杂质等。此外，回收过程中会掺入泥土，故而会引入 Ca、Si 等。

表 2-3 实际铅膏的 XRF 结果

化学组分	PbO	SO_3	SiO_2	CaO	Sb_2O_3	Fe_2O_3	Al_2O_3	LOI
质量分数/%	77.9	12.21	0.27	0.14	0.30	0.27	0.08	7.79

2.2.2.2 铅膏的物相分析

铅膏是一种成分相对复杂的混合物质，正极与负极的化学组分都不相同。文献报道铅膏主要物相有 $PbSO_4$、PbO_2、PbO、$Pb_2O(SO_4)$、Pb_2O_3、Pb 以及微量硫酸钙与硅酸盐。为了确定实际铅膏中物相，对经过预处理及中试的铅膏粉末进行 XRD 测试，并对结果采用 Highscore 软件进行分析，分析结果如图 2-3 所示。从图 2-3 中可看出，该粒径的铅膏粉末中的主要物相是 $PbSO_4$、PbO_2、PbO、Pb，与 XRF 分析结果吻合。

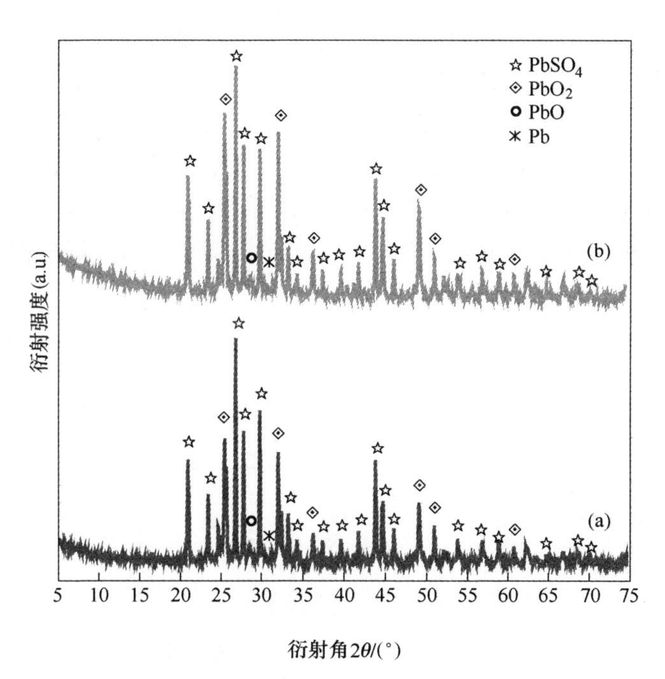

图 2-3 实际铅膏的 XRD 图

2.2.2.3 铅膏的化学分析

采用化学分析的方法测定了硫酸铅、二氧化铅、氧化铅和金属铅的百分含量，测试方法见附录，结果如表 2-4 所示。不同批次的铅膏其化学组成有较大的差异。从表中可以看出，第一批次的铅膏的主要成分为硫酸铅，约占总量的 65.0%，其次是 PbO_2 与 PbO，分别是 29.5%与 4.5%，此外还有少量的金属铅。第二批次的铅膏采用小型磨样机粉碎，之后过筛处理。从表中可以看出，铅膏化学分析与之前实验的铅膏有一定的差别，主要体现在硫酸铅的含量减少，二氧化铅与金属铅的含量增加，杂质总量增加。

表 2-4 实际铅膏的各成分含量

批次	组成	$PbSO_4$	PbO_2	PbO	Pb	其他	总铅
Ⅰ	质量分数/%	65.0	29.5	4.5	0.5	0.5	74.5
Ⅱ	质量分数/%	56.8	32.4	4.1	5.4	1.3	76.6

2.2.2.4 热稳定性分析

铅膏是混合物，各组分的性质也不一样，为了解铅膏的分解特性，对经过预处理的铅膏粉末进行 TG/DTA 分析。设置工作参数：最高加热温度为 1200℃，加热速度为 20℃/min，采用空气与氮气气氛。实验结果见图 2-4，从 TG 分析结果可知，在氮气气氛下，在 900℃之前铅膏一直很稳定，在 950℃时失重仅为 5%。当温度上升到 1000℃以上时，铅膏的失重都很快，到 1200℃，失重达到 70%左右，这可能是铅膏中的硫酸铅分解同时铅挥发引起的。在空气气氛下，从 300℃到 1100℃铅膏失重量在 15%左右，从两种气氛的 DTA 看，都是吸热反应。因此铅膏是一种相对稳定的物质，这与目前铅回收的冶炼过程需要高温是一致的。

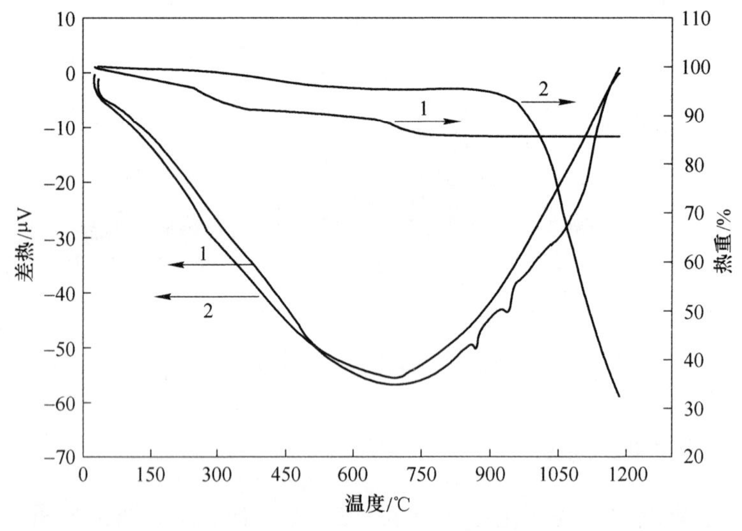

图 2-4 实际铅膏的热分解曲线

1—氮气；2—空气

3　铅膏在柠檬酸-柠檬酸钠体系中的浸出与产物特性研究

剑桥大学 Kumar 等分别采用单组分 PbO、PbO_2、$PbSO_4$三种起始物与柠檬酸溶液或者其他浸出剂反应，均能获得类似于柠檬酸铅的白色晶体。氧化铅粉末与柠檬酸反应，反应摩尔比 $PbO : C_6H_8O_7 \cdot H_2O = 1 : 1$；二氧化铅粉末与柠檬酸溶液反应，在反应过程中加入还原剂 H_2O_2，反应的摩尔比为 $PbO_2 : C_6H_8O_7 \cdot H_2O : H_2O_2 = 1 : 4 : 4$；硫酸铅粉末加入到柠檬酸与柠檬酸钠的混合溶液中，反应的摩尔比为 $PbSO_4 : C_6H_8O_7 \cdot H_2O : Na_3C_6H_5O_7 \cdot 2H_2O = 1 : 1 : 2$。氧化铅与二氧化铅作为起始物质在柠檬酸溶液中浸出反应生成了 $Pb(C_6H_6O_7) \cdot H_2O$，而硫酸铅在柠檬酸-柠檬酸钠体系中生成了 $Pb_3(C_6H_5O_7)_2 \cdot 3H_2O$。氧化铅与二氧化铅在柠檬酸体系中一次回收率相对较高，达到 99%以上，而硫酸铅在柠檬酸-柠檬酸钠体系中一次回收率在 98%左右。对三种不同的铅的化合物得到的柠檬酸铅进行微观观察，氧化铅与二氧化铅得到的柠檬酸铅呈现条状堆积的层结构，粒径为 20~30μm，而由硫酸铅反应得到的柠檬酸铅形貌呈现鳞片状结构，粒径为1~10μm。对柠檬酸铅进行焙烧，三种前驱体在 350℃焙烧 1h，得到三种黄色超细粉末。三种焙烧产物的主要成分均为 PbO 与 Pb。若采用柠檬酸类溶液浸出实际铅膏，则浸出溶液中需同时包括 $C_6H_8O_7 \cdot H_2O$、$Na_3C_6H_5O_7 \cdot 2H_2O$ 和 H_2O_2。在这个混合的浸出溶液中，PbO、PbO_2 以及 $PbSO_4$的浸出过程是否会发生变化，生成物有何不同以及铅的一次回收率等都不是十分清楚，因此研究 PbO、PbO_2、$PbSO_4$各单组分物质和模拟铅膏在混合浸出溶液中的转化以及产物特性，对新工艺浸出处理实际铅膏有一定的意义。

柠檬酸是一种弱的有机酸，在水中有较大的溶解度，但是电解不完全。在水溶液中柠檬酸能够提供三个 H^+离子，存在着三级电离平衡，主要的分子与离子有 $C_6H_8O_7$、$C_6H_7O_7^-$、$C_6H_6O_7^{2-}$、$C_6H_5O_7^{3-}$、H^+。在柠檬酸钠也存在的情况下，溶液中存在的主要离子也是这几种，只是离子分布发生了变化。铅与柠檬酸根的结合方式也是复杂的，可能结合形式有三种，如图 3-1 所示。

因此，研究不同 pH 值即不同的柠檬酸与柠檬酸钠配比体系可能得到不同的物质。为方便起见，称 $C_6H_8O_7 \cdot H_2O$、$Na_3C_6H_5O_7 \cdot 2H_2O$ 的混合浸出溶液为“柠檬酸-柠檬酸钠浸出溶液”。以下探讨的反应都在室温下进行，同时除有特殊说明，都是在完全反应的情况下进行研究。

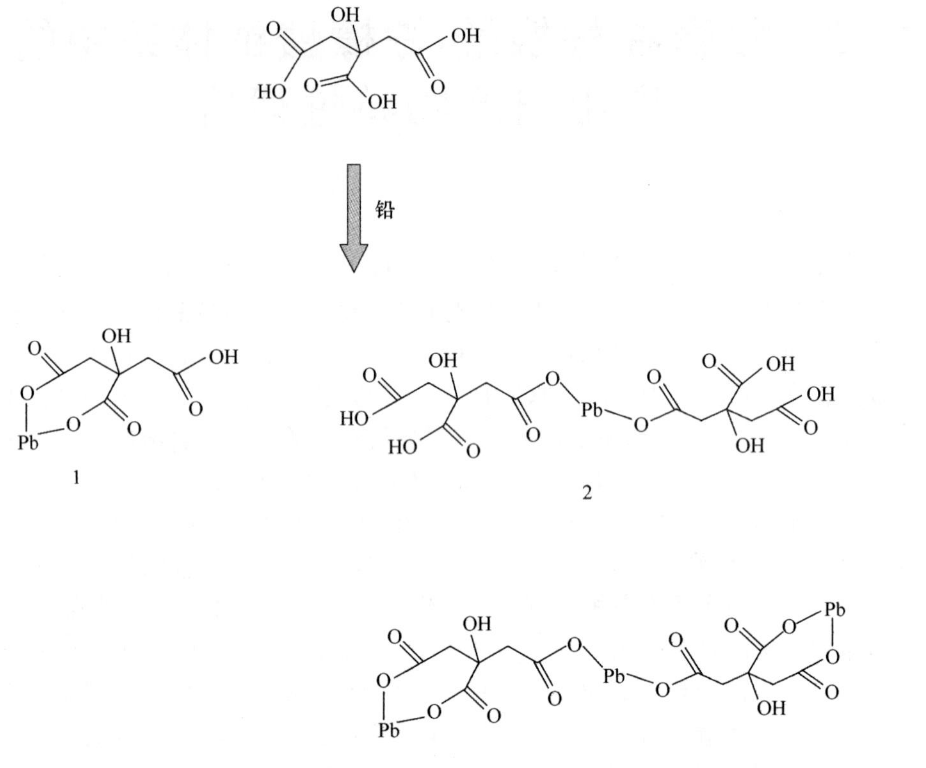

图 3-1　柠檬酸与铅离子可能的结合形式

3.1　实验流程

整个实验流程见图 3-2，从图中可以看出铅膏整个回收流程主要有预处理、浸出、焙烧几个关键环节。预处理后的铅膏进入湿法浸出环节，浸出部分是铅膏综合处理新工艺的第一步，也是最重要的一步。在本研究的浸出实验过程中，具体的实验方案是：首先配置一定浓度浸出剂溶液，然后准确称量一定量的铅膏，加入到温度确定的浸出溶液中，保持在特定的实验温度下进行反应。同时在加入铅膏反应开始后，在不断搅拌的条件下加入还原剂双氧水，此时应注意避免双氧水加入过多过快使反应剧烈，产生大量气泡而失控。反应结束后立即采用真空进行过滤，洗涤滤饼，滤饼在鼓风干燥箱中烘干，对烘干后滤饼进行分析表征和制备超细粉末，滤液稀释定容测定金属离子的浓度以及硫酸根的浓度。

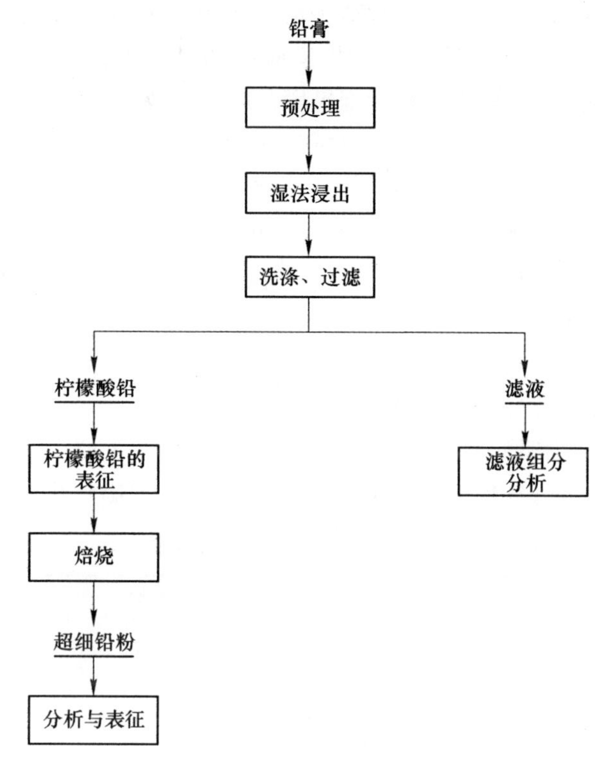

图 3-2 铅膏制备超细铅粉研究实验流程图

3.2 氧化铅在不同 pH 值的柠檬酸-柠檬酸钠溶液中的转化

3.2.1 氧化铅在不同 pH 值的柠檬酸-柠檬酸钠溶液中的浸出

实验中研究了 PbO 在两种不同配比的柠檬酸-柠檬酸钠体系的转化，实验在室温（25℃）下进行，详细实验条件见表 3-1。前期研究中浸出氧化铅与二氧化铅时采用的是柠檬酸溶液，而在浸出硫酸铅时采用的是柠檬酸钠与柠檬酸溶液，柠檬酸-柠檬酸钠的混合浸出体系中柠檬酸与柠檬酸钠投加量尽量满足本体系的 pH 值接近此前的浸出氧化铅或者硫酸铅的反应体系，同时柠檬酸根与铅摩尔比基本控制在 2，以保证反应完全进行。

表 3-1 氧化铅在柠檬酸-柠檬酸钠体系中浸出的实验条件

序号	PbO/g	$Na_3C_6H_5O_7 \cdot 2H_2O$/g	$C_6H_8O_7 \cdot H_2O$/g	固液比	pH 值	搅拌速度 /r · min^{-1}	时间 /h
Ⅰ-a	10.0	6.0	14.4	1/5	3.5	650	1
Ⅰ-b	10.0	16.8	7.0	1/5	5.2	650	1

氧化铅粉末在两种柠檬酸-柠檬酸钠溶液中反应速度都较快，黄色粉末氧化铅很快变浅，30min 后变成纯白色。将反应后的悬浊液过滤，滤饼经过反复洗涤，在 65℃的烘箱中干燥 1h，称量记录后备用，滤液定容后分析铅离子的含量。

在完全反应的情况下，铅膏中铅存在着两种转化形式：一种是在滤液中以离子的形式存在，另一种是在分离的固相中以柠檬酸铅的形式存在。因此铅膏一次回收率可以用总铅与溶液中残留铅的差占总铅百分比来计算，见式（3-1）。

$$铅膏一次回收率 = [1 - (V_1 \times \rho_{Pb})/(m_0 \times w_0)] \times 100\% \tag{3-1}$$

式中　m_0——铅膏的总质量，g；

V_1——滤液体积，L；

ρ_{Pb}——滤液中铅离子的质量浓度，g/L；

w_0——铅膏中铅的质量分数，%。

PbO 在两种不同 pH 值的柠檬酸-柠檬酸钠体系中浸出转化实验结果见表 3-2。

表 3-2　PbO 在柠檬酸与柠檬酸钠体系中转化实验结果

序号	滤饼		滤液			回收率
	质量/g	375℃烧失率/%	pH 值	V/mL	Pb/mg · L^{-1}	/%
Ⅰ-a	18.30	46.7	3.5	500	271.5	98.6
Ⅰ-b	14.52	36.5	5.2	500	1365.9	92.6

从表中可以看出，在两种不同的体系中，生成柠檬酸铅的质量也完全不一样，在 pH 值为 3.5 的溶液中生成产物的质量为 18.30g，而在 pH 值为 5.2 的溶液中生成的沉淀物的质量只有 14.52g。两种体系浸出后滤液与洗涤液中的铅含量有较大的差别，不同的体系几乎相差了 5 倍。从表中可知滤液的铅含量与生成物柠檬酸铅中铅含量的计算结果，柠檬酸铅在 375℃下焙烧 1h 失重分别是 46.8%与 36.5%。同时发现在弱酸性条件柠檬酸铅溶解度较大，此时铅的一次回收率较低。

在不同 pH 值的柠檬酸与柠檬酸钠体系中，$C_6H_8O_7$，$C_6H_7O_7^-$，$C_6H_6O_7^{2-}$，$C_6H_5O_7^{3-}$ 的离子分布是不一样的。在Ⅰ-a 的实验体系中，$C_6H_6O_7^{2-}$，$C_6H_7O_7^-$ 和 $C_6H_8O_7$ 是主要离子或者分子，氧化铅在柠檬酸与柠檬酸钠溶液中可能会发生的反应是：

$$PbO + C_6H_8O_7 \longrightarrow PbC_6H_6O_7 \cdot H_2O \tag{3-2}$$

而在Ⅰ-b 的实验体系中，$C_6H_6O_7^{2-}$ 与 $C_6H_5O_7^{3-}$ 是浸出溶液中主要的离子，PbO 可能发生的反应是：

$$3PbO + 3C_6H_8O_7 + 2Na_3C_6H_5O_7 \longrightarrow Pb_3(C_6H_5O_7)_2 \cdot 3H_2O + 3Na_2C_6H_6O_7 \tag{3-3}$$

假定生成的柠檬酸铅分别是 $Pb(C_6H_6O_7) \cdot H_2O$ 与 $Pb_3(C_6H_5O_7)_2 \cdot 3H_2O$，

相对分子质量分别是 415 与 1053，10g 氧化铅中铅的物质的量是 4.484×10^{-2}mol，则Ⅰ-a 体系中柠檬酸铅前驱体Ⅰ-a 理论生成量为 $4.484\times10^{-2}\times415=18.61$（g），而Ⅰ-b 体系中柠檬酸铅前驱体Ⅰ-b 理论生成量为 $4.484\times10^{-2}\times1/3\times1053=15.74$（g）。

反应前总铅量就是氧化铅中铅的量，而反应后总铅量等于生成固体柠檬酸铅中的铅与溶液中残留铅离子的和。固体中的铅含量根据推测分子式先计算出铅含量，$Pb(C_6H_6O_7)\cdot H_2O$ 中铅含量为 49.88%，而在 $Pb_3(C_6H_5O_7)_2\cdot 3H_2O$ 中的铅含量为 58.97%，根据生成的固体物质的质量与溶液中铅离子的含量得到反应后的总铅量见表 3-3。

表 3-3 PbO 在柠檬酸与柠檬酸钠体系中的质量平衡

序号	滤饼中铅/g	滤液中铅/g	滤后总铅/g	滤前总铅/g
样品Ⅰ-a	18.30×49.88%=9.128	0.271×0.5=0.136	9.263	9.282
样品Ⅰ-b	14.52×58.97%=8.562	1.366×0.5=0.683	9.245	9.282

从表中可以看出反应前后铅的含量基本守恒，也说明推测的物质分子式较为准确，即在 pH 值为 3.5 时，生成的柠檬酸铅为 $Pb(C_6H_6O_7)\cdot H_2O$；而当 pH 值为 5.2 时，生成的柠檬酸铅为 $Pb_3(C_6H_5O_7)_2\cdot 3H_2O$。后面实验（XRD、FT-IR）也证实了此结果。

3.2.2 氧化铅在不同 pH 值柠檬酸-柠檬酸钠溶液中浸出柠檬酸铅的表征

PbO 在两种不同的柠檬酸与柠檬酸钠体系中浸出转化得到的柠檬酸铅的 XRD 如图 3-3 所示。从图中可以看出，PbO 在柠檬酸-柠檬酸钠较强酸性体系（pH

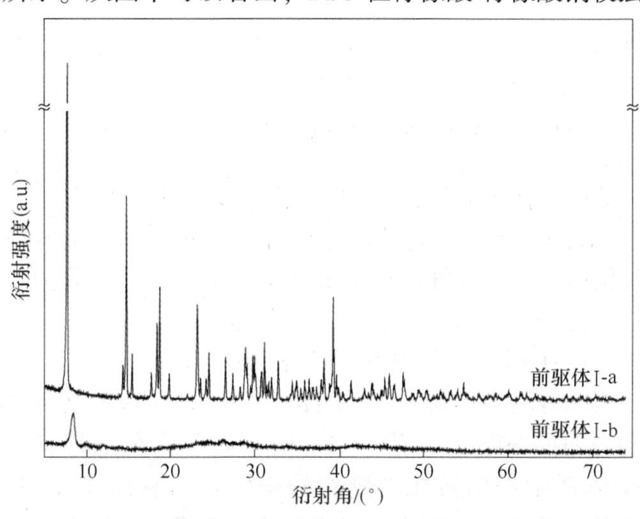

图 3-3 PbO 在柠檬酸-柠檬酸钠体系中生成柠檬酸铅的 XRD 图

值为 3.5）中生成的柠檬酸铅和单组分 PbO、PbO_2 与柠檬酸生成的柠檬酸铅的 XRD 完全一致，而 PbO 在柠檬酸-柠檬酸钠弱酸性体系中（pH 值为 5.2）生成柠檬酸铅和单组分 $PbSO_4$ 与柠檬酸-柠檬酸钠生成的柠檬酸铅的 XRD 一致。

PbO 在两种不同的柠檬酸与柠檬酸钠体系中浸出转化得到的柠檬酸铅的 FT-IR 图谱如图 3-4 所示。从图中柠檬酸铅前驱体Ⅰ-b 的 FT-IR 曲线可以看出，1545.9cm^{-1} 及 1388.9cm^{-1} 处的强吸收峰归属为羧基的不对称及对称伸缩振动，1270.9cm^{-1} 处和 1135.5cm^{-1} 处的弱吸收峰归属为 α 羟基的剪式振动和伸缩振动。在 1690~1730cm^{-1} 范围内，没有吸收峰出现。柠檬酸成盐后，—COOH 中—C ═O 的伸缩振动峰（1732cm^{-1}）消失，在 2700~2500cm^{-1} 处的几个宽而小的峰（V_{OH}）也消失，3386.5cm^{-1} 处的宽峰（缔合的醇羟基的 V_{OH}）和 1075.9cm^{-1}（$V_{C\text{-}O}$）依然存在，这说明柠檬酸铅前驱体Ⅰ-b 中的羧基是完全去质子化的。以上特征说明，Pb^{2+} 与柠檬酸中的羧基已全部成盐。

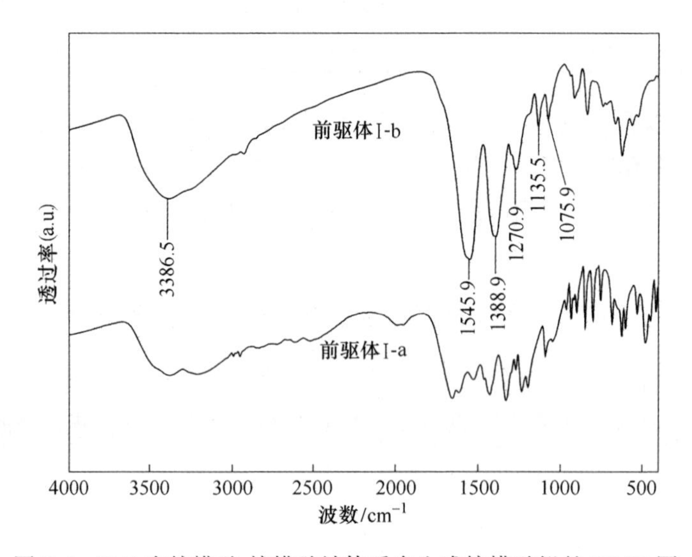

图 3-4 PbO 在柠檬酸-柠檬酸钠体系中生成柠檬酸铅的 FT-IR 图

图 3-4 中柠檬酸铅前驱体Ⅰ-a 的 FT-IR 图与文献中氧化铅在柠檬酸溶液制备的 $Pb(C_6H_6O_7)\cdot H_2O$ 一致，该柠檬酸铅中柠檬酸根去质子化不是完全的，从而进一步证实了氧化铅在酸性条件反应生成物分子式为 $Pb(C_6H_6O_7)\cdot H_2O$，而在弱酸性条件生成物为 $Pb_3(C_6H_5O_7)_2\cdot 3H_2O$ 的推断。

图 3-5 是氧化铅在不同的体系中得到柠檬酸铅的 SEM 图，图 3-5（a）是 PbO 在单纯的柠檬酸溶液中得到的柠檬酸铅，制备条件是氧化铅与柠檬酸的摩尔比为 1∶1.5，反应时间 30min；而图 3-5（b）与（c）分别是氧化铅在两种的柠檬酸与柠檬酸钠体系中浸出转化得到的柠檬酸铅前驱体Ⅰ-a 与前驱体Ⅰ-b 的 SEM 图。从图中可以看出，不同体系制备的柠檬酸铅差别很大，在柠檬酸溶液中

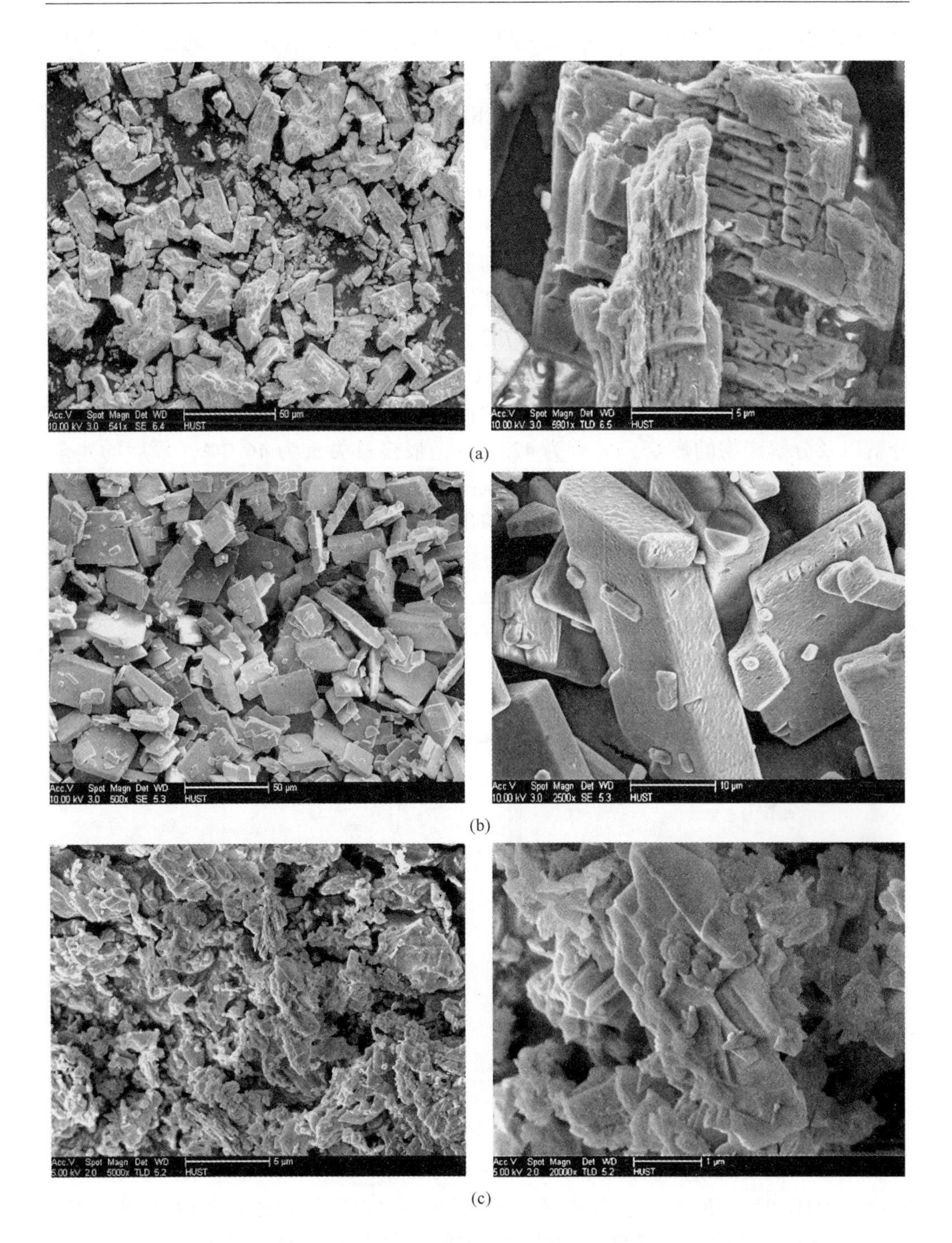

图 3-5 氧化铅在柠檬酸-柠檬酸钠体系中生成柠檬酸铅的 SEM 图

（a）柠檬酸溶液中制备的柠檬酸铅；（b）前驱体Ⅰ-a；（c）前驱体Ⅰ-b

制备的柠檬酸铅颗粒约 10~50μm，呈层状结构；而 pH 值为 3.5 的柠檬酸-柠檬酸钠溶液中得到的柠檬酸铅呈板状结构，粒径在 10~50μm 之间；在 pH 值为 5.2 的柠檬酸-柠檬酸钠溶液中制备的柠檬酸铅颗粒粒径较小，在 1~5μm 之间，呈较小的鳞片状结构。

采用空气气氛，流量为 $100cm^3/min$，以 10℃/min 的升温速率在室温到 500℃对生成的柠檬酸铅进行了 TG 实验。柠檬酸铅前驱体Ⅰ-a 的 TG-DTG 的分析见图 3-6，由图中可以看出其柠檬酸铅前驱体Ⅰ-a 的分解历程相对比较复杂，从 DTG 曲线可以发现整个失重阶段大致可以分成 5 个阶段，失重最快的温度点分别是 180℃、204℃、285℃、348℃、417℃，450℃后几乎没有失重。90~190℃为第 1 个阶段，失重 4.07%，与 $Pb(C_6H_6O_7)\cdot H_2O$ 失去 1 个结晶水的理论失重 4.3%基本相符；之后在 220℃与 430℃之间出现多个失重台阶，可能是柠檬酸根分解以及分解产物的燃烧，失重为 42.63%，最终总失重为 46.7%。最后的残余为 53.3%，介于 $Pb(C_6H_6O_7)\cdot H_2O$ 分解全部生成 PbO(53.7%) 与全部生成金属铅 (49.9%) 之间。TG-DTG 分析证明了柠檬酸铅前驱体Ⅰ-a 的分子式为 $Pb(C_6H_6O_7)\cdot H_2O$。

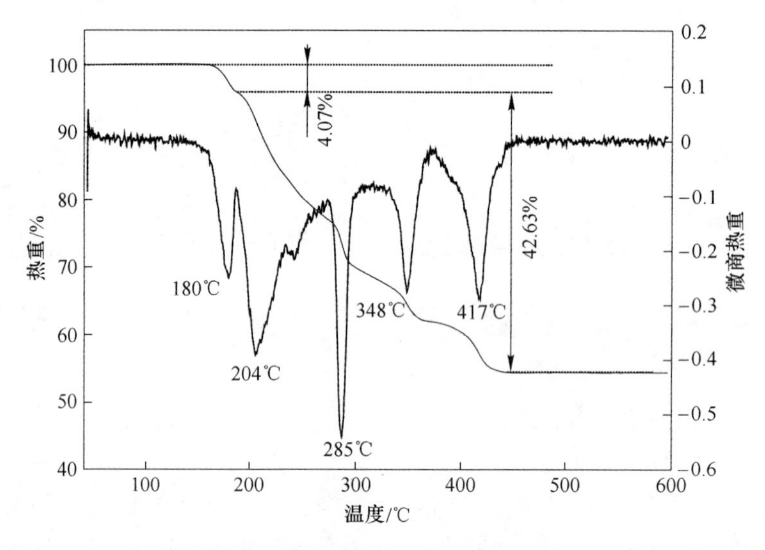

图 3-6　柠檬酸铅前驱体Ⅰ-a 的 TG-DTG 曲线

柠檬酸铅前驱体Ⅰ-b 的 TG-DTG 的分析见图 3-7，从图中可以看出，柠檬酸前驱体Ⅰ-b 在空气中失重规律与柠檬酸铅前驱体Ⅰ-b 的失重规律有较大差异。对应在 DTG 的失重速率最大的温度点发生了明显的变化，分别是 99.1℃、246℃、291℃、343℃、352℃，360℃后几乎没有失重。60~110℃为第 1 阶段，失重 4.9%，与 $Pb_3(C_6H_5O_7)_2\cdot 3H_2O$ 失去 3 个结晶水的理论失重 5.1%基本相符；第 2 阶段始于 110℃，终于 360℃，之间出现多个失重台阶，失重为 33.3%，总失重为 38.2%，最终残余为 61.7%，介于 $Pb_3(C_6H_5O_7)_2 \cdot 3H_2O$ 分解全部生成 PbO(63.5%) 与全部生成金属铅（58.97%）之间。柠檬酸铅前驱体Ⅰ-b 的 TG-DTG 分析也证明了其分子式为 $Pb_3(C_6H_5O_7)_2 \cdot 3H_2O$。两种柠檬酸铅的分子结构不同，其分解规律有较大差异。

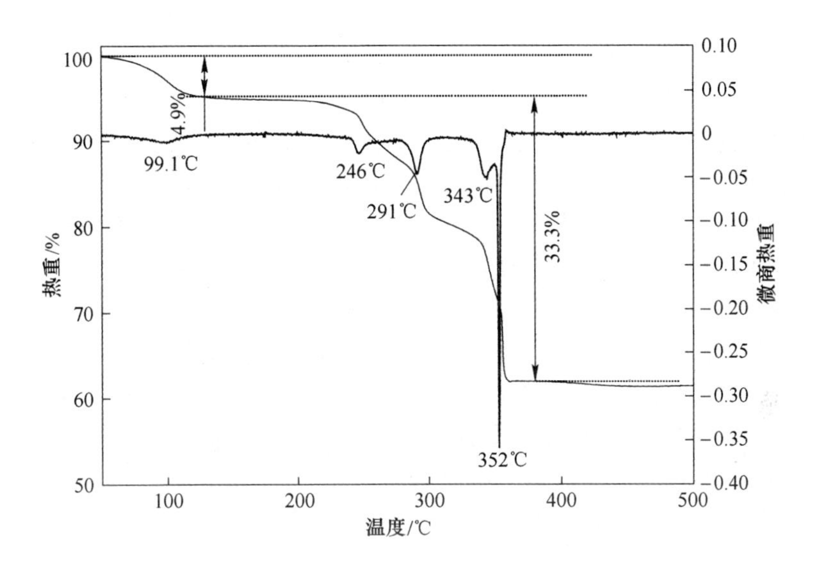

图 3-7 柠檬酸铅前驱体Ⅰ-b 的 TG-DTG 曲线

3.3 二氧化铅在不同 pH 值的柠檬酸-柠檬酸钠体系中转化

3.3.1 二氧化铅在不同 pH 值的柠檬酸-柠檬酸钠溶液中的浸出

本实验研究了 PbO_2 在两种不同的柠檬酸-柠檬酸钠体系中的转化，实验条件见表 3-4。前期研究中，浸出二氧化铅与柠檬酸反应，柠檬酸投加量较大，1mol 二氧化铅需要 4mol 的柠檬酸。因此柠檬酸-柠檬酸钠的浸出体系中柠檬酸与柠檬酸钠使用尽量满足体系的 pH 值接近此前的反应体系，而在 pH 值为 5.2 左右体系尽量接近浸出硫酸铅的体系，同时柠檬酸根与铅摩尔比基本控制在 3，以保证反应完全进行。

表 3-4 PbO_2 在不同柠檬酸与柠檬酸钠体系中转化研究

序号	PbO_2 /g	$Na_3C_6H_5O_7 \cdot 2H_2O$ /g	$C_6H_8O_7 \cdot H_2O$ /g	$30\%H_2O_2$ /mL	pH 值	固液比	搅拌速度 /$r \cdot min^{-1}$	时间 /h
Ⅱ-a	10.00	8.9	20.0	10.0	3.5	1/5	650	1
Ⅱ-b	10.00	23.0	10.0	10.0	5.2	1/5	650	1

二氧化铅与单纯的柠檬酸基本不反应，在柠檬酸-柠檬酸钠体系中开始反应时为黑色，基本看不出任何变化，但是当加入 H_2O_2 后，反应剧烈并且不断有气泡溢出，之后反应溶液逐渐变为棕红色，1h 后溶液变为白色，略带土黄色。这是由于二氧化铅在酸性条件下，+4 价的二氧化铅被还原，转化为可溶性铅离子，同时放出氧气，可能的反应方程式见式（3-4），而铅离子与柠檬酸根反应生成了柠檬酸铅。

$$PbO_2 + H_2O_2 + 2H^+ \longrightarrow Pb^{2+} + 2H_2O + O_2 \tag{3-4}$$

PbO_2 在柠檬酸溶液中反应，加入双氧水后，黑色的二氧化铅转化较慢，即使反应超过 12h，溶液为淡红色，但是柠檬酸-柠檬酸钠体系对二氧化铅的浸出转化有较大的影响。当加入少量的柠檬酸钠后，对 PbO_2 的转化速度的影响不太大。但是在 pH 值为 5.2 的柠檬酸-柠檬酸钠体系中，反应速度很快，30min 反应完全，成为纯白色。pH 值为 3.5 的柠檬酸-柠檬酸钠体系中得到的柠檬酸铅是暗灰色，而 pH 值为 5.2 的柠檬酸-柠檬酸钠体系中得到的柠檬酸铅是纯白色。

PbO_2 在不同柠檬酸-柠檬酸钠体系中转化实验的结果见表 3-5。从表中可以看出，两种不同的体系中生成柠檬酸铅质量也完全不一样，相差较大，pH 值在 3~4 的条件下产物的质量为 16.74g，而 pH 值在 5~6 的条件下产物的质量为 13.86g。两种体系浸出后滤液与洗涤液中的铅含量有较大的差别，pH 值在 3~4 的条件下滤液与洗涤液中的铅含量为 130.2mg，而 pH 值在 5~6 的条件下滤液与洗涤液中的铅含量为 421.0mg，不同的体系几乎相差了 3 倍。同时可以发现 pH 值在 5~6 的条件下柠檬酸铅溶解度较大，此时体系的一次回收率较低。

表 3-5 PbO_2 在不同柠檬酸-柠檬酸钠体系中转化实验结果

序号	前驱体		滤液			回收率/%
	质量/g	375℃烧失率/%	pH 值	体积/mL	Pb/mg · L^{-1}	
Ⅱ-a	16.74	48.9	3.5	1000	130.2	98.5
Ⅱ-b	13.86	37.2	5.2	1000	421.0	95.1

二氧化铅在两种不同柠檬酸-柠檬酸钠体系（Ⅱ-a 与Ⅱ-b）中反应可能分别是：

$$PbO_2+C_6H_8O_7+H_2O_2 \longrightarrow PbC_6H_6O_7 \cdot H_2O+H_2O+O_2 \tag{3-5}$$

$$3PbO_2+3C_6H_8O_7+2Na_3C_6H_5O_7+H_2O_2 \longrightarrow Pb_3(C_6H_5O_7)_2 \cdot 3H_2O+3Na_2C_6H_6O_7+O_2 \tag{3-6}$$

假定生成的柠檬酸铅分别是 $Pb(C_6H_6O_7) \cdot H_2O$ 与 $Pb_3(C_6H_5O_7)_2 \cdot 3H_2O$，则相对分子质量分别是 415 与 1053，10.0g 二氧化铅纯度为 98.0%，因此其中的铅的物质的量是 4.10×10^{-2}mol，则柠檬酸铅的理论生成量为 17.01g 与 14.39g。反应前总铅的量就是二氧化铅中铅的量，而反应后的总铅量等于生成固体柠檬酸铅中的铅与溶液中残留铅离子的和。固体中的铅含量根据推测分子式先计算出铅含量，$Pb(C_6H_6O_7) \cdot H_2O$ 中的铅含量为 49.88%，而 $Pb_3(C_6H_5O_7)_2 \cdot 3H_2O$ 中的铅含量为 58.97%，根据生成的固体物质的重量与溶液中铅离子的含量得到反应后总铅的量见表 3-6。从表中可以看出反应前 PbO_2 中铅的含量与 PbO_2 浸出结晶的柠檬酸铅和溶液中的铅总量在Ⅱ-a 反应条件下几乎完全一样，而在Ⅱ-b 反应条件下反应后总铅的量略大于反应前总铅的质量，但是也在误差范围内，说明推算物质的分子式较为准确，后面两种前驱体柠檬酸铅的表征间接证实了此结果。

表 3-6 PbO_2 在不同柠檬酸-柠檬酸钠体系中质量平衡

序号	前驱体中铅/g	滤液中的铅/g	总铅/g	浸出前总铅/g
前驱体Ⅱ-a	16.70×49.88% = 8.33	0.130	8.46	8.49
前驱体Ⅱ-b	13.86×58.97% = 8.17	0.421	8.59	8.49

3.3.2 二氧化铅在不同 pH 值的柠檬酸-柠檬酸钠溶液中浸出柠檬酸铅的表征

PbO_2 在两种不同的柠檬酸-柠檬酸钠体系中浸出转化得到的柠檬酸铅的 XRD 图谱如图 3-8 所示。从图中可以看出，PbO_2 在柠檬酸-柠檬酸钠较强酸性体系（pH 值在 3~4 之间）中生成的柠檬酸铅和单组分 PbO、PbO_2 与柠檬酸生成的柠檬酸铅的 XRD 完全一致，而 PbO_2 在柠檬酸-柠檬酸钠弱酸性体系中（pH 值在 5~6 之间）生成柠檬酸铅和单组分 $PbSO_4$ 与柠檬酸-柠檬酸钠生成的柠檬酸铅的 XRD 一致。

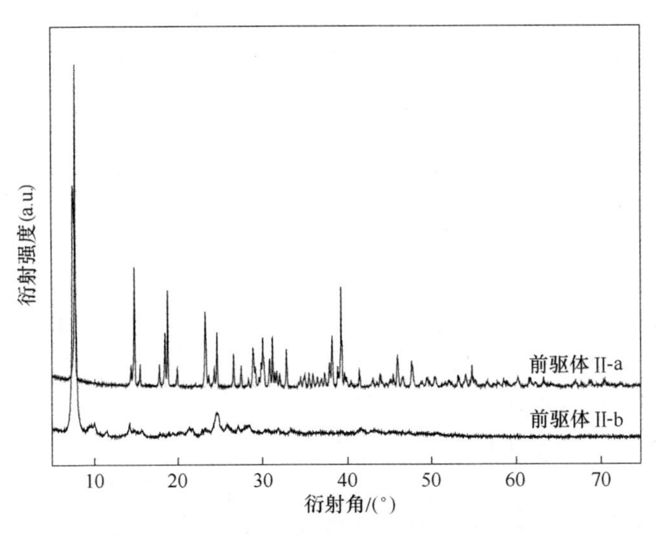

图 3-8 PbO_2 在柠檬酸-柠檬酸钠体系中生成柠檬酸铅的 XRD 图

PbO_2 在两种不同的柠檬酸与柠檬酸钠体系中浸出转化得到的柠檬酸铅的 FT-IR 图谱如图 3-9 所示。柠檬酸铅前驱体Ⅱ-a 与前驱体Ⅱ-b 的 FT-IR 与 PbO 在不同柠檬酸-柠檬酸钠体系中得到的柠檬酸铅前驱体Ⅰ-a 与前驱体Ⅰ-b 的 FT-IR 相似，但是在 1398.4cm^{-1}、1575.9cm^{-1}、3398.2cm^{-1}处均向长波方向移动。从图中柠檬酸铅前驱体Ⅱ-a 的 FT-IR 光谱可知柠檬酸铅前驱体Ⅱ-a 中柠檬酸根去质子化不是完全的，而柠檬酸铅前驱体Ⅱ-b 中的羧基去质子化完全。从而进一步证实了二氧化铅在酸性条件（pH 值在 3~4 之间）反应生成物分子式为 $Pb(C_6H_6O_7)\cdot H_2O$，而在弱酸性条件（pH 值在 5~6 之间）生成物为 $Pb_3(C_6H_5O_7)_2\cdot 3H_2O$ 的推断。

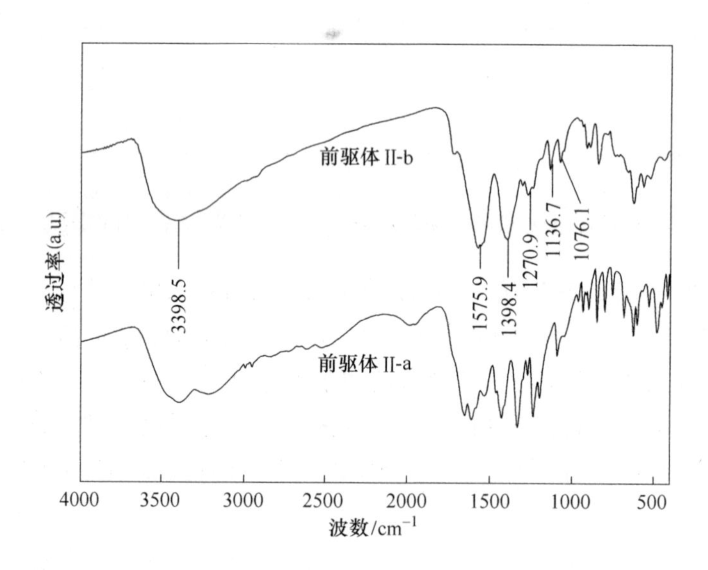

图 3-9 PbO_2 在柠檬酸-柠檬酸钠体系中生成柠檬酸铅的 FT-IR 图

图 3-10 是二氧化铅在不同的体系中得到柠檬酸铅的 SEM 图。图 3-10（a）是 PbO_2 在单纯的柠檬酸溶液得到柠檬酸铅，制备条件为二氧化铅、柠檬酸与双氧水的物质的量比为 1∶4∶4，反应时间为 2h，而图 3-10（b）与（c）是二氧化铅在两种不同的柠檬酸与柠檬酸钠体系中浸出转化得到的柠檬酸铅前驱体Ⅱ-a 与前驱体Ⅱ-b 的 SEM 图。从图中可以看出，不同体系制备的柠檬酸铅差别很大，在柠檬酸溶液中制备的柠檬酸铅颗粒约 2~20μm，呈层状结构；而在 pH 值为 3.5 的溶液中得到的柠檬酸铅前驱体Ⅱ-a 呈板状结构，粒径在 10~50μm 之间；在 pH 值为 5.2 的柠檬酸-柠檬酸钠溶液中制备的柠檬酸铅颗粒粒径较小，在 1~10μm 之间，呈较小的鳞片状结构。

柠檬酸铅前驱体Ⅱ-a 的 TG-DTG 分析见图 3-11，由图中可以看出柠檬酸铅前驱体Ⅱ-a 的曲线与柠檬酸铅前驱体Ⅰ-a（图 3-6）几乎相似，失重速率最快的温度点也基本一样，分别在 179℃、194℃、242℃、288℃、341℃、406℃。第一段

图 3-10　二氧化铅在柠檬酸-柠檬酸钠体系中生成柠檬酸铅的 SEM 图

(a) 在柠檬酸溶液中制备的柠檬酸铅；(b) 前驱体Ⅱ-a；(c) 前驱体Ⅱ-b

失重为4.4%，总失重为48.2%，推测前驱体Ⅱ-a的分子式为$Pb(C_6H_6O_7)\cdot H_2O$。

柠檬酸铅前驱体Ⅱ-b的TG-DTG的分析见图3-12，由图中可以看出其柠檬酸铅的前驱体Ⅱ-b与柠檬酸铅前驱体Ⅰ-b（图3-7）相似，失重速率最快的温度点也基本一样，分别在95℃、240℃、289℃、338℃、354℃。第一段失重为6.2%，总失重为40.3%，推测前驱体Ⅱ-b的分子式为$Pb_3(C_6H_5O_7)_2\cdot 3H_2O$。

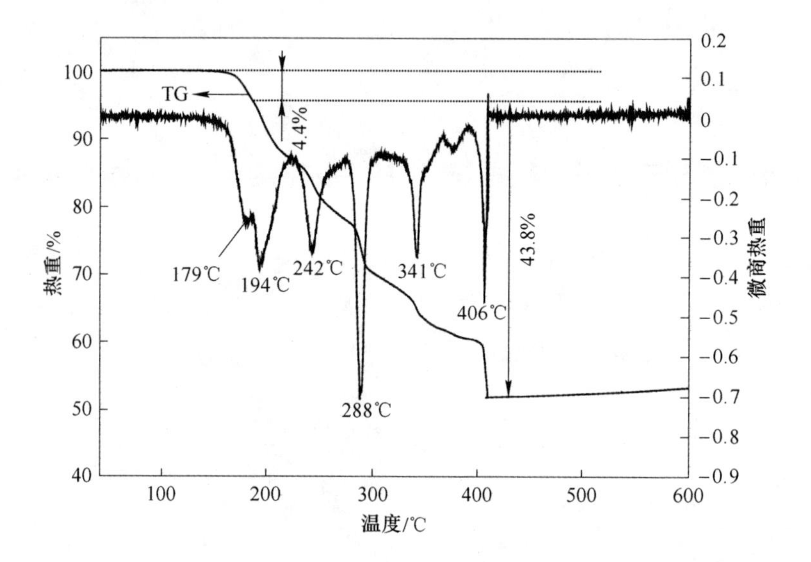

图3-11　柠檬酸铅前驱体Ⅱ-a的TG-DTG曲线

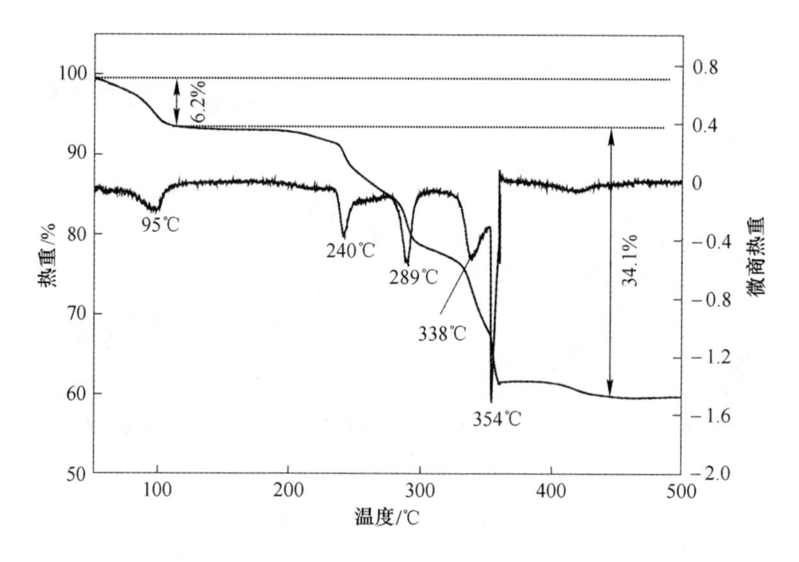

图3-12　柠檬酸铅前驱体Ⅱ-b的TG-DTG曲线

3.4 硫酸铅在不同 pH 值的柠檬酸-柠檬酸钠体系中的转化

3.4.1 硫酸铅在不同 pH 值的柠檬酸-柠檬酸钠溶液中的浸出

本实验研究了 $PbSO_4$在两种不同的柠檬酸-柠檬酸钠体系中转化，实验条件见表 3-7。实验Ⅲ-a 中柠檬酸钠的作用是脱硫提供钠离子，因此柠檬酸钠投加量至少能够保证钠离子与铅膏中的硫酸根比例为 2∶1，即最少量是 7.5g，同时保证柠檬酸-柠檬酸钠体系中的柠檬酸根与铅离子的摩尔比在 3 左右。实验Ⅲ-b 中柠檬酸与柠檬酸钠的投加量采用原来的前期研究的比值，即硫酸铅、柠檬酸钠与柠檬酸的摩尔比为 1∶2∶1。

表 3-7 硫酸铅在柠檬酸-柠檬酸钠体系中浸出的实验条件

序号	$PbSO_4$/g	$Na_3C_6H_5O_7\cdot 2H_2O$/g	$C_6H_8O_7\cdot H_2O$/g	pH 值	固液比	搅拌速度 /$r\cdot min^{-1}$	时间 /h
Ⅲ-a	10.00	7.5	18.0	3.5	1/5	650	8
Ⅲ-b	10.00	19.4	7.5	5.2	1/5	650	8

硫酸铅在浸出过程中一个重要指标就是脱硫率，脱硫率计算采用溶液中硫酸根含量除以原铅膏中硫酸根的含量。计算的方程式为：

$$\text{铅膏的脱硫率} = [(V_1 \times \rho_{sl})/(m_0 \times w_{ss})] \times 100\% \tag{3-7}$$

式中 m_0——铅膏的质量，g；

V_1——浸出液的总体积，L；

ρ_{sl}——浸出液中硫酸根的质量浓度，g/L；

w_{ss}——铅膏中 SO_4^{2-}的质量分数，%。

$PbSO_4$在不同体系的柠檬酸-柠檬酸钠溶液中转化实验结果见表 3-8。两种反应条件下生成的柠檬酸铅质量分别是 13.3g 与 11.6g，两种柠檬酸铅在 375℃的烧失量分别是 48.2%与 39.6%。pH 值在 3.5 条件下回收率较弱酸性条件的高，而 pH 值在 5.2 条件下这种反应体系中铅的一次回收率都较低，只有 93.4%左右。两种不同形式的柠檬酸铅在 375℃下烧失量分别是 48.2%与 39.6%。

表 3-8 $PbSO_4$在不同柠檬酸-柠檬酸钠体系中转化实验结果

序号	前驱体		滤液			脱硫率	回收率
	质量/g	375℃烧失率/%	容积/mL	SO_4^{2-}/$mg\cdot L^{-1}$	Pb/$mg\cdot L^{-1}$	/%	/%
Ⅲ-a	13.3	48.2	1000	3096.5	158.8	97.8	97.7
Ⅲ-b	11.38	39.6	1000	3162.0	320.7	99.8	95.3

硫酸铅在两种不同柠檬酸-柠檬酸钠体系（Ⅲ-a 与Ⅲ-b）中的反应可能分

别是：

$$3PbSO_4 + 2Na_3C_6H_5O_7(aq) + H_3(C_6H_5O_7)(aq) + 3H_2O \longrightarrow 3PbC_6H_6O_7 \cdot H_2O + 3Na_2SO_4 \quad (3\text{-}8)$$

$$3PbSO_4 + 2Na_3C_6H_5O_7(aq) + 3H_2O \longrightarrow Pb_3(C_6H_5O_7)_2 \cdot 3H_2O + 3Na_2SO_4 + H_2O \quad (3\text{-}9)$$

如果按照分子式为 $Pb(C_6H_6O_7) \cdot H_2O$ 与 $Pb_3(C_6H_5O_7)_2 \cdot 3H_2O$ 计算，生成物质的质量分别是 13.6g 与 11.28g。从表 3-8 中可以看出，不同体系的反应最终生成产物质量基本吻合。

根据生成的固体物质的质量与溶液中铅离子的含量得到反应后的总铅量见表 3-9。从表中可以看出，在Ⅲ-a 反应条件下反应前 $PbSO_4$ 中铅的含量与 $PbSO_4$ 浸出反应后的柠檬酸铅和溶液中的铅的总量基本相等，在Ⅱ-b 反应条件下反应后总铅的量大于反应前总铅的质量，但是也在误差范围内，说明推算物质的分子式较为准确。

表 3-9　$PbSO_4$ 在不同柠檬酸-柠檬酸钠体系中的质量平衡

序号	前驱体的铅/g	溶液中的铅/g	浸出后总铅/g	浸出前总铅/g
前驱体Ⅲ-a	13.3×49.88%=6.63	0.16	6.79	6.83
前驱体Ⅲ-b	11.08×58.97%=6.53	0.321	6.85	6.83

3.4.2　硫酸铅在柠檬酸-柠檬酸钠溶液中浸出结晶柠檬酸铅的表征

$PbSO_4$ 在两种不同的柠檬酸-柠檬酸钠体系中浸出转化得到的柠檬酸铅的 XRD 图谱如图 3-13 所示。从图中可以看出，$PbSO_4$ 在柠檬酸-柠檬酸钠较强酸性

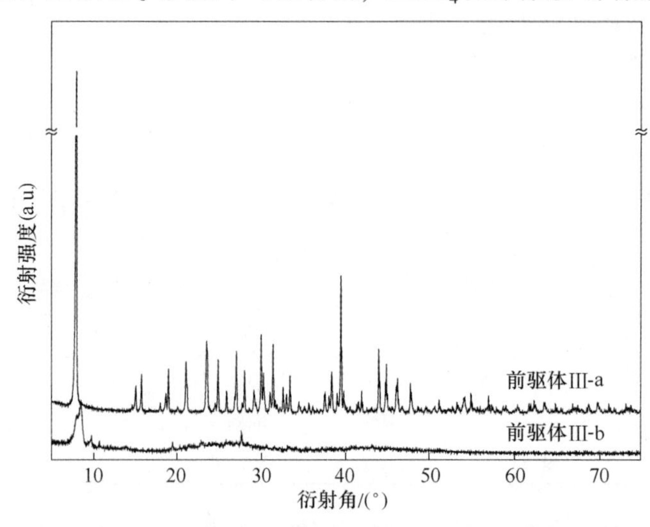

图 3-13　$PbSO_4$ 在不同柠檬酸-柠檬酸钠体系中生成柠檬酸铅的 XRD 图

体系（pH 值在 3~4 之间）中生成的柠檬酸铅和单组分 PbO、PbO_2 与柠檬酸生成的柠檬酸铅的 XRD 完全一致，而单组分 $PbSO_4$ 在柠檬酸-柠檬酸钠体系中生成的柠檬酸铅与 PbO 在柠檬酸-柠檬酸钠弱酸性体系中（pH 值在 5~6 之间）生成柠檬酸铅的 XRD 一致。

$PbSO_4$ 在两种不同的柠檬酸-柠檬酸钠体系中浸出转化得到的柠檬酸铅的 FT-IR 图谱如图 3-14 所示。柠檬酸铅前驱体Ⅲ-a 与前驱体Ⅲ-b 的 FT-IR 与 PbO 和二氧化铅在不同柠檬酸-柠檬酸钠体系中得到的柠檬酸铅的 FT-IR 相似。

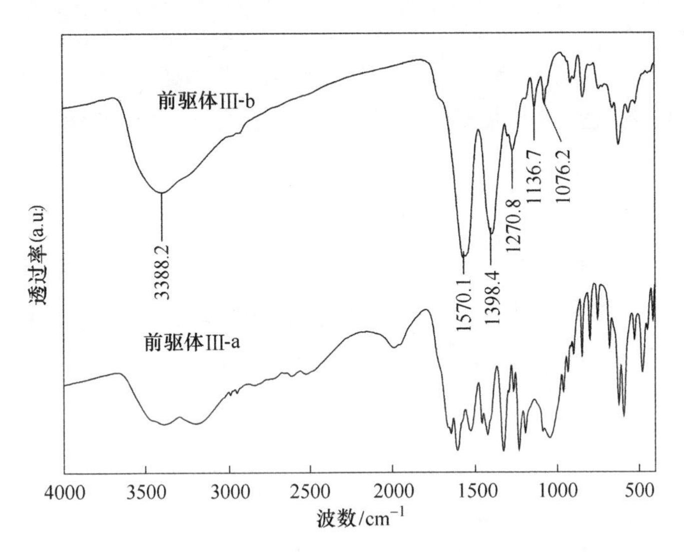

图 3-14 $PbSO_4$ 在柠檬酸-柠檬酸钠体系中生成柠檬酸铅的 FT-IR 图

图 3-15 是硫酸铅在不同的体系中得到柠檬酸铅的 SEM 图。从图中可以看出，不同体系制备的柠檬酸铅差别很大。在 pH 值为 3~4 的柠檬酸-柠檬酸钠溶液中制

(a)

(b)

图 3-15　硫酸铅在不同体系中生成柠檬酸铅的 SEM 图

（a）前驱体Ⅲ-a；（b）前驱体Ⅲ-b

备的柠檬酸铅前驱体Ⅲ-a 呈板状结构，粒径在 10～50μm 之间；在 pH 值为 5～6 的柠檬酸-柠檬酸钠溶液中制备的柠檬酸铅前驱体Ⅲ-b 颗粒粒径较小，在1～5μm 之间，呈较小的鳞片状结构。

柠檬酸铅前驱体Ⅲ-a 的 TG-DTG 的分析见图 3-16，由图中可以看出其柠檬酸铅的前驱体Ⅲ-a 与柠檬酸铅前驱体Ⅰ-a（图 3-6）、前驱体Ⅱ-a（图 3-11）相似，失重速率最快的温度点也基本一样。第一段失重为 4.6%，总失重为 45.3%，推测前驱体Ⅲ-a 的分子式为 $Pb(C_6H_6O_7) \cdot H_2O$。

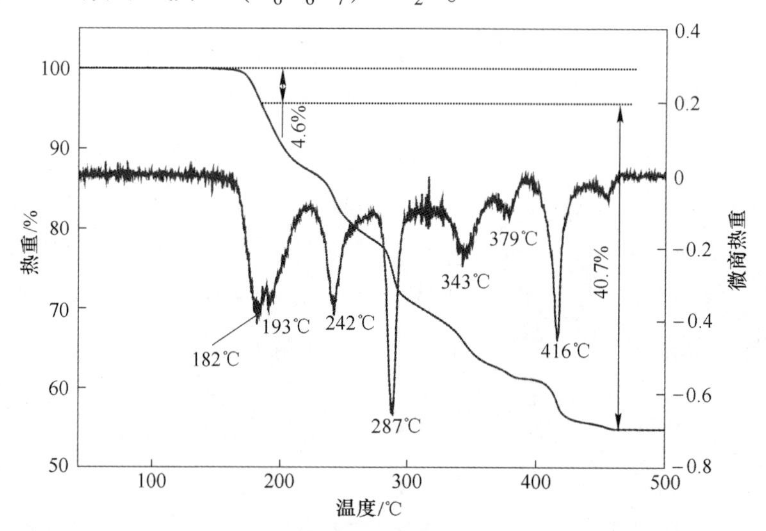

图 3-16　柠檬酸铅前驱体Ⅲ-a 的 TG-DTG 曲线

柠檬酸铅前驱体Ⅲ-b 的 TG-DTG 的分析见图 3-17，由图中可以看出其柠檬酸铅前驱体Ⅲ-b 与前驱体Ⅰ-b、前驱体Ⅱ-b 相似，失重速率最快的温度点也基本一样。推测前驱体Ⅲ-b 的分子式为 $Pb_3(C_6H_5O_7)_2 \cdot 3H_2O$。

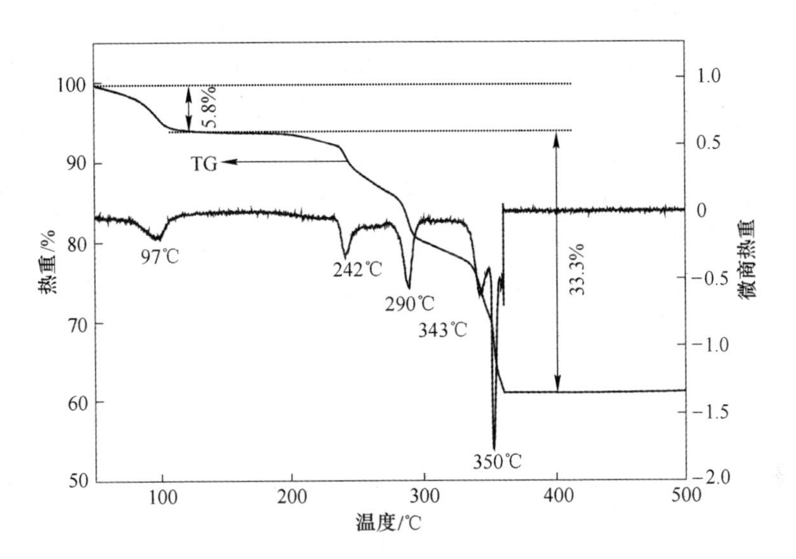

图 3-17 柠檬酸铅前驱体Ⅲ-b 的 TG-DTG 曲线

3.5 铅膏在不同 pH 值的柠檬酸-柠檬酸钠体系中的转化

3.5.1 浸出剂投加量的确定

铅膏主要成分为 PbO、PbO_2、$PbSO_4$，模拟实际铅膏的组成以湖北金洋公司预处理后得到的铅膏为例，模拟铅膏的组分如表 3-10 所示。表 3-10 是按文献中优化方法计算得到的浸出 10.0g 铅膏所需要的柠檬酸钠、柠檬酸、双氧水的量。模拟铅膏的浸出药剂的投加量为理论投加量的 1.5 倍，即柠檬酸 23.0g、柠檬酸钠 18.9g。溶液的 pH 值在 3~4 之间，即 M-a 体系，而在 M-b 体系中控制 pH 值在 5~6 之间。在两种不同 pH 值的柠檬酸-柠檬酸钠溶液中进行浸出反应，其他步骤与单组分物质反应处理流程相同。

表 3-10 模拟铅膏在柠檬酸-柠檬酸钠体系中浸出的实验条件

序号	铅膏/g	$Na_3C_6H_5O_7 \cdot 2H_2O$ /g	$C_6H_8O_7 \cdot H_2O$ /g	30%H_2O_2 /mL	固液比	搅拌速度 /$r \cdot min^{-1}$	时间 /h
M-a	10.00	18.9	23.0	6	1/5	650	8
M-b	10.00	24.0	15.0	6	1/5	650	8

3.5.2　浸出过程的脱硫率与回收率

研究结果表明模拟铅膏能在柠檬酸-柠檬酸钠溶液中浸出转化，在加入 H_2O_2 的过程中，不断有气泡溢出，之后反应溶液逐渐变为纯白色。对浸出的白色产物柠檬酸铅进行 XRD 检测，没有发现残留的 PbO、PbO_2 及 $PbSO_4$ 起始物衍射峰，所以假设起始物已经转化完全。在酸性溶液中反应相对较慢，完全反应所用的时间为 4h，而在弱酸性溶液中反应相对较快，约为 2h。滤液与滤饼洗涤液收集在 1000mL 的容量瓶中，用原子吸收分光光度法分析铅的含量，离子色谱法测定硫酸根的含量，结果见表 3-11。

表 3-11　模拟铅膏在不同柠檬酸-柠檬酸钠体系中转化实验结果

序号	前驱体		滤液		脱硫率	回收率
	质量/g	375℃烧失率/%	SO_4^{2-}/mg · L^{-1}	Pb/mg · L^{-1}	/%	/%
M-a	14.58	48.5	2034.5	150.8	99.5	98.0
M-b	12.60	39.5	2045.6	400.7	100	95.0

在 pH 值为 3~4 的柠檬酸-柠檬酸钠溶液中铅膏的脱硫率为 99.5%，铅的回收率达到了 98.0%，得到的柠檬酸铅称为前驱体Ⅰ；在 pH 值为 5~6 的柠檬酸-柠檬酸钠溶液中，铅膏的脱硫率为 100%，铅的回收率达到了 95.0%以上，得到的柠檬酸铅称为前驱体Ⅱ。

3.5.3　产物 TG-DTA 分析

前驱体Ⅰ和前驱体Ⅱ在空气气氛的 TG-DTA 测试结果如图 3-18 所示。由图 3-18分析知，前驱体在 90~180℃范围内会有第一个失重阶段，这个阶段的失重主要对应前驱体的脱水过程，前驱体所含的结晶水在此阶段会部分失去。在第一个失重阶段，前驱体Ⅰ的失重率（质量分数）为 9.6%，前驱体Ⅱ的失重率为 4.6%。随温度升高至 180~250℃，前驱体的脱水过程继续存在，并且会有 C ═C 键的形成，因此推测该过程存在柠檬酸基团的转变。在第三个失重阶段，温度范围在 270~450℃，此过程的失重归因于柠檬酸基团的进一步分解。从 DTA 曲线分析，前驱体Ⅰ的热解过程存在 4 个放热峰，4 个放热峰对应的温度分别为 274℃、334℃、366℃和 415℃，放热峰对应处应有柠檬酸基团中 C 和 H 的氧化。前驱体Ⅱ的四个放热峰对应的温度分别为 295℃、332℃、359℃和 414℃。综合两种前驱体分析，在 150~420℃温度范围内，随温度升高，柠檬酸铅逐渐分解完全；在分解温度高于 400℃时，热重基本保持不变。从两种前驱体的失重率分析，前驱体Ⅰ的总失重率为 45.4%，前驱体Ⅱ的总失重率为 34.7%，前驱体Ⅰ的失重率明显高于前驱体Ⅱ，这与两种柠檬酸铅分子式的差异是一致的。通过计算，前驱体Ⅰ和前驱体Ⅱ完全转化为 PbO 的理论烧失率分别为 46.3%和 36.6%，如表 3-12 所示，与其实际烧失率结果基本对应。其热分析结果也说明前驱体Ⅰ和前驱体Ⅱ的分子式分别为 $Pb(C_6H_6O_7) \cdot H_2O$ 和 $Pb_3(C_6H_5O_7)_2 \cdot 3H_2O$。

表 3-12 有机酸铅前驱体在热分解过程中质量损失（质量分数）

前驱体	分子式	完全分解烧失率/%	TG-DTA 的烧失率/%	在 370℃焙烧 1h 的烧失率/%
前驱体Ⅰ	$Pb(C_6H_6O_7) \cdot H_2O$	46.3	45.4	46.5
前驱体Ⅱ	$Pb_3(C_6H_5O_7)_2 \cdot 3H_2O$	36.6	34.7	37.4

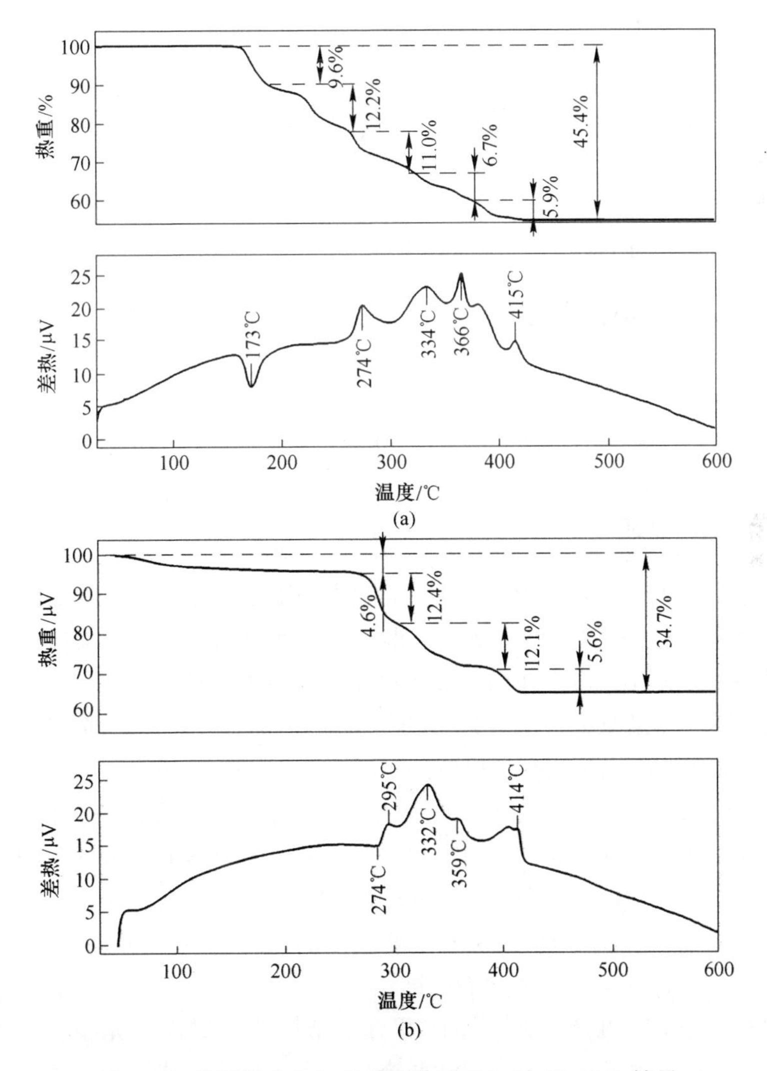

图 3-18 前驱体Ⅰ(a) 和前驱体Ⅱ(b) 的 TG-DTA 结果

3.5.4　物相分析

前驱体Ⅰ和Ⅱ的 XRD 图谱如图 3-19 所示。由图 3-19 可知，前驱体Ⅰ和Ⅱ在出峰位置和峰强的不同阐明晶体结构存在较大差异。对于前驱体Ⅰ，最强峰位置在 6°、16°、24°、33°和 40°处，而前驱体Ⅱ的最强峰位置则基本出现在 8°、27°和 35°。

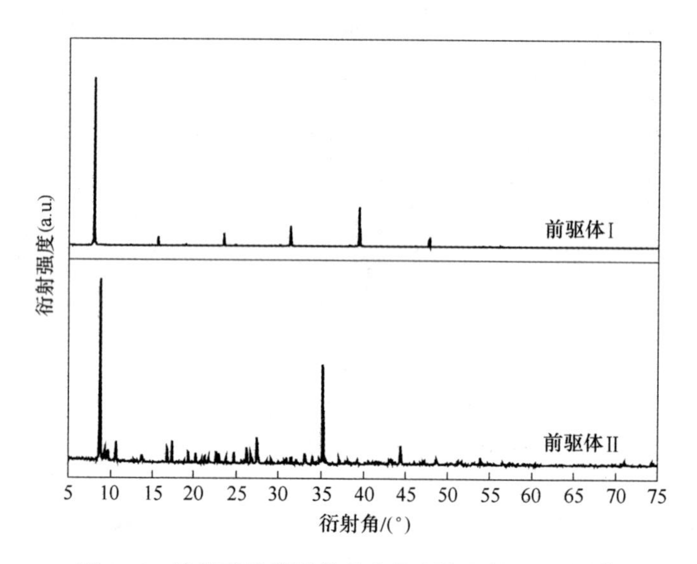

图 3-19　柠檬酸铅前驱体Ⅰ和前驱体Ⅱ的 XRD 图谱

3.5.5　晶体结构描述

前驱体Ⅰ和前驱体Ⅱ的分子结构和晶体堆积图如图 3-20 所示，晶体的结构更清晰揭示了不同 pH 值条件下所浸出得到的两种前驱体的不同结构。

由图 3-20（a）可知，在前驱体Ⅰ分子结构的不对称单元中，有一个相对独立的中心金属——铅原子，一个螯合的柠檬酸基团和一个 H_3O^+ 阳离子。晶体结构属于三斜晶系，$P1$ 空间群，具体晶格参数为：$a = 0.6339$（4）nm，$b = 0.6460$（4）nm，$c = 1.2053$（7）nm，$\alpha = 99.121$（8）°，$\beta = 102.743$（6）°，$\gamma = 101.556$（8）°，$V = 0.4609$（5）nm^3，$Z = 2$，$R_1 = 0.0539$，$wR_2 = 0.1282$，GOF = 1.046。晶体堆积图如图 3-20（b）所示，从单层结构来看，呈现片状，从总体来看，属于片状结构的叠加。前驱体Ⅰ的晶体堆积图明显与微观形貌表征中的图 3-20（a）相对应，微观形貌可反映其晶体结构。

由图 3-20（c）可知，在前驱体Ⅱ分子结构的不对称单元中，有三个铅原子、两个柠檬酸基团、一个结合水和两个自由水。从其组成看，与之前计算预估的分子结构一致。晶体结构与前驱体Ⅰ一致，属于三斜晶系，*P*1 空间群，它的具体晶格参数为：$a = 0.97278$（11）nm，$b = 0.97620$（11）nm，$c = 1.09578$（13）nm，$\alpha = 109.038$（2）°，$\beta = 98.565$（2）°，$\gamma = 92.126$（2）°，$V = 0.96860$（19）nm^3，$Z = 2$，$R_1 = 0.0351$，$wR_2 = 0.0725$ 和 GOF = 1.055。晶体分子呈现的堆积图如图 3-20（d）所示，堆积图呈现明显柱状三维结构，与其微观形貌（图 3-20（b））相对应。柠檬酸铅前驱体Ⅰ和Ⅱ的晶体数据可参考表 3-13。

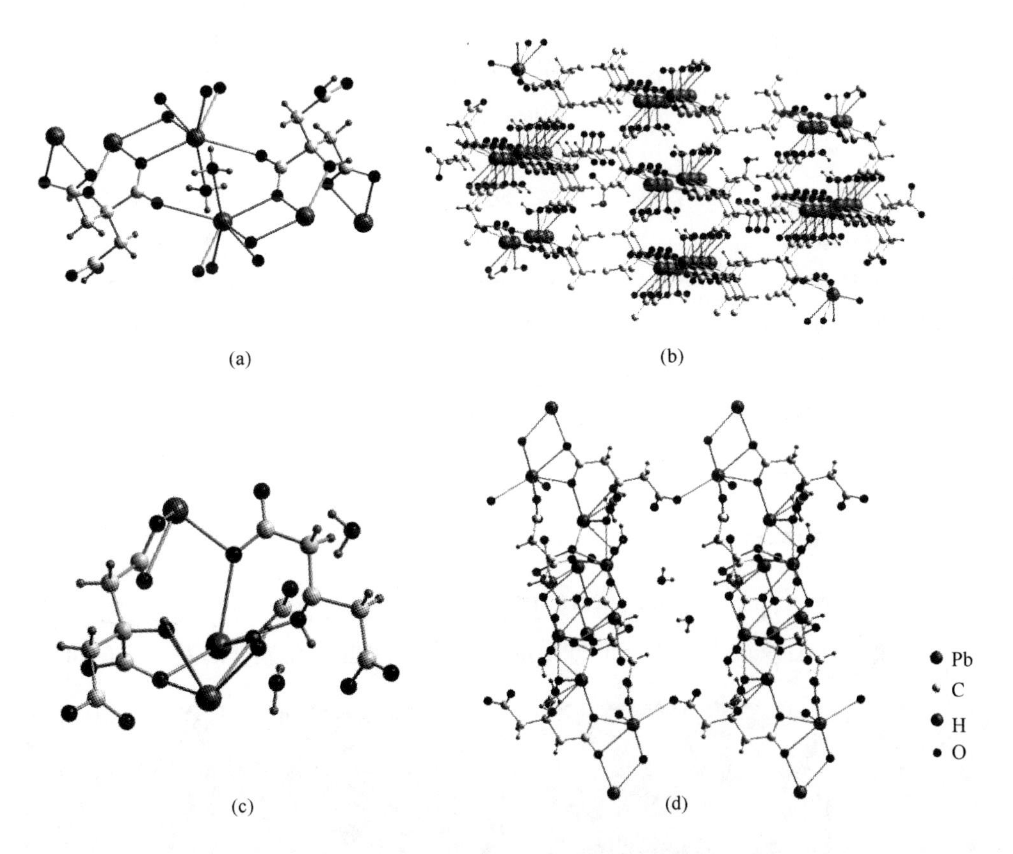

图 3-20 柠檬酸铅前驱体Ⅰ和Ⅱ的晶胞和堆积图

表 3-13 柠檬酸铅前驱体Ⅰ和Ⅱ的晶体数据和结构精修结果

晶体数据与结构	前驱体Ⅰ	前驱体Ⅱ
分子式	$PbC_6H_8O_8$	$Pb_3C_{12}H_{16}O_{17}$
相对分子质量	415.31	1053.82
温度/K	298	298
波长/nm	0.071073	0.071073
晶体系统	三斜	三斜

续表 3-13

晶体数据与结构	前驱体Ⅰ	前驱体Ⅱ
空间群	$P1$	$P1$
晶胞大小	a=0.6339（4）nm， α=99.121（8）° b=0.6460（4）nm， β=102.743（6）° c=1.2053（7）nm， γ=101.556（8）°	a=0.97278（11）nm， α=109.038（2）° b=0.97620（11）nm， β=98.565（2）° c=1.09578（13）nm， γ=92.126（2）°
体积/nm^3	0.4609（5）	0.96860（19）
Z	2	2
密度/$mg \cdot m^{-3}$	2.992	3.613
吸收系数/mm^{-1}	18.326	26.100
晶体尺寸/mm^3	0.08×0.05×0.03	0.10×0.05×0.02
数据收集的 θ 角范围/(°)	1.77～26.00	2.00～29.50
吸收校正	无	无
F2 的拟合优度	1.046	1.055
r 指数（所有数据）	R_1=0.0539，wR_2=0.1282	R_1=0.0351，wR_2=0.0725

3.5.6 微观形貌分析

不同 pH 值条件下制备的前驱体Ⅰ和Ⅱ晶体形貌如图 3-21 所示。由图 3-21 可知，不同 pH 值条件下所生成的柠檬酸铅微观形貌也存在显著的差异。在 pH 值

(a)

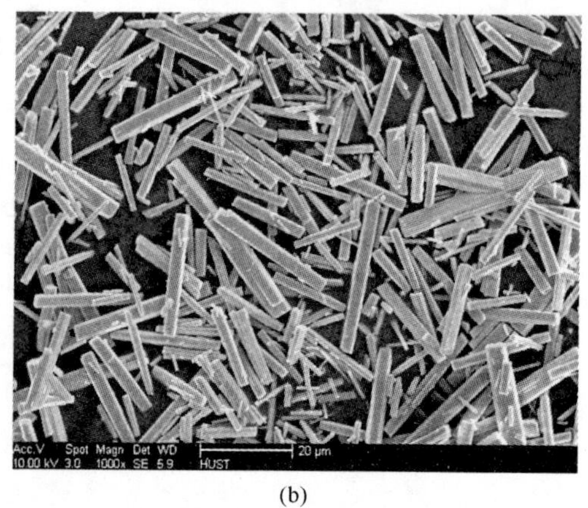

(b)

图 3-21 不同 pH 值条件下产物的 SEM 图

（a）前驱体Ⅰ；（b）前驱体Ⅱ

为 3. 5±0. 2 条件下生成的前驱体 I 晶体外观呈现具有一定厚度的片状结构，厚度小于 10μm，平面方向的尺寸为 20~100μm，颗粒之间的外观不均一。在 pH 值为 5. 2±0. 2 条件制备的前驱体 Ⅱ 晶体外观更均一，呈条柱状，其长度为 10~50μm。

3.5.7 铅膏主要组分在柠檬酸浸出体系中的热力学分析

通过热力学分析的方法对废铅膏中主要物相硫酸铅、二氧化铅和氧化铅等在不同浸出 pH 值环境下主要物相存在形式进行综合分析，研究不同 pH 值条件下铅-柠檬酸配合物的存在形式。铅与柠檬酸根结合形成配合物的热力学方程及相关的 $\log_{10}K$ 参数如表 3-14 所示，相关物相的热力学数据均取自 NIST 2004。

表 3-14 铅与柠檬酸根配合热力学相关数据

铅与柠檬酸根配合热力学方程	$\log_{10}K$	编号
$Pb^{2+}+C_6O_7H_5^{3-} \longrightarrow Pb(C_6O_7H_5)^-$	4. 44	式（3-10）
$Pb^{2+}+2C_6O_7H_5^{3-} \longrightarrow Pb(C_6O_7H_5)_2^{4-}$	5. 92	式（3-11）
$Pb^{2+}+C_6O_7H_5^{3-}+H^+ \longrightarrow Pb(C_6O_7H_6)$	11. 21	式（3-12）
$Pb^{2+}+C_6O_7H_7^- \longrightarrow Pb(C_6O_7H_7)^+$	1. 70	式（3-13）
$H^++2C_6O_7H_5^{3-}+Pb^{2+} \longrightarrow PbH(C_6O_7H_5)_2^{3-}$	12. 75	式（3-14）
$2Pb^{2+}+2C_6O_7H_5^{3-} \longrightarrow Pb_2(C_6O_7H_5)_2^{2-}$	14. 06	式（3-15）
$2Pb^{2+}+2C_6O_7H_5^{3-}+2H_2O \longrightarrow 2H^++Pb_2(C_6O_7H_5)_2(OH)_2^{4-}$	−1. 96	式（3-16）
$2Pb^{2+}+2C_6O_7H_5^{3-}+H_2O \longrightarrow H^++Pb_2(C_6O_7H_5)_2(OH)^{3-}$	5. 51	式（3-17）

使用 Medusa 热力学软件对热力学数据进行计算得到的 Pb-CitH-CitNa 体系（其中，CitH 代表柠檬酸，CitNa 代表柠檬酸钠）E_h-pH 值图和物相比例图如图 3-22 所示。

由图 3-22 可知，标准条件下，在 pH 值为 2. 3~4. 5，电位为 0~1. 2V 时，浸出的稳定物相为 Pb(HCit)，其具体化学式为 $Pb(C_6H_6O_7)$；在 pH 值为 4. 5~7. 5，电位为 0~1. 2V 时，浸出体系的稳定物相为 $Pb_2(Cit)_2^{2-}$，其与游离的 Pb^{2+} 进一步络合，反应方程式如式（3-18）所示；当 pH>7. 6，电位为−0. 3~0. 4V 时，$Pb(OH)_2$成为浸出体系的稳定物相；在电位小于 0 时，浸出体系的稳定物相为 Pb 单质，也表明提高浸出体系的电位可实现 Pb 单质向柠檬酸铅络合态的转化；在电位大于 1. 0V 时，浸出体系的稳定物相为 PbO_2，通过添加还原剂降低浸出体系的环境电位可实现 PbO_2 向柠檬酸铅络合态的转变。

$$Pb_2(Cit)_2^{2-} + Pb^{2+} \longrightarrow Pb_3(Cit)_2 \tag{3-18}$$

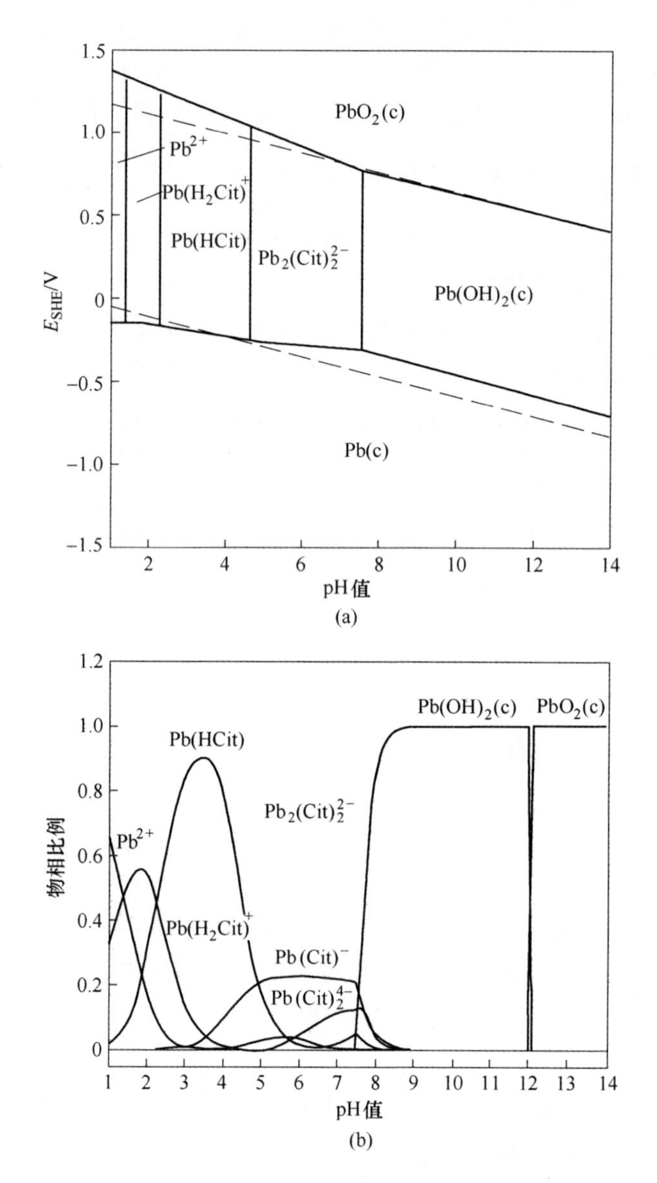

图 3-22　Pb-CitH-CitNa 浸出体系 E_h-pH 值图（a）和物相比例图（b）

（25℃，200. 0mmol/L Pb(Ⅱ)，400. 0mmol/L Cit^{3-}，c 为晶体符号）

3.6　实际铅膏在柠檬酸-柠檬酸钠体系中的浸出

3.6.1　铅膏浸出过程

模拟铅膏在柠檬酸-柠檬酸钠体系中投加量实验结果表明：浸出 10. 0g 铅膏

需要的柠檬酸、柠檬酸钠和双氧水的量分别是 15.24g、12.61g、6mL。

在研究投加量对浸出效果影响的实验中，把浸出 10.0g 铅膏计算的浸出剂的投加量定义为 α，研究了投加量分别为 0.5α、α、1.5α、2α 时对铅膏脱硫率与铅回收率的影响。具体的投加量见表 3-15，反应体系中的双氧水保持不变，为 6mL（除特殊说明外）。不同投加量浸出剂下的实验现象大体一致，以浸出剂使用量为 1.5α，固液比为 1/5，反应温度为室温，搅拌速度为 650r/min 时的浸出实验为例，铅膏浸出过程变化如下。

表 3-15 10.0g 铅膏浸出实验中不同的投加量 *T*

浸出药剂	$(C_6H_6O_7) \cdot H_2O$/g	$(Na_3C_6H_5O_7) \cdot 2H_2O$/g
0.5α	7.62	6.31
α	15.24	12.61
1.5α	22.86	18.93
2α	30.48	25.22

3.6.1.1 外观变化

外观随时间的变化过程如图 3-23 所示。图 3-23（a）是一定量的柠檬酸钠和柠檬酸的浸出溶液，从外观看，柠檬酸与柠檬酸钠晶体都易溶于水，形成无色透明溶液。浸出液中加入定量的实际铅膏，透明的溶液立刻变成棕红色的悬浊液，如图 3-23（b）所示，这是棕褐色二氧化铅与白色硫酸铅等掺和后形成的颜色。铅膏粉末与溶液充分混合后，缓慢加入定量的还原剂双氧水，反应开始变得剧烈，有大量的气泡冒出，现象见图 3-23（c）。继续搅拌 3~5min 后，反应趋向平稳，如图 3-23（d）和（e）所示，同时溶液的颜色也逐渐由红棕色向淡白色转变。当反应一定时间后，悬浊液全部变成淡白色，如图 3-23（f）所示。

(a)

(b)

图 3-23　铅膏浸出过程不同时间变化图

(a) 未加铅膏；(b) 加铅膏；(c) 加 H_2O_2；(d) 反应 5min；(e) 反应 30min；(f) 反应结束

3.6.1.2　反应过程的温度与 pH 值变化

铅膏的浸出反应过程中温度与 pH 值随时间的变化如图 3-24 所示。从图中可以看出溶液 pH 值基本上没有明显的变化，稳定在 4 左右。这可能是由于柠檬酸是一种弱有机酸，同时在水中较大的溶解度，在水溶液中完全电离能提供三个 H^+ 离子，但是电离不完全。纯柠檬酸溶液的 pH 值为 2 左右，而柠檬酸钠是强碱弱酸盐，单独的柠檬酸钠溶液的 pH 值为 8 左右，柠檬酸与柠檬酸钠构成的体系是一个缓冲体系。在反应过程中消耗的柠檬酸与柠檬酸钠量较少，而投加的柠檬酸与柠檬酸钠是过量的，因此在反应的过程中 pH 值基本上无明显的变化。

从图 3-24 中可以看出，在浸出反应过程中温度的变化是比较明显的，在反应初期温度升高较快，从 20℃很快达到了 25℃左右，到达最高温度顶点后又逐渐降低。前期的单组分浸出研究表明，氧化铅与二氧化铅在浸出的过程中的反应是一个放热反应，特别是二氧化铅在反应中具有较强的热效应，而硫酸铅在反应中的热效应则不明显。二氧化铅与氧化铅的质量在实际的铅膏中占30.0%左右，因此实际铅膏在柠檬酸-柠檬酸钠及双氧水还原的浸出体系中也体现出了较强的放热效应。

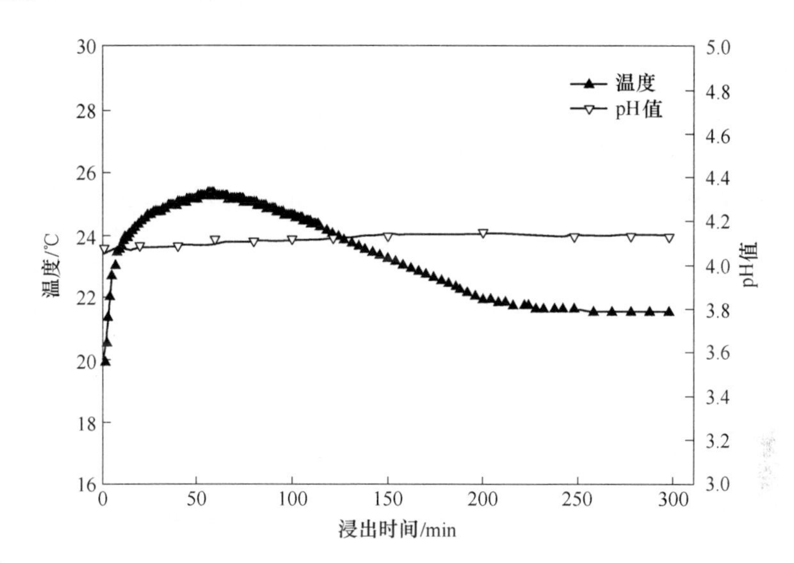

图 3-24 浸出过程中温度与 pH 值随时间的变化

（浸出条件：投加量为 1.5α，搅拌速度为 650r/min，固液比为 1/5，温度为 20℃）

3.6.2 铅膏浸出过程的影响因素

实际铅膏在柠檬酸-柠檬酸钠体系中的浸出过程，是铅化合物转化为螯合物柠檬酸铅的过程，铅化合物的脱硫率以及铅的一次回收率是浸出结果的重要指标。本部分研究浸出过程中浸出剂的用量、固液比、浸出温度、反应时间以及浸出溶液的 pH 值等对浸出结果的影响。除做温度条件的影响实验外，浸出实验在室温下进行，每个浸出反应至少做两次，在误差不超过 5%的情况下，视为这两次实验有效，结果取平均值。

3.6.2.1 浸出剂的投加量与反应时间对浸出反应的影响

在柠檬酸-柠檬酸钠体系中，具体的反应体系是铅膏 10.0g，固液比为 1/5，反应温度为室温，研究了浸出剂投加量不同时铅膏脱硫率随时间的变化，以及不同投加量下溶液中铅的残留率。

A 浸出剂的投加量对铅膏脱硫率的影响

不同的浸出剂投加量条件下，铅膏的脱硫率随时间变化的结果见图 3-25，从图可以看出，对于不同的浸出剂投加量的浸出实验中，随着时间的延长，$PbSO_4$

脱硫率逐渐提高。在反应起始阶段，$PbSO_4$的脱硫率较高，之后反应速度变慢，这可能是由于此反应过程是铅膏固体作为起始物质反应又生成柠檬酸铅固体的过程，在反应初期阶段铅膏与浸出液接触面积较大，因此反应较快，而到了反应的中后期可能形成了一定的壳核结构，接触面积变小，反应速度变慢。随着浸出剂投加量的增加，铅膏转化更加完全，反应速度也相对加快。从图中可以看出，当浸出剂的投加量为0.5α时，即使浸出反应时间达到18h，$PbSO_4$的脱硫率也只能达到59.34%；当浸出剂的投加量为1α时，反应4h，铅膏脱硫率为81.42%；但是当时浸出剂的投加量为2α时，反应为4h时，$PbSO_4$的脱硫率就能达到98.90%。

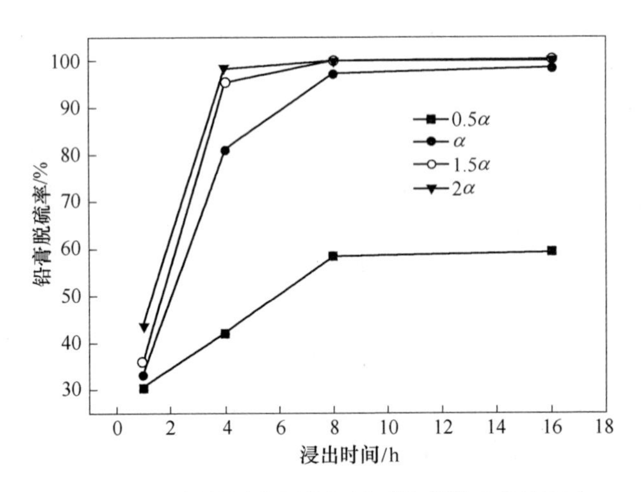

图3-25　不同的浸出剂投加量对铅膏脱硫率的影响

（浸出条件：搅拌速度为650r/min，固液比为1/5，温度为20℃）

B　浸出剂的投加量对溶液中铅残留率的影响

在铅膏浸出反应的过程中铅的去向主要有三个方面：一是铅膏中氧化铅、二氧化铅、硫酸铅及金属铅转化成柠檬酸铅；二是铅膏中的少量氧化铅、二氧化铅、硫酸铅及金属铅没有完全反应，残留在固体中；三是铅膏中的铅转变成柠檬酸铅后溶解在溶液中。前两部分物质在过滤分离后都存在于固相滤饼中。铅膏完全反应或者几乎完成反应的情况下，其中的铅转化后会在溶液中以铅离子形式存在或者生成前驱体柠檬酸铅，而我们的目标产物是前驱体柠檬酸铅，生成的固体柠檬酸铅越多，铅膏的回收率也就越高。因此尽量减少溶液中的铅离子可以提高铅膏的回收率。不同浸出剂投加量下溶液中铅残留率见图3-26。从图中可以看出，随着浸出剂的投加量增加，溶液中铅残留率几乎成直线上升趋势，当浸出剂的投加量为0.5α时，溶液中残留的铅为0.75%；但是当浸出剂的投加量为1.5α和2α时，溶液中残留的铅为2.21%和3.23%，此时铅膏转化完全，铅膏中铅的回收率分别为 97.79%和 96.77%，结合铅膏的脱硫率可知，浸出剂的投加量为 1.5α 是合适的。

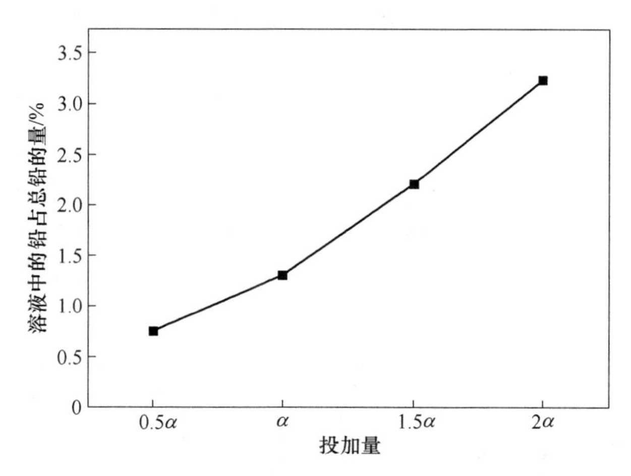

图 3-26 浸出剂的不同用量对滤液中铅残留率的影响

（浸出条件：搅拌速度为 650r/min，固液比为 1/5，温度为 20℃，时间为 16h）

C 浸出剂的投加量对产物柠檬酸铅的影响

不同浸出剂的投加量对最终产物柠檬酸铅也有一定的影响，所得柠檬酸铅的 XRD 结果见图 3-27。从图中可以看出，当浸出剂的投加量为 0.5α 时，即使反应 16h，发现最终的产物柠檬酸铅中也含有一定量的硫酸铅，这说明铅膏没有反应完全。但是随着浸出剂投加量的增加，得到柠檬酸铅的 XRD 和标准的柠檬酸铅的 XRD 越符合。

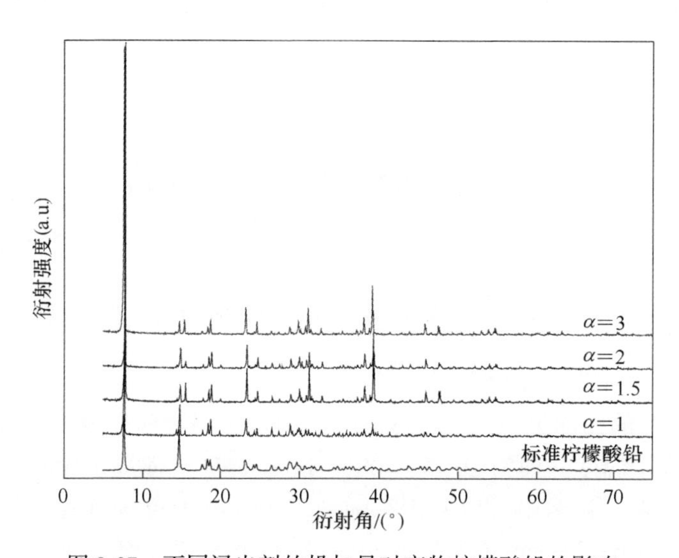

图 3-27 不同浸出剂的投加量对产物柠檬酸铅的影响

D　浸出过程中反应时间对溶液中铅残留率的影响

当铅膏在柠檬酸-柠檬酸钠反应体系中浸出剂的投加量为 1.5α、固液比为 1/5、反应温度为 20℃时，反应时间对溶液中的铅残留率的影响见图 3-28。从图中可以看出，浸出反应时间对溶液中铅含量的影响不是太大，但是在整个浸出过程中有起伏，总体上说，溶液中铅含量是先上升后下降又逐渐上升到稳定。铅膏在水中是不溶的，但是在柠檬酸-柠檬酸钠的水溶液中，会生成柠檬酸铅，而生成的柠檬酸铅部分溶解。当浸出反应时间达到 1h 时，溶液中铅残留率为 1.83%左右。随着反应时间的延长，溶液中铅残留率逐渐上升，当反应达到 4h 时，溶液中铅离子含量达到 2.61%左右。当反应达到 8h 时，溶液中铅残留率为 2.31%左右，之后随着反应时间的延长，溶液中的铅残留率有很少量增加。溶液中铅残留率变化的原因有可能是在反应的起始阶段，由于柠檬酸-柠檬酸钠的量较大，因此溶液中铅的残留率较大，但是随着反应的进行，溶液中柠檬酸与柠檬酸钠的物质的量在减少，所以溶液中铅残留率也有下降趋势。但是随着反应的进行，溶液中铅残留率变化不大。

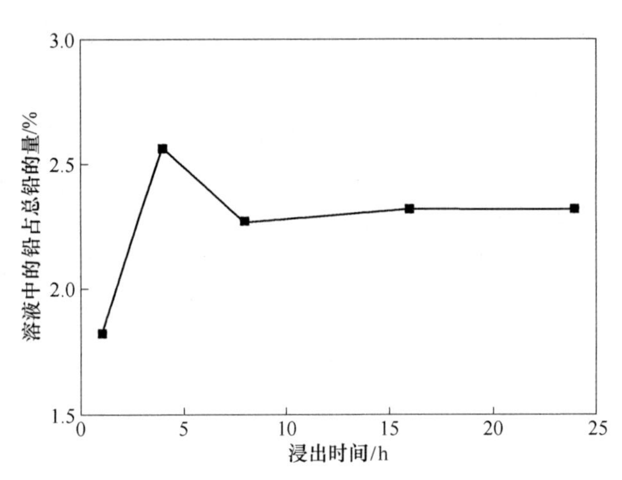

图 3-28　反应时间对溶液中铅残留率的影响

（浸出条件：搅拌速度为 650r/min，固液比为 1/5，温度为 20℃，浸出剂的投加量为 1.5α）

3.6.2.2　反应温度对铅膏浸出脱硫率以及溶液中铅的残留率影响

A　反应温度对铅膏脱硫率的影响

采用浸出剂的投加量为 1.5α，固液比为 1/5，搅拌速度为 650r/min，反应时间为 2h，研究了温度分别为 20℃、40℃、60℃时对铅膏浸出脱硫率的影响，结果如图 3-29 所示。从图中可以看出，随着浸出体系温度的升高，铅膏脱硫率也在增加。当反应温度为 20℃时，反应 2h，铅膏脱硫率为 51.62%；当反应温度为

40℃时，铅膏的脱硫率为 60.14%；当反应温度为 60℃ 时，铅膏脱硫率为 75.63%。铅膏的脱硫率随温度升高而升高，其原因可能是该反应体系是固体、液体在反应过程生成新的固体的浸出过程，在反应起始阶段受化学反应控制的可能性较大。

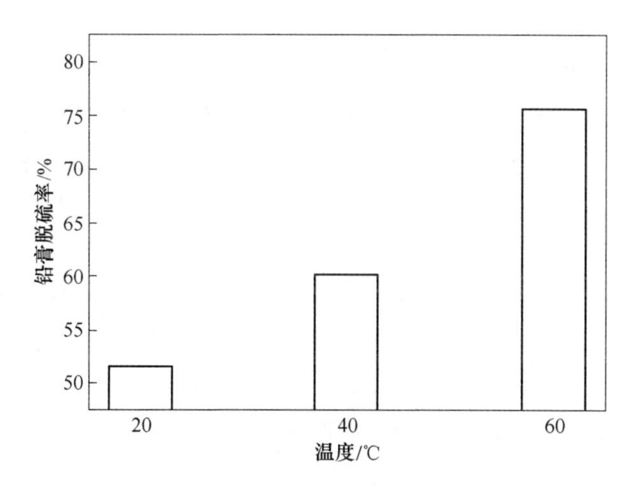

图 3-29　反应温度对铅膏脱硫率的影响
（浸出条件：固液比为 1/5，浸出剂的投加量为 1.5α，时间为 2h，搅拌速度为 650r/min）

B　反应温度对铅膏转化溶液中铅残留率的影响

采用浸出剂的投加量为 1.5α，固液比为 1/5，搅拌速度为 650r/min，反应时间为 8h，此时铅膏基本上转化完全，分别研究了温度在 20℃、40℃、60℃下铅膏浸出转化过程中溶液铅残留率的变化。反应温度对溶液铅含量的影响如图 3-30

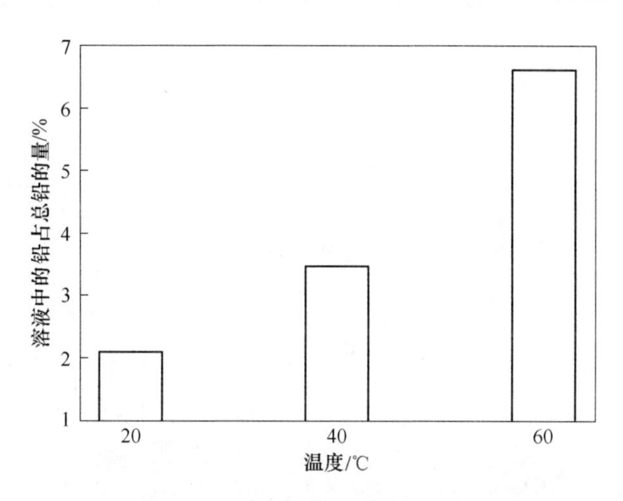

图 3-30　反应温度对溶液中铅残留率的影响
（浸出条件：浸出剂投加量为 1.5α，搅拌速度为 650r/min，固液比为 1/5，时间为 8h）

所示。从图中可以看出，随着反应温度的升高，溶液中铅的含量也有较大的增加趋势。当反应温度为 20℃时，溶液中铅含量为 2. 30%；当反应温度为 40℃时，溶液中铅含量为 3. 45%；当反应温度为 60℃时，溶液中的铅为 6. 63%。

3. 6. 2. 3 固液比对铅膏浸出的影响

固液比是影响铅膏浸出转化反应的一个重要因素。对于浸出反应过程来说，如果浸出溶液过少，会造成浸出体系中固体很难分散，同时搅拌过程也会受到很大的影响，使浸出剂与被浸出物质之间接触机会变少；而如果浸出体系中水较多，会使浸出体系中浸出剂浓度变小，对浸出反应也会造成很大的影响。本实验研究了浸出体系浸出剂的投加量为 1. 5α，搅拌速度为 650r/min，反应时间为 8h，反应温度为 20℃时，反应过程中固液比对铅膏浸出脱硫率的影响，实验结果见图 3-31。从图中可以看出，在此反应体系确定的条件下，固液比对铅膏浸出脱硫率的影响不大。当反应体系的固液比为 1/20 时，铅膏的脱硫率为 99. 10%；当反应体系固液比为 1/5 时，铅膏的浸出脱硫率为 99. 80%。

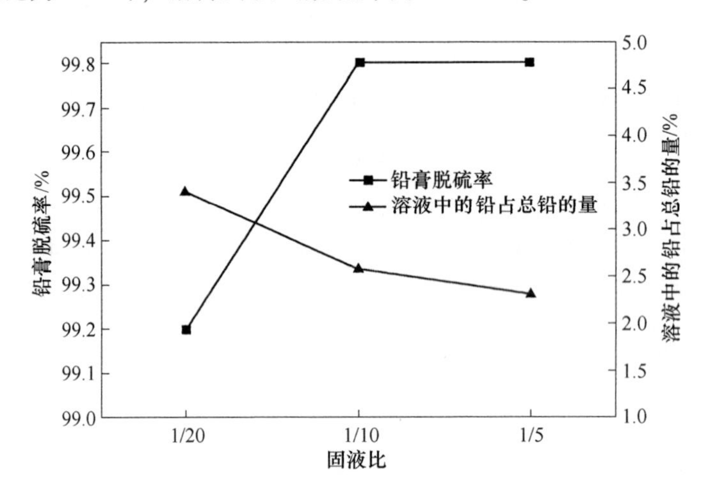

图 3-31 固液比对铅膏脱硫率及溶液中铅残留率的影响

（浸出条件：浸出剂的投加量为 1. 5α，时间为 8h，
温度为 20℃，搅拌速度为 650r/min）

反应体系的固液比对铅膏浸出转化后滤液中铅残留率也有一定的影响，固液比对浸出过程中残留在溶液中铅残留率的影响见图 3-31。从图中可以看出，固液比对铅膏浸出过程中残留在溶液中的铅有较大的影响，当浸出体系中固液比为 1/20 时，残留在溶液中的铅为 3. 41%；而当固液比在 1/5 时，溶液中铅的残留率在 2. 30%左右。

3.6.2.4 双氧水的投加量对浸出反应的影响

铅膏的物相主要是 $PbSO_4$、PbO_2、PbO、Pb 等，其中 PbO_2 是主要组成之一。在湿法再生过程中，$PbSO_4$、PbO、Pb 均能直接转化，但 PbO_2 须先被还原才能被转化，因此 PbO_2 还原效果对整个回收技术具有重要的影响。文献报道的还原剂主要有亚硫酸盐、双氧水、Fe^{2+}、SO_2 等，报道的还原条件和效果各不相同。其中，双氧水由于反应后生成水与氧气，无需除杂而受到人们的关注。

本实验采用双氧水作为还原剂，在酸性条件下将 PbO_2 还原。实验浸出体系为柠檬酸与柠檬酸钠的投加量为 1.5α，固液比为 1/5，反应时间为 8h，反应温度为 20℃，在此条件下研究了双氧水的投加量对 PbO_2 的还原效果的影响。将反应得到的固体产物先用稀硝酸溶解，由此得到的固体残渣采用与测试铅膏中二氧化铅含量相同的分析方法，测定没有参加反应的二氧化铅的量，不同双氧水投加量的实验结果见图 3-32。从图中可以看出，随着双氧水量的增加，还原率有明显的上升，2mL 时还原率达到最大。双氧水有挥发性，不稳定，因此在浸出工艺中双氧水投加量应该大于 2mL。很显然这相对于单组分二氧化铅浸出过程来说，双氧水的投加量要少，这可能是由于柠檬酸钠存在的混合体系影响了二氧化铅的还原，使双氧水用量也减少。

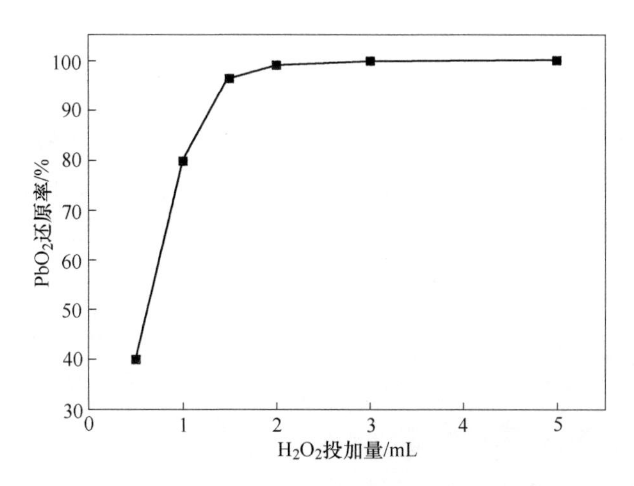

图 3-32 双氧水投加量对 PbO_2 还原效果的影响

（浸出条件：搅拌速度为 650r/min，固液比为 1/5，投加量为 1.5α，时间为 8h）

图 3-33 为不同双氧水投加量下得到柠檬酸铅的 XRD 图。从图中看出，不同的双氧水投加量对铅膏转化有很重要的影响。当没有双氧水投加时，柠檬酸铅的峰不是很明显；当双氧水的投加量为 2mL 时，柠檬酸铅的峰已经相当完整；当双氧水的投加量为 5mL 时，柠檬酸铅的晶型更加完整。

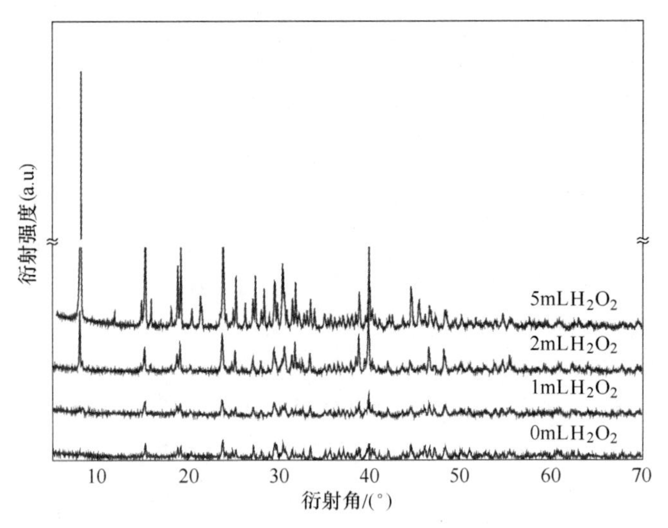

图 3-33　不同双氧水投加量时浸出产物的 XRD 图

3.6.3　铅膏浸出过程微观形貌变化

在研究不同时间对铅膏脱硫率实验（实验条件为：铅膏 10g，固液比 1/5，浸出剂的投加量 1.5α，搅拌速度 650r/min，双氧水投加量 6mL）时，取反应 1h 与 8h 后得到固体物质进行 SEM/EDX 分析，研究浸出过程固体颗粒发生的变化。

图 3-34 是实际铅膏的 SEM 结果，从图中可以看出，铅膏中组分相对比较复杂，不同颗粒的铅膏成分有很大的不同。EDX 结果显示，颗粒较大、表面比较光滑的物质是硫酸铅，如图 3-34（a）、（d）所示，这与资料的报道的硫酸铅的形貌结果一致；而颗粒较小的物质是氧化铅与二氧化铅，如图 3-34（b）、（c）所示。

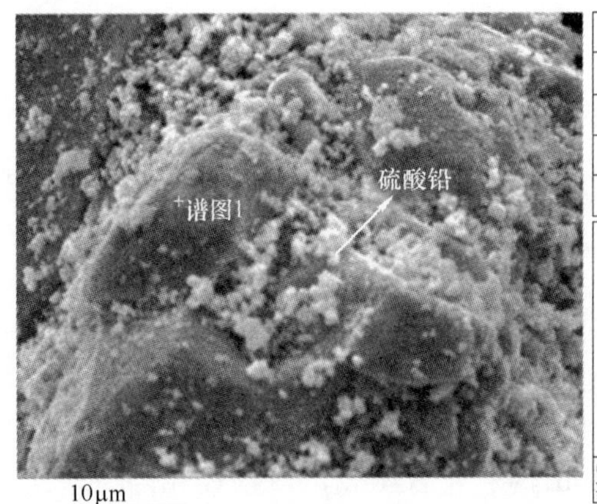

元素	质量分数/%	摩尔分数/%
O K	16.30	61.22
S K	9.16	17.16
Pb M	74.55	21.62
总量	100.00	

谱图1
Pb S O C Pb Pb
0 2 4 6 8 10 12 14 16 18 20
满量程12977cts 光标:0.000 keV

(a)

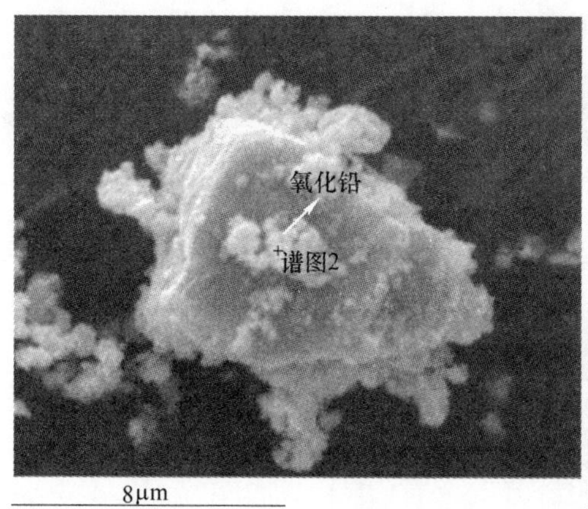

元素	质量分数/%	摩尔分数/%
O K	7.90	52.61
Pb M	92.10	47.39
总量	100.00	

谱图2

Pb O Pb Pb

0 2 4 6 8 10 12 14 16 18 20
满量程12977cts 光标:0.000 keV

(b)

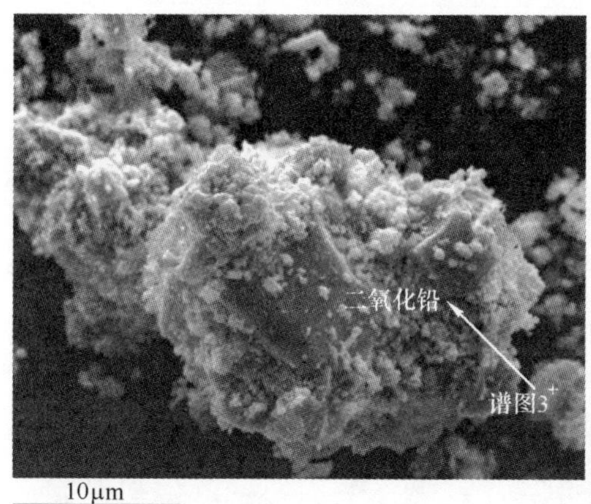

元素	质量分数/%	摩尔分数/%
C K	0.23	1.58
O K	12.15	63.22
Pb M	87.62	35.20
总量	100.00	

谱图3

Pb O C Pb Pb Pb

0 2 4 6 8 10 12 14 16 18 20
满量程12977cts 光标:0.000 keV

(c)

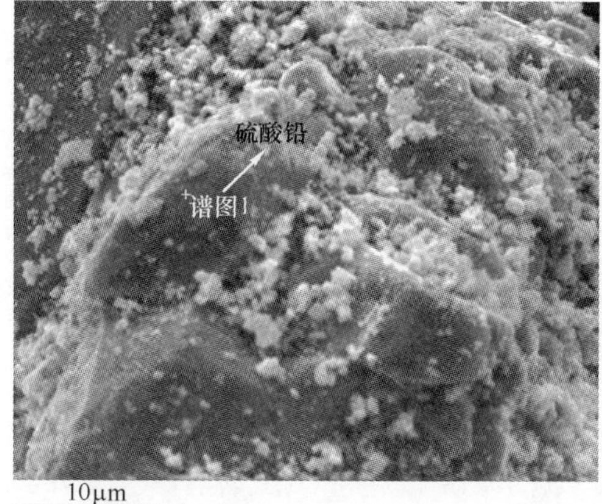

元素	质量分数/%	摩尔分数/%
O K	16.30	61.22
S K	9.16	17.16
Pb M	74.55	21.62
总量	100.00	

谱图1

Pb S O Pb Pb

0 2 4 6 8 10 12 14 16 18 20
满量程12977cts 光标:0.000 keV

(d)

图 3-34 铅膏的 SEM/EDX 分析

图 3-35 是实际铅膏浸出 1h 后中间产物的 SEM/EDX 结果，从图中可以看出，

元素	质量分数/%	摩尔分数/%
O K	27.01	72.86
S K	10.49	14.12
Pb M	62.50	13.02
总量	100.00	

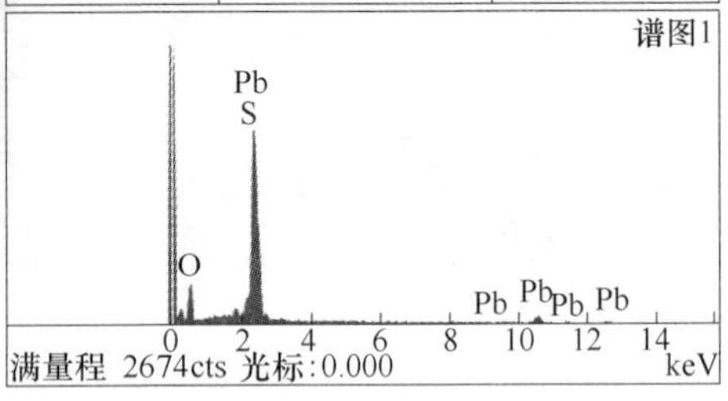

(a)

元素	质量分数/%	摩尔分数/%
C K	37.39	67.94
O K	20.23	27.59
Pb M	42.39	4.47
总量	100.0	

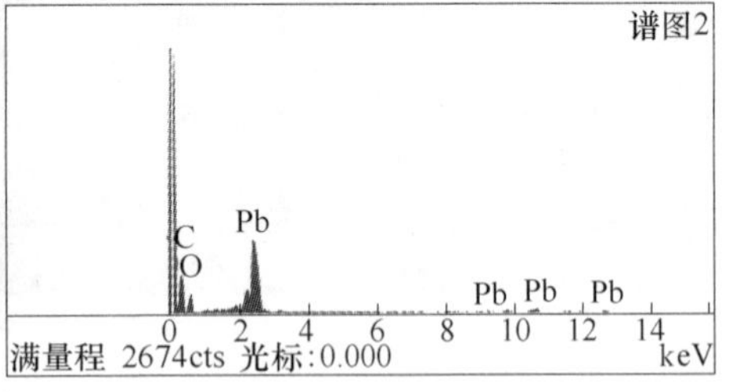

(b)

元素	质量分数/%	摩尔分数/%
C K	35.39	68.94
O K	20.23	26.49
Pb M	44.39	4.57
总量	100.0	

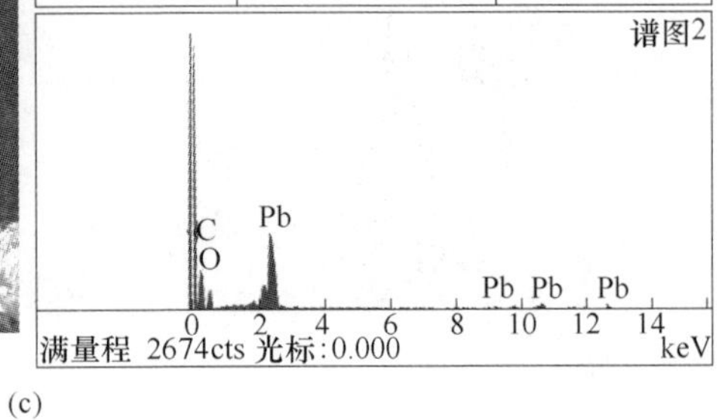

(c)

图 3-35　铅膏浸出 1h 迅速分离的中间产物的 SEM/EDX 分析

二氧化铅与氧化铅的颗粒没有了，硫酸铅颗粒明显变小，见图 3-35（a）。絮状的蓬松状物质是柠檬酸铅，见图 3-35（b）、（c）。这与之前的实验结果相同，二氧化铅与氧化铅在柠檬酸-柠檬酸钠体系中的反应相对较快，硫酸铅反应较慢。

浸出速率的液固相反应动力学模型，一般可分为致密球形颗粒模型和收缩核模型。从 SEM 图可以看出，硫酸铅颗粒不断变小，硫酸铅生成柠檬酸铅的反应是一个缩核反应。图 3-36 是实际铅膏在柠檬酸-柠檬酸钠体系浸出后产物的 SEM/EDX 结果，从图中可以看出，生成产物形貌为板状，粒径变大，这与中间产物有很大的区别。从最终产物的 EDX 结果可以看出，生成产物为柠檬酸铅。这可能是由于在反应后段，小的柠檬酸铅颗粒逐渐长大，变成最终的板状结构，颗粒粒径在 10~50μm 之间，这与 Sonmez 在研究模拟铅膏的结果相似。

元素	质量分数/%	摩尔分数/%
C K	0.74	3.09
O K	24.99	78.20
Cu K	1.41	1.11
Pb M	72.86	17.60
总量	100.00	

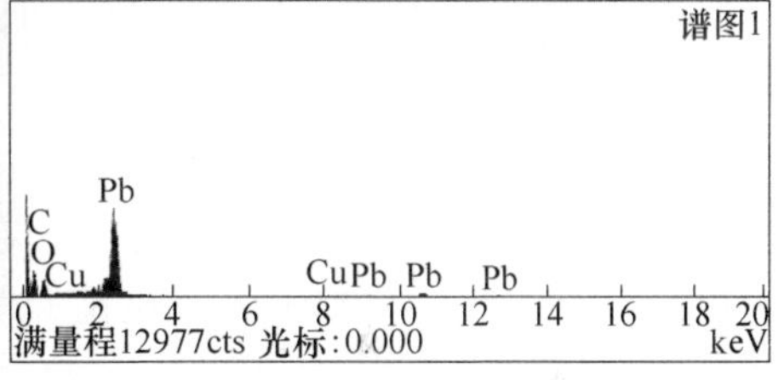

(a)

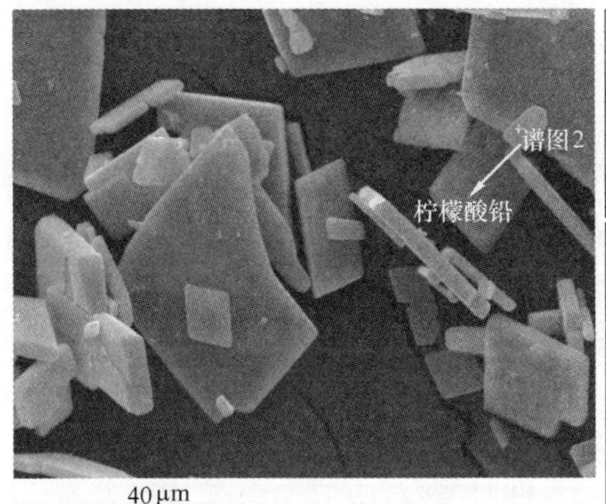

元素	质量分数/%	摩尔分数/%
C K	0.43	2.47
O K	16.29	69.93
Pb M	83.27	27.60
总量	100.00	

谱图2

Pb　O　C　Pb　Pb

0　2　4　6　8　10　12　14　16　18　20

满量程12977cts 光标:0.000　keV

(b)

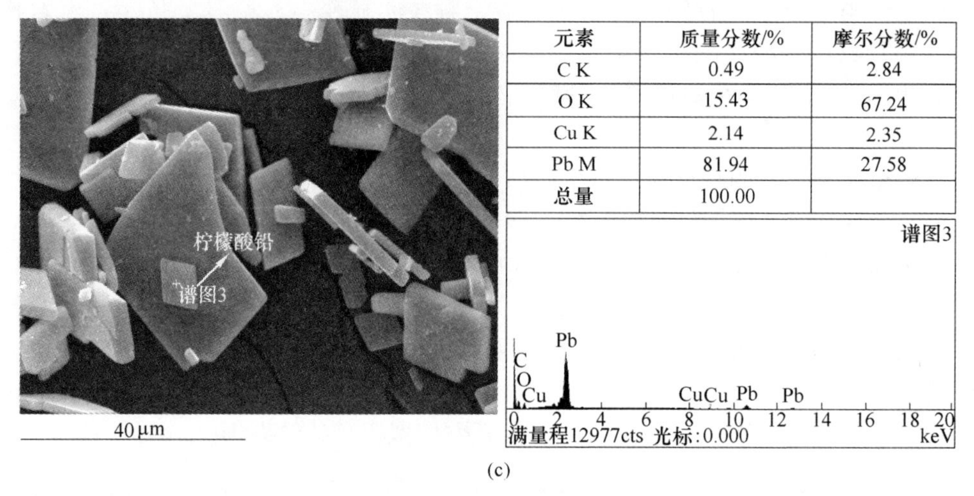

元素	质量分数/%	摩尔分数/%
C K	0.49	2.84
O K	15.43	67.24
Cu K	2.14	2.35
Pb M	81.94	27.58
总量	100.00	

(c)

图 3-36　铅膏浸出产物的 SEM/EDX 分析

3.6.4　铅膏浸出动力学研究

硫酸铅是最难反应的物质，因此铅膏反应动力学的研究主要为硫酸铅浸出转化的动力学研究。在浸出过程中，未加入双氧水，可认为二氧化铅未参与反应，浸出过程主要是硫酸铅转化为柠檬酸铅。为了保证实验误差较小，实验采用的铅膏粒径为 53～75μm。浸出试验采用水浴加热，采用德国 IKA 的搅拌器进行搅拌。首先按比例配置好柠檬酸-柠檬酸钠溶液 350mL（柠檬酸与柠檬酸钠量使用量远超过理论用量），并将其置入 500mL 烧杯中，然后加入准确称量的 10. 0g 废铅膏，计时。反应过程中，定时使用移液器进行取样，每次取样量为 1mL 浆液，将其快速过滤，并将其滤液定容到 250mL。用离子色谱检测定容后溶液中的硫酸根离子浓度，并计算 $PbSO_4$脱硫率。

3. 6. 4. 1　搅拌速度对脱硫率的影响

图 3-37 为搅拌速度与 $PbSO_4$脱硫率的关系曲线，搅拌速度增加，$PbSO_4$脱硫率提高，搅拌速度由 400r/min 增加到 800r/min，$PbSO_4$脱硫率可由 78. 85%提高到 91. 78%。提高搅拌速度，可减小扩散层厚度，有利于浸出剂迅速扩散到废铅膏颗粒表面与之反应，故脱硫率会提高。但当搅拌速度由 800r/min 提高到 1000r/min 时，$PbSO_4$脱硫率反而降低，由 91. 78%降低到 82. 43%，这是因为此条件下，外扩散已经不是控制浸出速度的最慢步骤。由于搅拌过于剧烈，造成废铅膏颗粒和液体同步转动，浆液无法混匀；同时离心力加大，导致固液分离，反应物无法及时充分接触，因此脱硫率降低。由此可见，搅拌速度为 800r/min 时，可认为消除了外扩散的影响，后续试验维持此搅拌速度。

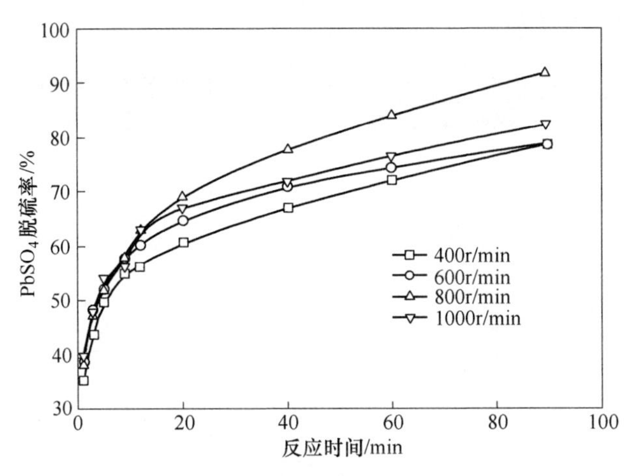

图 3-37 搅拌速度与 $PbSO_4$脱硫率的关系

（铅膏粒径为 53~75μm，反应温度为 25℃）

3.6.4.2 浸出温度对脱硫率的影响

温度对脱硫率的影响试验分别是在 25℃、35℃、45℃和 50℃条件下进行，试验结果见图 3-38。从图中可以看出，温度对脱硫率影响非常显著，温度由 25℃提高到 45℃，浸出 12min，脱硫率可由 63.05%提高到 99.72%。在 45℃时，只需浸出 12min，即可达到浸出终点。浸出过程为化学反应控制或外扩散控制时，提高浸出温度，均可提高反应速度，但就提高幅度而言，化学反应控制时远比外扩散控制时大。温度每增加 10℃，化学反应速率可能增加数倍。依据图 3-38 的试验结果，可大致推断浸出反应过程为化学反应控制过程。

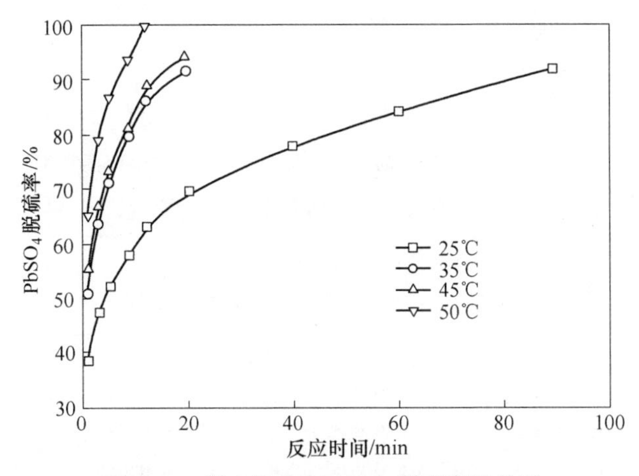

图 3-38 浸出温度与 $PbSO_4$脱硫率的关系

（铅膏粒径为 53~75μm，搅拌速度为 800r/min）

3.6.4.3 动力学过程分析

依据前面的分析可推断，硫酸铅转化为柠檬酸铅的反应过程属于化学反应控制过程。按照化学反应控制对应的速度方程，对试验数据进行拟合，结果见图3-39。

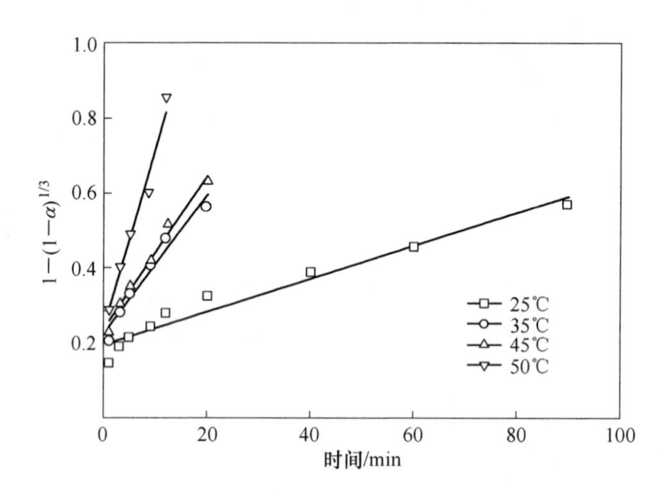

图 3-39 各浸出温度下动力学曲线

由图 3-39 可获得各温度下的动力学方程式，结果如下。

25℃： $$1-(1-\alpha)^{1/3}=0.2003+0.0043\times t \quad (3\text{-}19)$$

35℃： $$1-(1-\alpha)^{1/3}=0.2298+0.0182\times t \quad (3\text{-}20)$$

45℃： $$1-(1-\alpha)^{1/3}=0.2422+0.0201\times t \quad (3\text{-}21)$$

50℃： $$1-(1-\alpha)^{1/3}=0.2460+0.0472\times t \quad (3\text{-}22)$$

式中 α——硫酸铅脱硫率；

t——浸出时间，min。

动力学方程式（3-19）~式（3-22）分别对应图 3-39 中的 25℃、35℃、45℃、50℃的曲线，他们的相关系数分别为 0.9724、0.9709、0.9668 和 0.9819，均大于 0.96，表明实测数据与拟合方程吻合很好。然后，计算了各浸出温度下，综合化学反应速率常数对数值 $\ln K$，结果见表 3-16。

表 3-16 各浸出温度下 K 和 $\ln K$

温度		$1/T$	K	$\ln K$
25℃	298.15K	0.003356	0.0043	−5.44914
35℃	308.15K	0.003247	0.0182	−4.00633
45℃	318.15K	0.003145	0.0201	−3.90704
50℃	323.15K	0.003096	0.0472	−3.05336

表 3-17 中，T 为热力学温度，单位 K，K 为综合化学反应速度常数。依据表 3-17，以 $\ln K$ 对 $1/T$ 作图，得图 3-40。图 3-40 中，直线斜率为 -8157.42，依据 Arrhenius 公式：

$$\ln K = -E/RT + B \tag{3-23}$$

式中　K——表观速率常数；

R——摩尔气体常数；

B——积分常数；

E——表观活化能。

图 3-40 中直线斜率为 $-E/R$，计算得到表观活化能 E 为 67.82kJ/mol。通常来说，在表观活化能大于 42kJ/mol 时，浸出反应受化学反应控制。

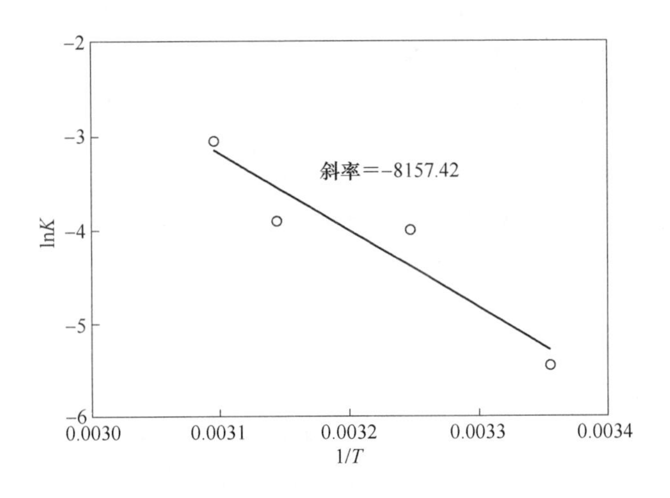

图 3-40　浸出反应的 Arrhenius 图

3.7　本章小结

本章采用柠檬酸-柠檬酸钠体系对铅膏主要组分与铅膏的浸出转化进行了研究，并对产物进行表征分析，主要得到以下结论：

（1）PbO、PbO_2、$PbSO_4$在不同比例的柠檬酸-柠檬酸钠体系中都能浸出转化为前驱体柠檬酸铅。两种前驱体的形貌有很大的区别，在 pH 值为 3~4 的浸出体系中得到柠檬酸铅均为板状颗粒，粒径较大，为 10~50μm；而在 pH 值为 5~6 的浸出体系中得到柠檬酸铅均为鳞片状颗粒，粒径较小，为 2~10μm。

（2）pH 值为 3~4 的浸出体系中，去质子化不完全，柠檬酸铅的分子式是 $Pb(C_6H_6O_7) \cdot H_2O$；而在 pH 值为 5~6 的浸出体系中得到的柠檬酸铅是去质子化完全的，柠檬酸铅的分子式是 $Pb_3(C_6H_5O_7)_2 \cdot 3H_2O$。热重分析表明两种物质都在较低温度下发生分解，失重有较大的不同。在 pH 值为 3~4 条件下得到的柠檬酸铅在空气气氛中失重为47.5%~49.5%；在pH值为5~6条件下得到柠檬酸铅在空气气氛中失重为36.9%~39.2%。铅膏在pH值为3~4与在pH值为5~6的体系中浸出转化，铅的回收率有较大的差别。pH值为3~4条件下铅化合物的一次回收率大于pH值为5~6条件下铅化合物浸出的一次回收率，这可能是由于柠檬酸铅在pH值为5~6条件下溶解度较大，此时铅的回收率较低。

(3) 模拟铅膏与柠檬酸-柠檬酸钠反应结果与单组分铅膏的反应结果相同，可以生成两种不同产物的柠檬酸铅，两种前驱体柠檬酸铅在XRD、SEM、TG-DTA各个方面都有较大的区别，但是这两种前驱体都能焙烧制备成氧化铅粉。

(4) 铅膏浸出反应是一个放热反应，反应过程中的pH值变化不大。浸出剂投加量对浸出的影响最大，当铅膏组成为硫酸铅64.5%，二氧化铅29.5%，氧化铅4.5%时，合适的浸出条件为柠檬酸与铅的摩尔比为3∶1，柠檬酸钠与铅的摩尔比为9∶5，双氧水与二氧化铅摩尔比为2∶1，固液比为1∶5，反应时间8h。浸出反应时间对铅膏的脱硫率有较大影响，而对溶液中铅的影响不是太大。反应温度对铅膏脱硫率有正面影响，提高温度有助于加快反应速度。

(5) 柠檬酸-柠檬酸钠体系的pH值分别是3.56与5.12时，均可以完成浸出反应，浸出8h，脱硫率均较高，最终得到柠檬酸铅物质分别是$Pb(C_6H_6O_7)\cdot H_2O$与$Pb_3(C_6H_5O_7)_2\cdot 3H_2O$。柠檬酸铅$Pb(C_6H_6O_7)\cdot H_2O$的形貌呈板状结构，长度为5~40μm；而柠檬酸铅$Pb_3(C_6H_5O_7)_2\cdot 3H_2O$的形貌颗粒相对较小，呈鳞片状结构，粒径大小在1~5μm左右。分析两种柠檬酸铅在空气中的TG-DTA曲线可以发现基本都在430℃时失重，达到稳定时失重率分别是47.7%与36.9%。最终产物为铅与氧化铅混合物，由XRD分析可以证实。

(6) 通过SEM/EDX技术研究了铅膏浸出前后以及浸出过程中形貌及成分的变化过程，结果显示二氧化铅与氧化铅反应很快，EDX结果表明氧化铅与二氧化铅颗粒几乎没有了，1h时几乎已经完全反应，而硫酸铅颗粒明显变小。起初的柠檬酸铅为絮状的物质，随着反应时间的延长，硫酸铅逐步反应完全，柠檬酸铅的形貌发生较大的变化，小的柠檬酸铅颗粒逐渐长大，变成最终的板状结构，颗粒粒径在10~50μm之间。从SEM/EDX可以看出，硫酸铅颗粒不断变小，硫酸铅生成柠檬酸铅的反应是一个缩核反应。

(7) 采用柠檬酸-柠檬酸钠溶液浸出废铅酸蓄电池铅膏，搅拌速度和浸出温度对硫酸铅脱硫率影响显著，提高浸出温度和适当提高搅拌速度，可提高硫酸铅脱硫率。废铅膏在柠檬酸-柠檬酸钠溶液中的浸出动力学方程可用$1-(1-\alpha)^{1/3}=Kt+B$描述，反应的表观活化能为67.82kJ/mol，浸出过程受化学反应步骤控制。

4 铅膏在乙酸-柠檬酸钠体系中的浸出研究

在柠檬酸-柠檬酸钠浸出铅膏制备超细铅粉的工艺体系中，柠檬酸与柠檬酸钠的投加量偏大，反应时间偏长，柠檬酸钠的价格较高。在 pH 值为 3~4 的体系中产物为 $Pb(C_6H_6O_7) \cdot H_2O$，消耗的柠檬酸与柠檬酸钠较多，这样可能影响今后的工业化。因此如果能有一种有机酸可以替代柠檬酸，同时酸性比柠檬酸强，这样就有可能利于反应的进行。其中，乙酸由于相对分子质量小、廉价易得可能是一个较好的选择。乙酸分子是含有两个碳原子的饱和羧酸，分子式 CH_3COOH，制备方法简单。它是重要的有机化工原料之一，广泛用于合成纤维、涂料、医药、农药、食品添加剂、染织等工业。

本章以氧化铅、二氧化铅、硫酸铅为起始物质，研究了它们在乙酸-柠檬酸钠体系中进行浸出的转化规律，同时对最后生成的前驱体柠檬酸铅进行表征。在氧化铅与二氧化铅的转化过程中，先投加乙酸，氧化铅与二氧化铅很快溶解，溶液变澄清，因此很容易根据溶液的颜色判断反应是否反应完全。然后投加柠檬酸钠结晶柠檬酸铅，采用溶液中铅残留率作为二氧化铅与氧化铅回收率的评价指标，其计算方法是溶液中铅的量与起始物总铅量的比值。对于硫酸铅与实际铅膏的转化过程，以硫酸铅的脱硫率与溶液中铅的残留率作为评价指标。

4.1 氧化铅在乙酸-柠檬酸钠体系中转化

氧化铅在乙酸-柠檬酸钠中的浸出研究主要考察了乙酸与铅的摩尔比（β）、柠檬酸钠与铅的摩尔比（α）、反应时间及固液比的影响。该研究共设计了 4 组实验，从 A-PbO-Ⅰ-1 到 A-PbO-Ⅳ-2，见表 4-1，其中 A 表示乙酸体系，PbO 代表

表 4-1 氧化铅在乙酸-柠檬酸钠体系中浸出实验方案

序号	柠檬酸钠与铅的摩尔比（α）	乙酸与铅的摩尔比（β）	固液比	浸出时间/min
A-PbO-Ⅰ-1	2/3			
A-PbO-Ⅰ-2	4/3	2	1/7	
A-PbO-Ⅰ-3	2			
A-PbO-Ⅰ-4	2/3			10
A-PbO-Ⅰ-5	4/3	2.4	1/7	
A-PbO-Ⅰ-6	2			

续表 4-1

序号	柠檬酸钠与铅的摩尔比（α）	乙酸与铅的摩尔比（β）	固液比	浸出时间/min
A-PbO-Ⅱ-1	2/3	2	1/7	10
A-PbO-Ⅱ-2		2.2		
A-PbO-Ⅱ-3		3		
A-PbO-Ⅱ-4		4		
A-PbO-Ⅲ-1	2/3	2.4	1/7	2.5
A-PbO-Ⅲ-2				5
A-PbO-Ⅲ-3				15
A-PbO-Ⅲ-4				30
A-PbO-Ⅲ-5				60
A-PbO-Ⅳ-1	2/3	2.4	1/10	10
A-PbO-Ⅳ-2			1/20	

氧化铅起始物，Ⅰ代表第一组实验，数字代表实验号。此部分每次实验进行一次，溶液中的铅含量测定 2 次，取平均值。

4.1.1 柠檬酸钠的投加量对溶液中铅残留率的影响

氧化铅在乙酸-柠檬酸钠体系的转化过程中发生的主要反应见式（4-1）与式（4-2）。从化学反应式可以看出，氧化铅首先与乙酸反应，生成可溶性的醋酸铅，而醋酸铅与柠檬酸钠溶液快速反应生成沉淀结晶物质柠檬酸铅。

$$PbO + 2CH_3COOH \longrightarrow Pb(CH_3COO)_2 + 2H_2O \tag{4-1}$$

$$Pb(CH_3COO)_2 + 2Na_3C_6H_5O_7 \cdot 2H_2O \longrightarrow Pb_3(C_6H_5O_7)_2 \cdot 3H_2O + 6Na(CH_3COO) + H_2O \tag{4-2}$$

从化学反应式可以看出，1mol 的氧化铅理论上能与 2mol 的乙酸反应，在反应过程中也得到了证实。当乙酸与铅的摩尔比 β 小于 2 时，反应结束后还有黄色的未完全反应的氧化铅。只有当乙酸与铅的摩尔比 β 等于或者大于 2 时，氧化铅能够完全反应。乙酸投加量 β 分别为 2 和 2.4，柠檬酸钠与铅的摩尔比 α 对氧化铅浸出的影响见图 4-1。从图 4-1 中可以看出，随着柠檬酸钠投加量的增多，溶液中铅离子也呈增加的趋势。当乙酸与铅的摩尔比 β 为 2，柠檬酸钠与铅的摩尔比 α 为 2/3 时，溶液中的铅为 4.62%，而柠檬酸钠与铅的摩尔比 α 为 2 时，溶液中的铅为 10.17%；当乙酸与铅的摩尔比 β 为 2.4，柠檬酸钠与铅的摩尔比 α 为 2/3 时，溶液中的铅为 2.47%，而 α 为 2 时，溶液中的铅为 4.09%。当柠檬酸钠与铅的摩尔比相同时，乙酸与铅的摩尔比 β 为 2.4 时，溶液中的铅离子相对 β 为 2 时低。这是由于柠檬酸钠体系中酸性较弱时溶解铅的能力更强，而乙酸的投加量高时，溶液中的 pH 值降低，柠檬酸铅溶解量下降，因此溶液中铅的残留率变小。

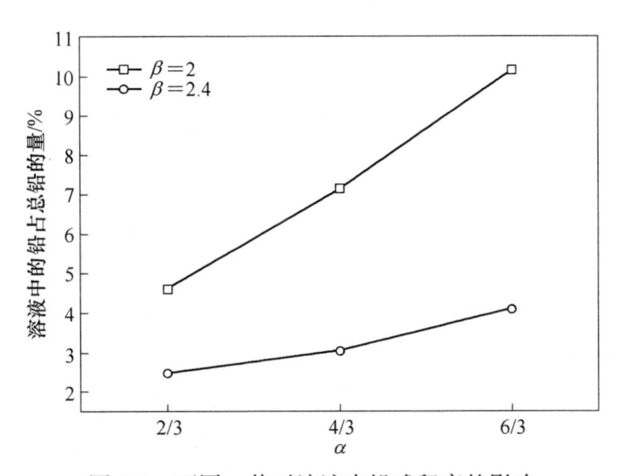

图 4-1 不同 α 值对溶液中铅残留率的影响

（浸出条件：时间为 10min，搅拌速度为 500r/min，固液比为 1/7，温度为 25℃）

4.1.2 乙酸的投加量对溶液中铅残留率的影响

从化学反应方程式（4-1）可以看出，氧化铅首先与乙酸反应，生成可溶性的醋酸铅，因此要保证氧化铅能够完全与乙酸反应，1mol PbO 至少需要 2mol 乙酸。当柠檬酸钠与铅的摩尔比为 2/3 时，乙酸的投加量对溶液中铅的影响见图 4-2。

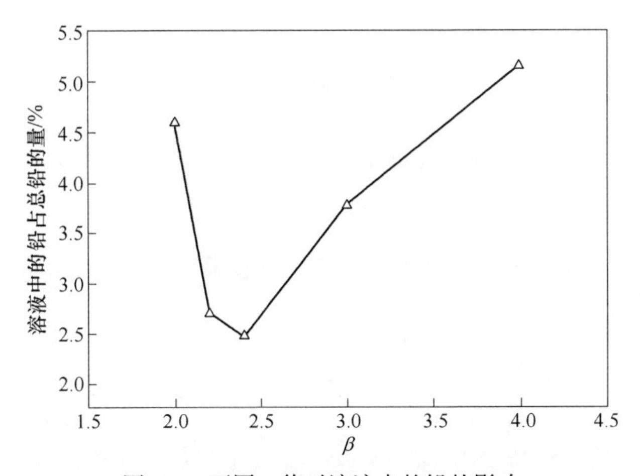

图 4-2 不同 β 值对溶液中的铅的影响

（浸出条件：$\alpha=2/3$，时间为 10min，搅拌速度为 500r/min，固液比为 1/7，温度为 25℃）

从图 4-2 中可以看出，当乙酸与铅的摩尔比 β 为 2 时，溶液中的铅离子为 4.62%；当 $\beta=2.4$ 时，溶液中铅最低，为 2.46%；而当乙酸与铅的摩尔比 $\beta=4.0$ 时，溶液中的铅残留率上升到了 5.12%。随着乙酸与铅摩尔比 β 的增加，溶液中的铅呈现先下降后上升的趋势。因此当柠檬酸钠与铅的摩尔比 $\alpha=2/3$ 时，乙酸与铅的合适摩尔比为 $\beta=2.4$，此时溶液中铅为 2.46%，铅的回收率为 97.54%。

4.1.3　氧化铅浸出过程中反应时间对溶液中铅残留率的影响

反应时间对溶液中的铅有较大的影响。当柠檬酸钠与铅的摩尔比为 $\alpha=2/3$，乙酸与铅的摩尔比 $\beta=2.4$ 时，氧化铅浸出过程中的反应时间对溶液中铅残留率的影响见图 4-3。从图中可见，在反应的起始阶段，溶液中铅离子的残留率最高，这可能是由于氧化铅在柠檬酸钠-乙酸体系中的反应初始阶段首先与乙酸反应，生成了可溶性的铅离子。随着反应时间的延长，铅离子与柠檬酸根反应沉淀结晶出来。当反应时间为 10min 时，溶液中铅离子浓度最低，为 2.48%，但是随着反应时间的继续延长，溶液中铅残留率变化不大，因此合适的反应时间为 10min。

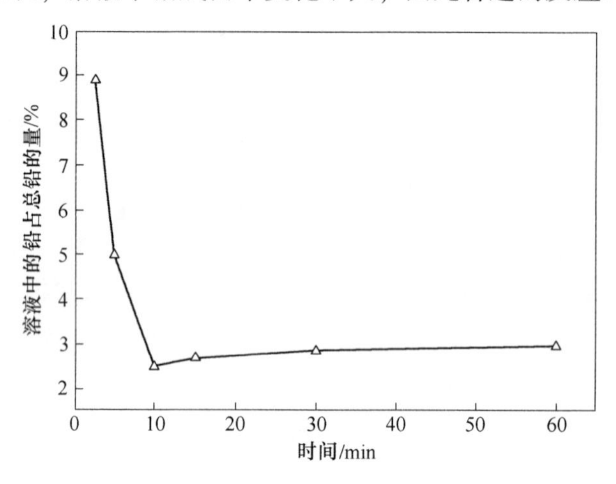

图 4-3　时间对浸出过程溶液中溶液中铅的残留率的影响

（浸出条件：$\alpha=2/3$，$\beta=2.4$，搅拌速度为 500r/min，固液比为 1/7，温度为 25℃）

4.1.4　氧化铅浸出过程中固液比对溶液中铅残留率的影响

固液比是湿法浸出过程中固体物料质量与矿浆中水溶液质量的比值。它是湿法冶金浸出过程一个重要的技术经济参数。在一定的浸出剂浓度下，大的液固比可降低矿浆的黏稠度和浸出液中有价金属离子浓度，有利于提高固液相之间的传质速度，从而有可能提高浸出率。但是液固比过大会导致浸出和液固分离设备负荷或浸出剂的损耗增加。

在当柠檬酸钠与铅的摩尔比 $\alpha=2/3$，乙酸与铅的摩尔比 $\beta=2.4$ 时，氧化铅浸出过程中固液比对溶液中铅的残留率的影响见图 4-4。当反应体系的固液比是 1/5 时，在反应过程中混合液的黏度太大，而致搅拌困难。当浸出实验反应体系固液比是 1/7、1/15、1/20 时，反应过程中氧化铅都能完全反应，但是溶液中铅的残留率却有较大的不同。从图 4-4 可以看出，随着固液比的减小，溶液中铅的残留率呈增加的趋势。当固液比为 1/7 时，溶液中铅的残留率为 2.13%，而反应体系固液比为 1/20 时，溶液中铅的残留率达到 6.03%左右。因此当柠檬酸钠与铅的摩尔比 $\alpha=2/3$，乙酸与铅的摩尔比 $\beta=2.4$ 时，反应体系合适的固液比为 1/7。

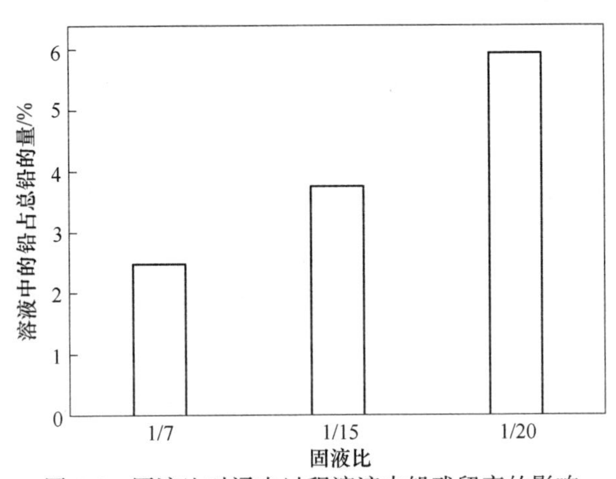

图 4-4 固液比对浸出过程溶液中铅残留率的影响

（浸出条件：$\alpha=2/3$，$\beta=2.4$，搅拌速度为 500r/min，时间为 10min，温度为 25℃）

4.2 二氧化铅在乙酸-柠檬酸钠体系中转化

二氧化铅中铅是+4 价，具有很强的氧化性，在一般的溶液中二氧化铅很难溶。在铅膏的湿法电沉积处理过程中，二氧化铅的还原也是一个重要的反应。因此乙酸-柠檬酸钠的浸出过程中，也需要有还原剂。为了不增加反应过程中的杂质元素，采用 H_2O_2 作为还原剂。

二氧化铅在乙酸-柠檬酸钠体系的转化过程发生的主要化学反应见式（4-3）与式（4-4）。从化学反应式可以看出，二氧化铅在双氧水存在的酸性条件下，反应生成可溶性的醋酸铅，而后醋酸铅与柠檬酸根反应生成沉淀结晶物质柠檬酸铅。

$$PbO_2+2CH_3COOH+H_2O_2 \longrightarrow Pb(CH_3COO)_2+2H_2O+O_2\uparrow \quad (4\text{-}3)$$

$$3Pb(CH_3COO)_2+2Na_3C_6H_5O_7\cdot 2H_2O \longrightarrow Pb_3(C_6H_5O_7)_2\cdot 3H_2O+6Na(CH_3COO)+H_2O \quad (4\text{-}4)$$

二氧化铅在乙酸-柠檬酸钠体系中的浸出研究主要考察了乙酸与铅的摩尔比

(β)、柠檬酸钠与铅的摩尔比（α）、双氧水与铅的摩尔比（γ）、反应时间及固液比对浸出过程溶液中铅残留率的影响。该研究共设计了5组实验，从A-PbO_2-Ⅰ-1到A-PbO_2-Ⅴ-2，见表4-2，其中A表示乙酸体系，PbO_2代表二氧化铅起始物，Ⅰ代表第一组实验，数字代表实验号。此部分每次实验进行一次，溶液中的铅含量测定2次，取平均值。

表4-2　二氧化铅在乙酸-柠檬酸钠体系中浸出的实验方案

<table>
<tr><th>序号</th><th>柠檬酸钠与铅的摩尔比（α）</th><th>乙酸与铅的摩尔比（β）</th><th>双氧水与铅的摩尔比（γ）</th><th>固液比</th><th>浸出时间/min</th></tr>
<tr><td>A-PbO_2-Ⅰ-1</td><td>2/3</td><td rowspan="3">2</td><td rowspan="3">2</td><td rowspan="3">1/7</td><td rowspan="6">20</td></tr>
<tr><td>A-PbO_2-Ⅰ-2</td><td>4/3</td></tr>
<tr><td>A-PbO_2-Ⅰ-3</td><td>2</td></tr>
<tr><td>A-PbO_2-Ⅰ-4</td><td>2/3</td><td rowspan="3">2.4</td><td rowspan="3">2</td><td rowspan="3">1/7</td></tr>
<tr><td>A-PbO_2-Ⅰ-5</td><td>4/3</td></tr>
<tr><td>A-PbO_2-Ⅰ-6</td><td>2</td></tr>
<tr><td>A-PbO_2-Ⅱ-1</td><td rowspan="4">2/3</td><td>2</td><td rowspan="4">2</td><td rowspan="4">1/7</td><td rowspan="4">20</td></tr>
<tr><td>A-PbO_2-Ⅱ-2</td><td>2.2</td></tr>
<tr><td>A-PbO_2-Ⅱ-3</td><td>3</td></tr>
<tr><td>A-PbO_2-Ⅱ-4</td><td>4</td></tr>
<tr><td>A-PbO_2-Ⅲ-1</td><td rowspan="4">2/3</td><td rowspan="4">2.4</td><td>1</td><td rowspan="4">1/7</td><td rowspan="4">20</td></tr>
<tr><td>A-PbO_2-Ⅲ-2</td><td>1.2</td></tr>
<tr><td>A-PbO_2-Ⅲ-3</td><td>1.5</td></tr>
<tr><td>A-PbO_2-Ⅲ-4</td><td>2.0</td></tr>
<tr><td>A-PbO_2-Ⅳ-1</td><td rowspan="6">2/3</td><td rowspan="6">2.4</td><td rowspan="6">1.5</td><td rowspan="6">1/7</td><td>2.5</td></tr>
<tr><td>A-PbO_2-Ⅳ-2</td><td>5</td></tr>
<tr><td>A-PbO_2-Ⅳ-3</td><td>10</td></tr>
<tr><td>A-PbO_2-Ⅳ-4</td><td>15</td></tr>
<tr><td>A-PbO_2-Ⅳ-5</td><td>30</td></tr>
<tr><td>A-PbO_2-Ⅳ-6</td><td>60</td></tr>
<tr><td>A-PbO_2-Ⅴ-1</td><td rowspan="2">2/3</td><td rowspan="2">2.4</td><td rowspan="2">1.5</td><td>1/10</td><td rowspan="2">20</td></tr>
<tr><td>A-PbO_2-Ⅴ-2</td><td>1/20</td></tr>
</table>

4.2.1　柠檬酸钠的投加量对溶液中铅残留率的影响

从化学反应方程式（4-3）可以看出，1mol的二氧化铅理论上能与2mol的乙酸反应，在反应中也得到了证实。当乙酸与铅的摩尔比β小于2时，无论投加多少的双氧水，反应结束后都还有黑色的未完全反应的二氧化铅。只有当β等于或者大于2时，二氧化铅能够完全反应。乙酸与铅的摩尔比β分别为2和2.4，双氧水与二氧化铅的摩尔比$\gamma=2$时，柠檬酸钠与铅的摩尔比α对二氧化铅浸出过程中铅的残留率的影响见图4-5，从图中可以看出，当β分别为2和2.4时，随着柠檬酸钠的投加量的增多，溶液中铅离子也呈增加的趋势。当$\beta=2$时，柠檬酸钠与铅的摩尔比α为2/3时，溶液中的铅为3.21%，α为2时，溶液中的铅为8.39%；当$\beta=2.4$，α为2/3时，溶液中的铅为2.44%，而α为2时，溶液中的铅为5.35%。当柠檬酸钠与铅的摩尔比相同，β为2.4时，溶液中的铅离子相对较低。

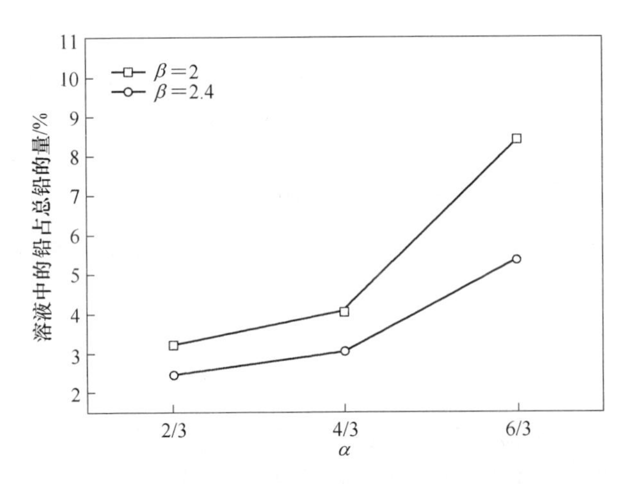

图4-5 不同α值对浸出溶液中铅残留率的影响

（浸出条件：$\gamma=2$，时间为20min，搅拌速度为500r/min，固液比为1/7，温度为25℃）

4.2.2 乙酸的投加量对溶液中铅残留率的影响

从化学反应方程式（4-3）可以看出，二氧化铅首先与乙酸反应，生成可溶性的醋酸铅，因此要保证二氧化铅能够完全反应，1mol PbO_2至少需要2mol乙酸。当柠檬酸钠与铅的摩尔比$\alpha=2/3$时，乙酸与铅的摩尔比β对溶液中铅残留率的影响见图4-6。从图中可以看出，当乙酸与铅的摩尔比为2时，溶液中的铅离子为3.65%，随着乙酸投加量的增加，溶液中的铅呈现先下降后上升的趋势。当$\beta=2.2$时，溶液中铅为2.88%；而$\beta=2.4$时，溶液中铅最低，为2.44%；而当$\beta=4.0$时，溶液中的铅上升到了5.23%。因此当柠檬酸钠与铅的摩尔比$\alpha=2/3$，乙酸与铅的摩尔比$\beta=2.4$时，溶液中铅残留率最低，为2.44%，此时铅的回收率为97.56%。

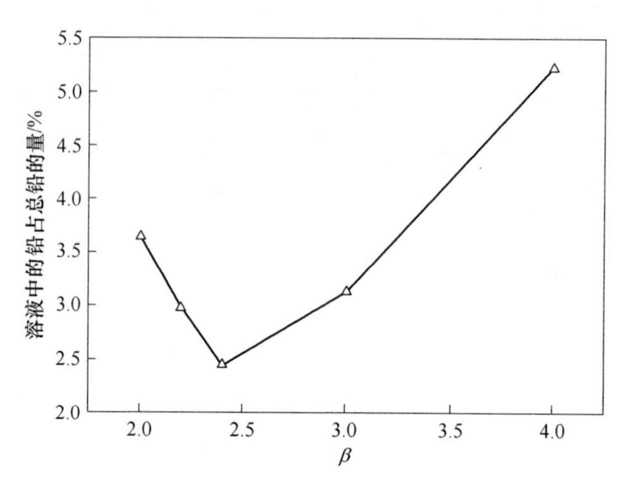

图 4-6　不同 β 值对二氧化铅浸出过程溶液中铅残留率的影响
（浸出条件：$\alpha=2/3$，时间为 20min，搅拌速度为 500r/min，固液比为 1/7，温度为 25℃）

4.2.3　H_2O_2的投加量对二氧化铅浸出的影响

浸出反应体系采用双氧水作为还原剂，在酸性条件下首先把 PbO_2还原。双氧水与二氧化铅摩尔比 γ 小于 1 时，溶液还有未反应完全的二氧化铅。实验现象表明，二氧化铅要完全反应需要的最小 γ 为 1.5。当柠檬酸钠与铅的摩尔比为 α 为 2/3，乙酸与铅的摩尔比 β 为 2.4，固液比为 1/7，反应时间为 20min，反应温度为 20℃时，研究了双氧水与二氧化铅摩尔比 γ 对 PbO_2的浸出过程中铅残留率的影响，实验结果见图 4-7。从图中可以看出，过量的双氧水对溶液中铅的残留率没有较大的影响。

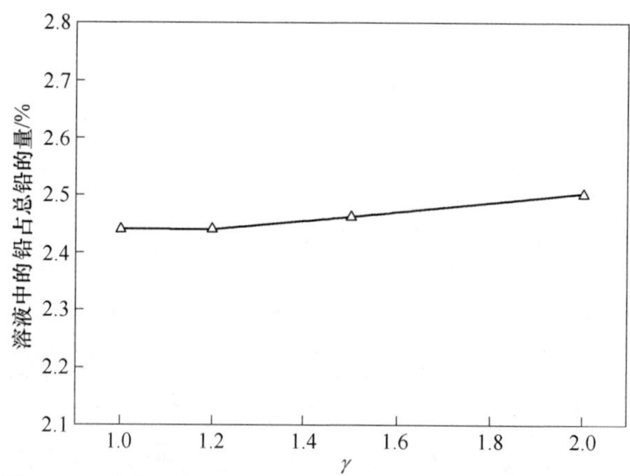

图 4-7　不同 γ 值对二氧化铅浸出溶液中铅残留率的影响
（浸出条件：$\alpha=2/3$，$\beta=2.4$，时间为 20min，搅拌速度为 500r/min，固液比为 1/7，温度为 25℃）

4.2.4 二氧化铅浸出过程中反应时间对溶液中铅残留率的影响

浸出过程中反应时间对溶液中的铅的残留率有较大的影响。当柠檬酸钠与铅的摩尔比 α 为 2/3，乙酸与铅的摩尔比 β 为 2.4，双氧水与二氧化铅的摩尔比 γ = 1.5 时，二氧化铅浸出过程中反应时间对溶液中铅残留率的影响见图 4-8。

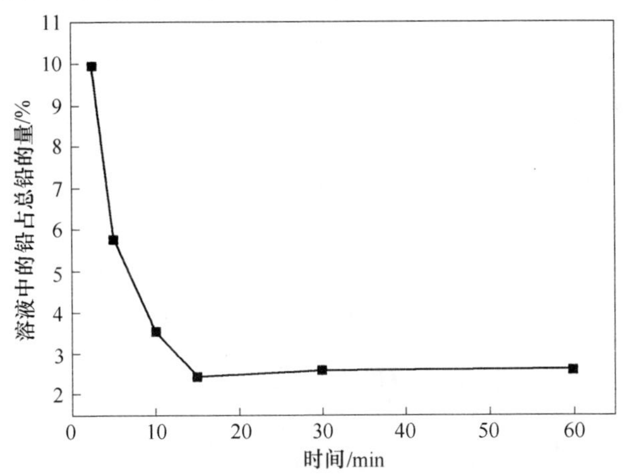

图 4-8 浸出时间对二氧化铅浸出溶液中铅残留率的影响
（浸出条件：α=2/3，β=2.4，γ=1.5，搅拌速度为 500r/min，固液比为 1/7，温度为 25℃）

从图中可以看出在反应的起始阶段，溶液中铅离子的含量最高，反应时间为 2min，溶液中铅离子为 10.0%左右，这是由于二氧化铅在柠檬酸钠-乙酸体系中的反应的初始阶段，在双氧水与乙酸共同作用下，反应生成了可溶性的铅离子，而铅离子与溶液中的柠檬酸根反应沉淀结晶出来。随着反应时间的延长，溶液中铅离子与柠檬酸根结合的越多，当反应时间为 15min 时，溶液中铅离子浓度最低，为 2.44%，与氧化铅浸出反应结果相似。当溶液中铅的残留率达到最低点后，随着反应时间的延长，溶液中铅的残留率变化不大。因此合适的反应时间为 15min。

4.2.5 二氧化铅浸出过程中固液比对溶液中铅残留率的影响

当柠檬酸钠与铅的摩尔比 α=2/3，乙酸与铅的摩尔比 β=2.4，双氧水与二氧化铅的摩尔比 γ=1.5 时，二氧化铅浸出过程中固液比对溶液中铅的残留率的影响见图 4-9。当采用不同固液比时，在反应的过程中二氧化铅都能完全反应，但是溶液中的铅离子却有较大的不同。从图中可以看出，随着固液比的降低，溶液中铅的残留率呈现增加的趋势。当固液比为 1/7 时，溶液中铅的残留率为 2.44%，而固液比为 1/20 时，溶液中铅的残留率达到 6.86%左右。因此当柠檬酸钠的投加量为 α=2/3，乙酸的投加量为 β=2.4 时，反应体系合适的固液比为 1/7。

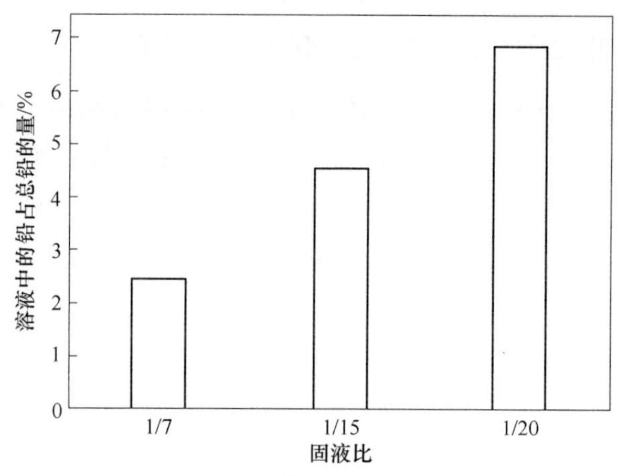

图 4-9　固液比对二氧化铅浸出溶液中铅残留率的影响
（浸出条件：$\alpha=2/3$，$\beta=2.4$，$\gamma=1.5$，搅拌速度为 500r/min，温度为 25℃）

4.3　硫酸铅在乙酸-柠檬酸钠体系中转化

前期的实验结果表明在硫酸铅浸出过程中，柠檬酸钠主要是起脱硫与结晶成柠檬酸铅的作用，柠檬酸起到调节 pH 值与促进柠檬酸铅结晶的作用。在乙酸-柠檬酸钠体系中，反应的方程式见式（4-5），而乙酸起到的也是调节 pH 值的作用。

$$3PbSO_4 + 2Na_3(C_6H_5O_7) \cdot 2H_2O \longrightarrow Pb_3(C_6H_5O_7)_2 \cdot 3H_2O + 3Na_2SO_4 + H_2O \tag{4-5}$$

反应结束后进行固液分离，用离子色谱仪分析滤液中硫酸根浓度，计算得到反应的 $PbSO_4$的量，从而计算出 $PbSO_4$浸出的脱硫率。测定滤液中铅离子的浓度，计算得到滤液中铅离子的量，从而计算溶液中铅的残留率与铅的回收率。硫酸铅在乙酸-柠檬酸钠体系中的浸出研究主要考察了乙酸与铅的摩尔比（β）、柠檬酸钠与铅的摩尔比（α）、反应时间以及固液比的影响。该研究共设计了 5 组实验，从 A-$PbSO_4$-Ⅰ-1 到 A-$PbSO_4$-Ⅴ-2，见表 4-3，其中 A 乙酸体系，$PbSO_4$代表

表 4-3　硫酸铅在乙酸-柠檬酸钠体系中浸出的实验方案

序号	乙酸与铅的摩尔比（β）	柠檬酸钠与铅的摩尔比（α）	固液比	温度/℃	浸出时间/min
A-$PbSO_4$-Ⅰ-1	1∶2	2∶1	1/5	25	120
A-$PbSO_4$-Ⅰ-2	1∶1				
A-$PbSO_4$-Ⅰ-3	2∶1				
A-$PbSO_4$-Ⅰ-4	3∶1				
A-$PbSO_4$-Ⅰ-5	4∶1				

续表 4-3

序号	乙酸与铅的摩尔比（β）	柠檬酸钠与铅的摩尔比（α）	固液比	温度/℃	浸出时间/min
A-$PbSO_4$-Ⅱ-1		2∶3			
A-$PbSO_4$-Ⅱ-2		4∶3			
A-$PbSO_4$-Ⅱ-3	3∶1	6∶3	1/5	25	120
A-$PbSO_4$-Ⅱ-4		8∶3			
A-$PbSO_4$-Ⅱ-5		9∶3			
A-$PbSO_4$-Ⅲ-1					30
A-$PbSO_4$-Ⅲ-2					60
A-$PbSO_4$-Ⅲ-3	3∶1	6∶3	1/5	25	120
A-$PbSO_4$-Ⅲ-4					180
A-$PbSO_4$-Ⅲ-5					240
A-$PbSO_4$-Ⅳ-1			1/3		
A-$PbSO_4$-Ⅳ-2	3∶1	6∶3	1/10	25	120
A-$PbSO_4$-Ⅳ-3			1/20		
A-$PbSO_4$-Ⅴ-1	3∶1	6∶3	1/5	35	120
A-$PbSO_4$-Ⅴ-2				45	

硫酸铅起始物，Ⅰ代表第一组实验，数字代表实验号。此部分每次实验进行一次，溶液中的铅含量测定 2 次，取平均值。

4.3.1　乙酸投加量对硫酸铅浸出过程中溶液中铅残留率的影响

在没有乙酸的体系中，柠檬酸钠浓度在足够大的情况下，硫酸铅可以大量溶解。乙酸与铅的摩尔比对浸出溶液中铅的残留率影响较大。当柠檬酸钠与 $PbSO_4$ 摩尔比 α 为 2，反应体系固液比为 1/5，反应时间为 120min 时，硫酸铅浸出过程中乙酸与铅的摩尔比对溶液中铅的残留率影响见图 4-10。从图中可以看出，随着乙酸与铅摩尔比 β 增加，溶液中铅的残留率逐渐降低。当柠檬酸钠与铅的摩尔比 $\alpha=2$，乙酸与铅的摩尔比 $\beta=3$ 时，溶液中铅的残留率最低，为 3.85%。

4.3.2　柠檬酸钠与 $PbSO_4$ 的摩尔比对 $PbSO_4$ 脱硫率与溶液中铅残留率的影响

在浸出温度为 25℃，反应时间为 4h，固液比为 1/5 的条件下，乙酸与铅的摩尔比 β 为 3 时，考察了柠檬酸钠与 $PbSO_4$ 摩尔比 α 对 $PbSO_4$ 浸出转化效果的影响，结果见图 4-11。从图中可以看出，$PbSO_4$ 的脱硫率随着柠檬酸钠与铅摩尔比

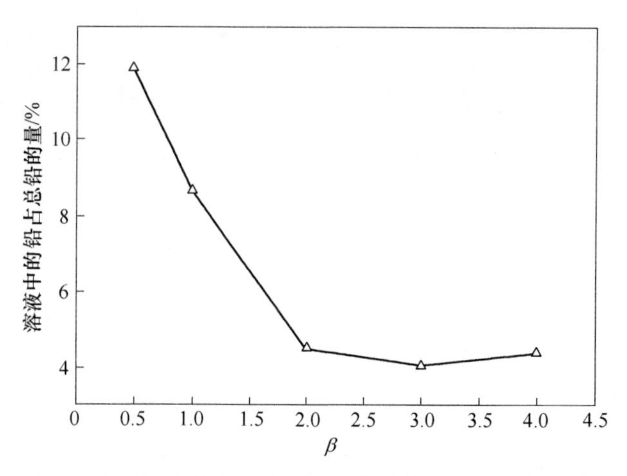

图 4-10　乙酸量对硫酸铅浸出溶液中铅残留率的影响

（浸出条件：α=2，时间为 2h，温度为 25℃，固液比为 1/5，搅拌速度为 500r/min）

α 的增大而提高，当柠檬酸钠与 $PbSO_4$ 的摩尔比 α 为 2 时，脱硫率已经达到 99.1%。但是继续增大柠檬酸钠的投加量，$PbSO_4$ 的脱硫率变化不明显。浸出滤液中铅的残留率随着柠檬酸钠的投加量的增加而增加，柠檬酸钠投加量 α 为 2 时，溶液中铅的残留率约为 3.80%。因此，在浸出温度为 25℃，反应时间为 2h，反应体系的固液比为 1/5 的条件下，柠檬酸钠与 $PbSO_4$ 的摩尔比为 6∶3 即 2∶1 比较合适。

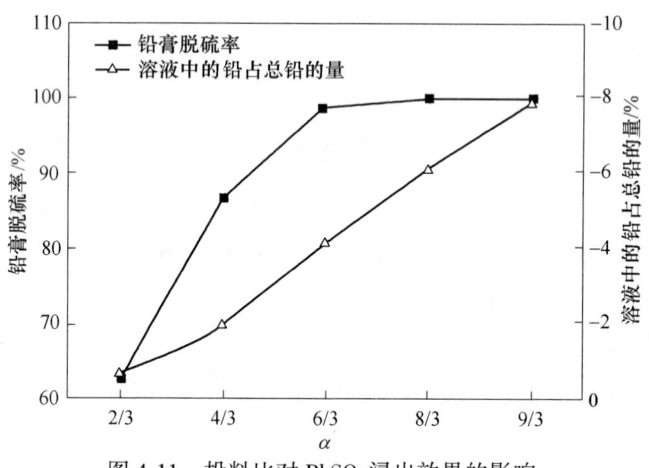

图 4-11　投料比对 $PbSO_4$ 浸出效果的影响

（浸出条件：β=3，时间为 2h，温度为 25℃，固液比为 1/5，搅拌速度为 500r/min）

4.3.3　反应时间对 $PbSO_4$ 脱硫率与溶液中铅残留率的影响

当浸出温度为 25℃，柠檬酸钠与硫酸铅的摩尔比 α 为 2，乙酸与铅的摩尔比

β 为 3 时，在固液比为 1/5 的条件下，研究了不同反应时间对 $PbSO_4$ 浸出效果的影响，实验结果如图 4-12 所示。随着浸出反应时间的增长，$PbSO_4$ 的脱硫率逐渐提高。在反应时间为 2h 时，脱硫率达到 98.91%。浸出反应时间继续增长，脱硫率变化不大。反应 60min 后滤液中铅的残留率随反应时间的增长变化不大，反应 2h 时，滤液中铅的残留率为 3.90%。因此，在浸出温度为 25℃，柠檬酸钠与 $PbSO_4$ 的摩尔比 α 为 2，反应体系固液比为 1/5 时，反应时间选择 2h 为宜。

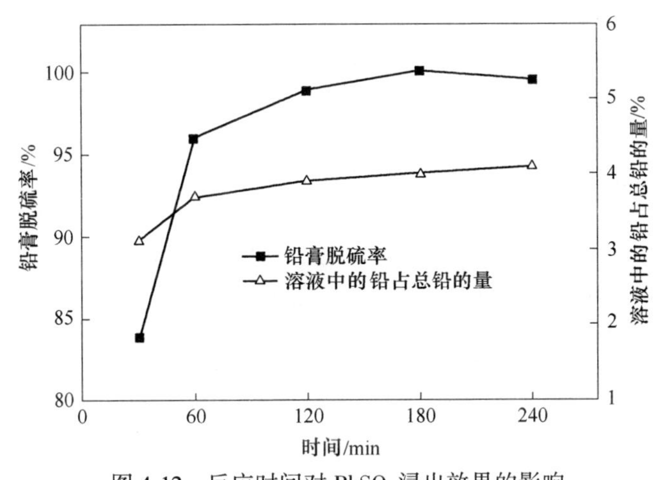

图 4-12 反应时间对 $PbSO_4$ 浸出效果的影响

（浸出条件：$\alpha=2$，$\beta=3$，温度为 25℃，固液比为 1/5，搅拌速度为 500r/min）

4.3.4 固液比对 $PbSO_4$ 脱硫率与溶液中铅残留率的影响

在浸出温度为 25℃，柠檬酸钠与硫酸铅摩尔比 α 为 2，乙酸与铅的摩尔比 β 为 3，反应时间为 2h 的条件下，反应体系固液比对 $PbSO_4$ 浸出效果的影响见图 4-13。从图中可以看出，固液比对浸出效果的影响不是特别明显。随着固液比减小，硫酸铅的脱硫率呈下降的趋势，而溶液中的铅残留率呈上升的趋势。当固液比为 1/3 时，$PbSO_4$ 的脱硫率为 99.90%；当固液比为 1/5 时，$PbSO_4$ 的脱硫率减小到 99.60%。滤液中铅的残留率变化也不大，固液比为 1/3 时，滤液中含铅 3.70%；固液比为 1/5 时，滤液中含铅 3.90%。因此，在浸出温度为 25℃，α 为 2，浸出反应时间为 2h 的条件下，固液比确定为 1/5 较合适。

4.3.5 反应温度对 $PbSO_4$ 脱硫率与溶液中铅残留率的影响

在柠檬酸钠与铅的摩尔比 α 为 2，乙酸与铅的摩尔比 β 为 3，反应时间为 2h，固液比为 1/5 时，浸出温度对 $PbSO_4$ 浸出效果的影响如图 4-14 所示。温度对浸出效果的影响不是特别明显。随着温度的升高，硫酸铅的脱硫率基本上达到 100%，而溶液中的铅的残留率呈上升的趋势。

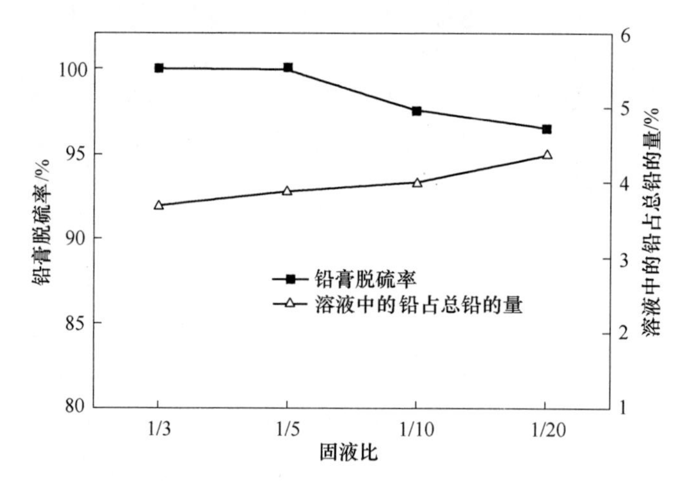

图 4-13　固液比对 $PbSO_4$ 浸出效果的影响

（浸出条件：时间为 2h，$\alpha=2$，$\beta=3$，温度为 25℃，搅拌速度为 500r/min）

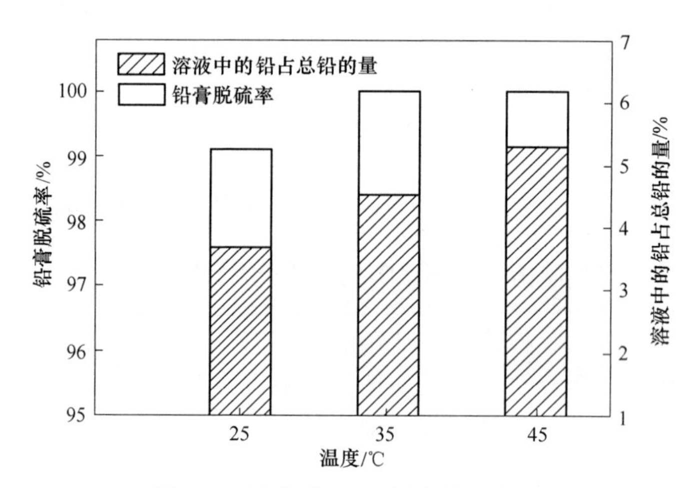

图 4-14　温度对 $PbSO_4$ 浸出效果的影响

（浸出条件：时间为 2h，$\alpha=2$，$\beta=3$，固液比为 = 1/5，搅拌速度为 500r/min）

4.4　柠檬酸铅的表征

4.4.1　柠檬酸铅的 XRD 图

分别对从氧化铅（A-PbO-Ⅰ-4）、二氧化铅（A-PbO_2-Ⅰ-4）、硫酸铅（A-$PbSO_4$-Ⅲ-3）得到的柠檬酸铅进行 XRD 分析，结果见图 4-15。从图中可以看出，氧化铅、二氧化铅与硫酸铅在乙酸-柠檬酸钠体系中生成的柠檬酸铅（图 4-15 中 1、2、3），与氧化铅、硫酸铅在柠檬酸-柠檬酸钠体系中（pH = 5 ~ 6）浸出生成的柠檬酸铅

$Pb_3(C_6H_5O_7)_2 \cdot 3H_2O$ 的图谱一致，因此推测此前驱体是 $Pb_3(C_6H_5O_7)_2 \cdot 3H_2O$。

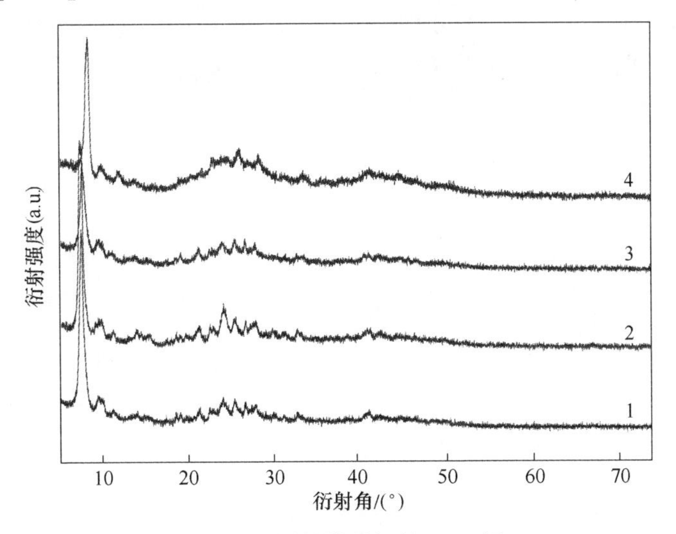

图 4-15　不同柠檬酸铅的 XRD 图

1—A-PbO-Ⅰ-4；2—A-PbO_2-Ⅰ-4；3—A-$PbSO_4$-Ⅲ-3；
4—氧化铅在 pH 值为 5~6 的柠檬酸-柠檬酸钠中得到柠檬酸铅

以 A-PbO-Ⅰ-4 实验为例，实验过程中铅的分布见表 4-4，产物的量为 15.34g，而溶液中铅离子的量为460.6mg/L，假定生成的柠檬酸铅是 $Pb_3(C_6H_5O_7)_2 \cdot 3H_2O$，其中的含铅量为 9.04g，加上滤液中的铅后，总量为 9.27g，这与体系原来的总铅量 9.28g 基本一致。以上分析证明了柠檬酸铅分子式推断正确。

表 4-4　PbO 在乙酸-柠檬酸钠体系中浸出过程的质量平衡

序号	前驱体中的铅/g	滤液中的铅/g	浸出前总铅/g	浸出后总铅/g
A-PbO-Ⅰ-4	15.34×58.97%＝9.04	0.4606×0.5＝0.2303	9.27	9.28

4.4.2　柠檬酸铅的 TG 分析

为了解柠檬酸铅的热分解特性，分别对从氧化铅（A-PbO-Ⅰ-4）、二氧化铅（A-PbO_2-Ⅰ-4）、硫酸铅（A- $PbSO_4$-Ⅲ-3）得到的柠檬酸铅进行热重-差热分析，见图 4-16。从 TG 实验结果可以知道，在 360℃左右基本完成了反应。热分解过程明显可以分成两个大的阶段：第一个阶段为失去结晶水阶段，第二个阶段为柠檬酸根的分解阶段。三种不同的柠檬酸铅稳定后的失重量分别是 38.9%、38.6%、38.5%，这与生成的物质为 $Pb_3(C_6H_5O_7)_2 \cdot 3H_2O$ 对应。以 A-PbO_2-Ⅰ-4 实验为例，50~90℃为第一阶段，失重 5.6%，与 $Pb_3(C_6H_5O_7)_2 \cdot 3H_2O$ 失去 3

个结晶水的理论失重5.1%基本相符；最终的失重量为38.6%。最终残余61.4%，介于$Pb_3(C_6H_5O_7)_2 \cdot 3H_2O$分解全部生成PbO(63.5%)与全部生成金属铅(58.97%)之间，也基本说明分子式的推断是正确的。

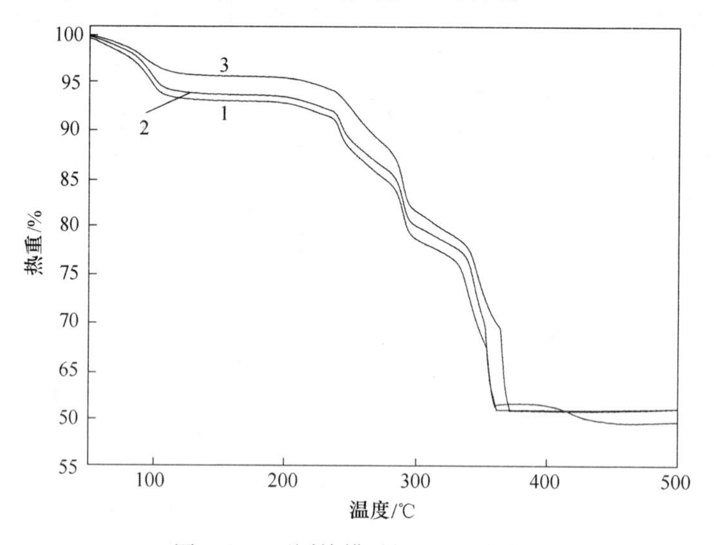

图4-16 不同柠檬酸铅的TG曲线

1—A-PbO-Ⅰ-4；2—A-PbO_2-Ⅰ-4；3—A-$PbSO_4$-Ⅲ-3

4.5 实际铅膏在乙酸-柠檬酸钠体系中的浸出回收

4.5.1 铅膏与浸出药剂的投加量

根据氧化铅、二氧化铅、硫酸铅在乙酸-柠檬酸钠体系中的反应，10.0g实际铅膏在乙酸-柠檬酸钠体系中不同组分与柠檬酸钠、乙酸、双氧水反应的物质质量，完全反应需要柠檬酸钠的理论质量为7.17g，需要乙酸的理论质量是2.90g，见表4-5。

表4-5 浸出10.0g铅膏计算的浸出剂投加量

组分		$PbSO_4$	PbO_2	PbO	Pb	合计
10.0g铅膏	质量分数/%	56.8	32.4	4.1	5.4	9.70g
	物质的量/mol	0.0187	0.0136	0.0017	0.0026	
	质量/g	5.68	3.24	0.41	0.54	
$Na_3(C_6H_5O_7) \cdot 2H_2O$	柠檬酸钠与铅的摩尔比	0.67	0.67	0.67	0.67	7.17g
	物质的量/mol	0.0125	0.0090	0.0012	0.0017	
	质量/g	3.67	2.65	0.35	0.50	

续表 4-5

组　　分		$PbSO_4$	PbO_2	PbO	Pb	合计
CH_3COOH	乙酸与铅的摩尔比	1	2	2	2	2.90g
	物质的量/mol	0.0125	0.0272	0.0034	0.0052	
	质量/g	0.75	1.63	0.20	0.31	

注：在硫酸铅浸出过程中，乙酸的作用是调节 pH 值，与柠檬酸钠摩尔比为 1∶1。

铅膏在乙酸-柠檬酸钠中的浸出研究主要考察了柠檬酸钠与乙酸投加量、反应时间及固液比的影响。该研究共设计了 5 组实验，从 A-P-Ⅰ-1 到 A-P-Ⅴ-2，见表 4-6，其中 A 代表乙酸体系，P 代表铅膏起始物，Ⅰ代表第一组实验，数字代表实验号。此部分每次实验进行 2 次，溶液中的铅含量测定 2 次，取平均值。此外采用公斤级实验装置进行了实验，反应条件为见表 4-6 中 A-P-Ⅵ-1 的实验。

表 4-6　铅膏在乙酸-柠檬酸钠体系中浸出的实验方案

序号	乙酸与总铅摩尔比	柠檬酸钠与总铅摩尔比	双氧水与二氧化铅摩尔比	固液比	温度/℃	浸出时间/min
A-P-Ⅰ-1	4∶3	2∶3	2	1/5	25	240
A-P-Ⅰ-2	2∶1	1∶1				
A-P-Ⅰ-3	8∶3	4∶3				
A-P-Ⅰ-4	4∶1	2∶1				
A-P-Ⅱ-1	8∶3	4∶3	2	1/5	25	30
A-P-Ⅱ-2						60
A-P-Ⅱ-3						90
A-P-Ⅱ-4						120
A-P-Ⅱ-5						150
A-P-Ⅲ-1	4∶3	4∶3	2	1/5	25	120
A-P-Ⅲ-2	4∶1	4∶3				
A-P-Ⅳ-1	8∶3	4∶3	2	1/10	25	120
A-P-Ⅳ-2				1/20		
A-P-Ⅴ-1	8∶3	4∶3	2	1/5	45	120
A-P-Ⅴ-2					65	
A-P-Ⅵ-1	8∶3	4∶3	2	1/10	25	180

4.5.2 浸出剂的投加量对铅膏脱硫率及溶液中铅残留率的影响

本实验中每次铅膏的投加量 10.0g，固液比为 1/5，反应温度为 25℃，研究了浸出剂的投加量对铅膏脱硫率以及对溶液中铅残留率的影响。在研究投加量对浸出效果影响的实验中，把浸出 10.0g 铅膏计算出来浸出剂的理论投加量记为 α，研究了投加量分别为 α、1.5α、2α、3α 时对铅膏脱硫率与回收率的影响。具体的投加量见表 4-6 的 A-P-Ⅰ-1 到 A-P-Ⅰ-4 实验。

不同浸出剂的投加量对铅膏的脱硫率影响见图 4-17，从图可以看出，对于不同投加量浸出实验，随着浸出剂的投加量增加，铅膏脱硫率逐渐提高。当浸出剂的投加量为 α 时，即使浸出反应时间达到 5h，铅膏的脱硫率只能达到 45.62%；但是当浸出剂的投加量为 2α，反应为 4h 时，脱硫率就能达到 99.81%。

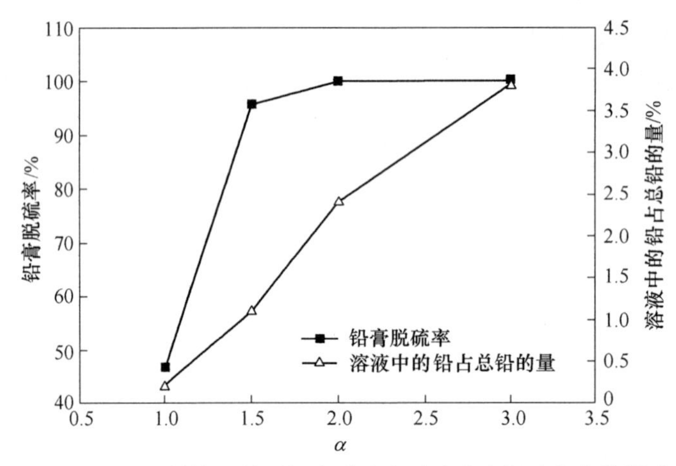

图 4-17 浸出剂的用量对铅膏脱硫率及溶液中铅残留率的影响

（浸出条件：搅拌速度为 650r/min，固液比为 1/5，时间为 4h，温度为 25℃）

铅膏在浸出的过程中铅的去向主要有三个方面：一是铅膏中氧化铅、二氧化铅、硫酸铅以及金属铅转化成柠檬酸铅；二是少量的这部分物质没有完全反应；三是这部分物质转移到了溶液中，但是前两部分物质在过滤分离后都存在于固相中。在铅膏反应完全的情况下，浸出过程中的铅转化为存在溶液中铅离子与生成的前驱体柠檬酸铅，因此尽量减少溶液中的铅离子可以提高铅膏的回收率。不同的浸出剂投加量下，溶液中铅的残留率见图 4-17，从图中可以看出，随着浸出剂的投加量增加，溶液中残留的铅残留率几乎成直线上升趋势。当浸出剂的投加量为 1.5α 时，溶液中残留的铅为 0.75%；但是当浸出剂的投加量为 2α 时，溶液中残留的铅为 2.40%，浸出剂的投加量为 2α 是合适的。

4.5.3 反应时间对铅膏脱硫率与溶液中铅的残留率的影响

当铅膏在乙酸-柠檬酸钠体系中的反应条件为浸出剂的投加量为 2α，固液比是 1/5，反应温度为 25℃时，反应时间对铅膏脱硫率与溶液中铅残留率的影响见图 4-18。从图中可以看出，随着浸出反应时间的延长，铅膏的脱硫率逐渐提高。

在反应时间为2h时，脱硫率达到99.80%。浸出反应时间继续延长，脱硫率变化不大。反应90min后，滤液中的铅的残留率随反应时间的增长变化不大。浸出反应时间对溶液中铅的影响较大，但是在整个浸出过程中有起伏，总体上说溶液中的铅是先上升，后下降，又小幅上升到稳定。在水中，铅膏是不溶解的，但是在乙酸-柠檬酸钠的水溶液中，部分开始溶解。当浸出反应时间达到0.5h时，溶液中铅为3.81%左右；随着反应时间的延长，溶液中铅的残留率逐渐下降，当反应达到1.5h时，溶液中铅达到2.40%左右；当反应达到2h时，溶液中铅的残留率为2.45%左右。因此综合考虑脱硫效果，反应时间选择2h为宜。

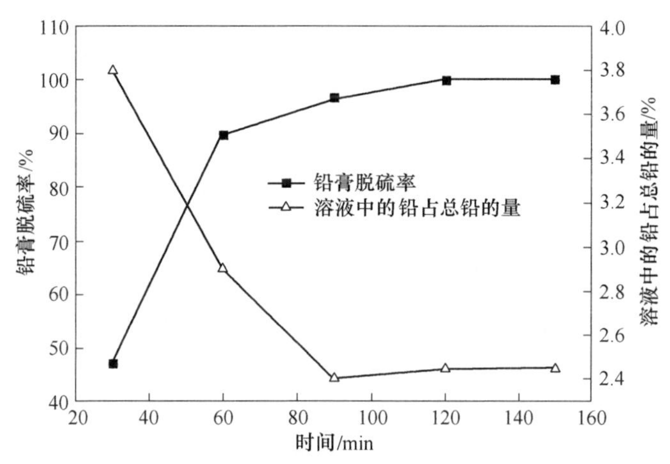

图4-18 反应时间对铅膏脱硫率及溶液中铅残留率的影响

（浸出条件：浸出剂投加量为2α，搅拌速度为650r/min，固液比为1/5，温度为25℃）

4.5.4 乙酸的投加量对铅膏脱硫率与溶液中铅残留率的影响

在乙酸-柠檬酸钠体系中，乙酸在反应当中起着重要的作用，在氧化铅与二氧化铅的反应中它主要起溶解的作用，而在与硫酸铅的反应中它起到缓冲溶液作用。当柠檬酸钠与铅的摩尔比为4∶3时，改变乙酸的投加量对铅膏脱硫率与溶液中铅残留率的影响见图4-19，从图中可以看出，随着乙酸投加量的增加，溶液中铅残留率呈现先下降的趋势。当乙酸与铅的摩尔比为4∶3时，铅膏的脱硫率为99.8%，溶液中铅为4.76%；当乙酸与铅的摩尔比为8∶3时，铅膏的脱硫率为99.90%，溶液中铅残留率为2.40%；而乙酸与铅的摩尔比为4∶1时，溶液中的铅2.61%。因此檬酸钠与铅的摩尔比为4∶3时，乙酸与铅的合适摩尔比为8∶3，此时溶液中铅残留率为2.40%，铅的回收率达到97.60%。

4.5.5 固液比对铅膏脱硫率与溶液中铅残留率的影响

在浸出剂的投加量为2α，搅拌速度为650r/min，反应时间为2h，反应温度

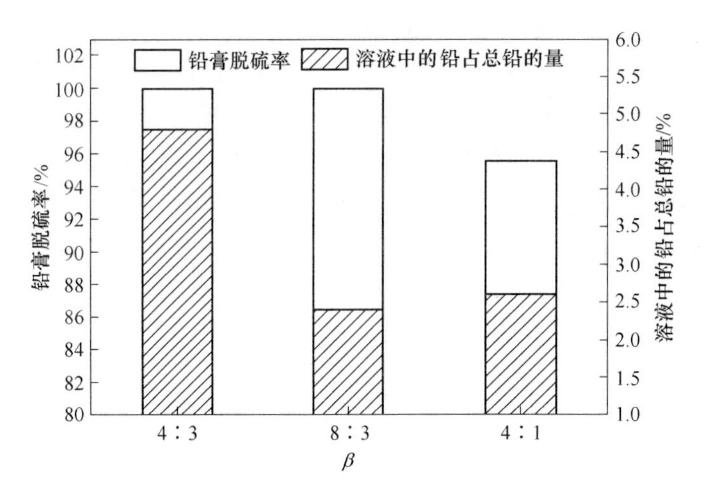

图 4-19　乙酸量对铅膏脱硫率及溶液中铅残留率的影响

（浸出条件：投加量为 2α，搅拌速度为 650r/min，时间为 2h，固液比为 1/5，温度为 25℃）

为 25℃的浸出条件下，研究固液比对铅膏浸出脱硫率的影响，结果见图 4-20。从图中可以看出，在此反应体系其他确定的情况下，固液比对浸出脱硫率的影响不大。当固液比为 1/20 时，铅膏的浸出脱硫率为 99. 11%；当固液比为 1/5 时，铅膏的浸出脱硫率为 99. 80%。

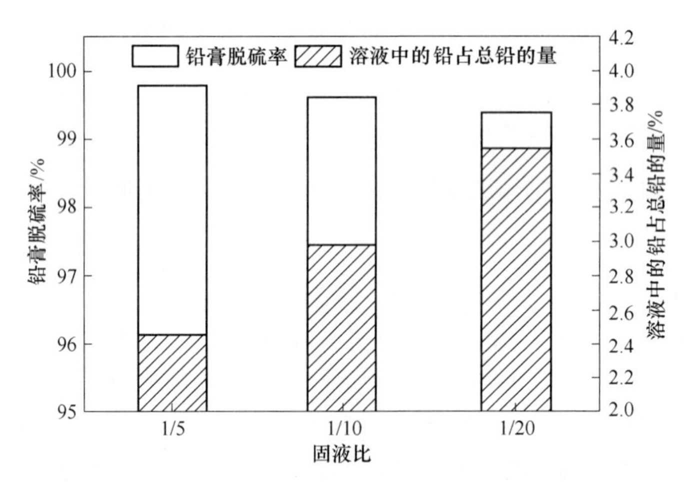

图 4-20　固液比对铅膏脱硫率与溶液中铅残留率的影响

（浸出条件：投加量为 2α，搅拌速度为 650r/min，时间为 2h，温度为 25℃）

铅膏在浸出转化过程中固液比对滤液中铅的含量也有一定的影响，从图中可以看出，固液比对浸出过程中残留在溶液中的铅有较大的影响，当浸出体系的固液比是 1/20 时，残留在溶液中铅的量为 3. 4%；当固液比是 1/5 时，溶液中铅的残留率在 2. 4%左右。

4.5.6 反应温度对铅膏浸出的影响

4.5.6.1 反应温度对铅膏脱硫率与溶液中铅的残留率的影响

采用浸出剂的投加量为 2α，固液比是 1/5，搅拌速度为 650r/min，反应时间为 2h 的实验条件，分别研究了温度在 25℃、45℃、65℃的温度下对铅膏脱硫率的影响，实验结果如图 4-21 所示。从图中可以看出，随着反应温度的升高，溶液中铅的含量也有较大增加的趋势。当反应温度为 25℃时，溶液中铅的残留率为 2.30%；当反应温度为 45℃时，溶液中铅的残留率为 3.50%；当反应温度为 65℃时，溶液中铅的残留率为 5.20%。

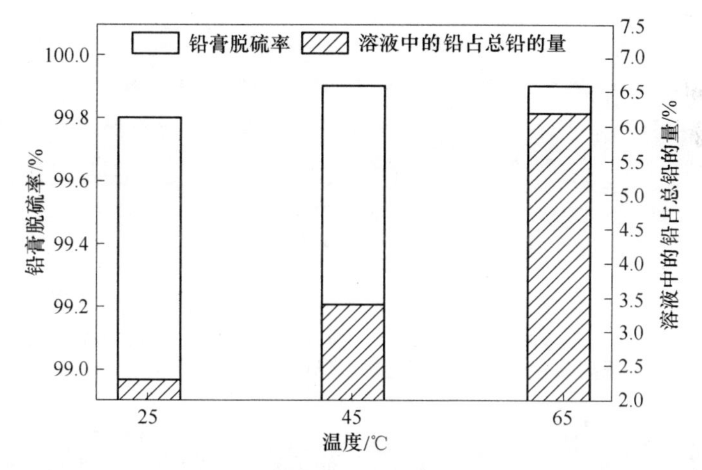

图 4-21 温度对铅膏脱硫率及溶液中铅残留率的影响

（浸出条件：投加量为 2α，搅拌速度为 650r/min，时间为 2h，固液比为 1/5）

4.5.6.2 反应温度对柠檬酸铅特性的影响

反应温度对浸出体系溶液中铅的残留率有较大影响，同时对结晶出来的柠檬酸铅也有影响。常温下实际铅膏在乙酸-柠檬酸钠体系中生成的柠檬酸铅与氧化铅、二氧化铅、硫酸铅在乙酸-柠檬酸钠体系中浸出生成的柠檬酸铅 $Pb_3(C_6H_5O_7)_2 \cdot H_2O$ 的图谱一致，但是随着反应温度的升高，柠檬酸铅 XRD 图谱会发生一些变化，原来不是很清晰的峰逐渐变得清晰，这说明柠檬酸铅的晶体逐渐变得完整，后面的柠檬酸铅 SEM 形貌分析也能证明这一点。

反应温度对产物的柠檬酸铅形貌影响见图 4-22。从图中可以看出，不同的反应温度对柠檬酸铅产物的形貌有较大的影响。图中三种不同的柠檬酸铅分别是在 25℃、45℃、65℃浸出转化后，立即过滤得到的。从图中可以发现，在 25℃体系

图 4-22　不同温度下制备的柠檬酸铅的 SEM 图

(a) 25℃；(b) 45℃；(c) 65℃

中反应生成的柠檬酸铅粒径最小，在 5μm 以下。这与实际过程中，过滤困难、用时长同时杂质很难洗涤的现象是一致的。而在 45℃体系中反应生成的柠檬酸铅粒径最大，颗粒多数是团聚状态，呈花瓣状态。反应结束后，体系很容易分层，过滤过程相对还是较快一些。而在 65℃反应中，柠檬酸铅颗粒长大不明显，比 45℃体系中得到的柠檬酸铅粒径小，主要呈针状结构，同时有部分片状物质存在。

4.6　重结晶对柠檬酸铅颗粒的影响

研究重结晶对柠檬酸铅颗粒的影响时，柠檬酸钠投加量为 1.4kg，铅膏 1.0kg，乙酸 500g，反应时间为 3h，见反应条件 A-P-Ⅵ-1。反应后的混合液呈乳白色，难以沉降。颗粒细小的柠檬酸铅难以过滤的现象更加明显，因此有必要进行适当处理，调节固液分离的性能。

当反应过程中颗粒较小，难以分离时，反应中的晶粒长大是促进结晶分离的很好方法。结晶是固体物质以晶体状态从蒸气、溶液或熔融物中析出的过程，作为一种重要的传质分离单元操作，广泛应用于化学工业中。结晶是同类分子或离子进行规则排列的分子组装过程，具有高度的选择性，能从含杂质较多的混合液中分离出高纯度的晶体产品。晶粒长大的过程是分子水平的过程，溶质从溶液中结晶出来，要经历两个步骤：首先要产生微观的晶粒作为结晶的核心，这些核心称为晶核，然后晶核长大，成为宏观的晶体。无论是要使晶核能够产生或是要使晶核能够长大，都必须有一个推动力，这个推动力是一种浓度差，称为溶液的过饱和度。产生晶核的过程称为成核（或晶核形成），晶核长大的过程称为晶体生长。由于过饱和度的大小直接影响着晶核形成过程和晶体生长过程的快慢，而这两个过程的快慢又影响着结晶产品中晶体的粒度及粒度分布，因此过饱和度是考虑结晶问题时一个极其重要的因素。当其他条件一定时，形核速率和晶体生长速率受目标产物过饱和度影响。此外结晶过程的重要特性是产品纯度高，晶体是化学性质均一的固体。当结晶时，溶液中溶质或杂质因溶解度有所不同而得以分离，或虽两者的溶解度相差不大，但晶格不同，彼此“格格不入”，也就互相分离了。所以原始溶液虽含杂质，结晶出来的固体则非常纯洁，这也说明，结晶过程是生产纯净固体的最有效方法之一。

4.6.1　温度对柠檬酸铅重结晶的促进作用

千克级实验得到的柠檬酸铅放置很长时间后发现也很难分离，反应后的混合液放置 2 天后过滤，滤速很慢，且很难洗涤干净，最终得到的柠檬酸铅为颗粒团聚成的硬块状。因此有必要对反应后的混合液进行处理，促进沉淀后柠檬酸铅颗粒的长大，使固液容易分离，为今后的工业化提供依据。初步实验结果表明，温度是影响结晶的重要因素，据此分别进行了室温、45℃、55℃、65℃四个温度的结晶实验。从实验现象可以发现，晶体长成后柠檬酸铅呈明显的塌陷状态、颜色成灰黑色，而晶粒没有长大或者长大不多的体系，则呈明显的压缩沉淀状态，固体物质的颜色呈白色。从时间上来看，在室温 20℃条件下，1 周也很难长成大的颗粒晶体，在 45℃长成大的晶体颗粒需要 20h，而在 55℃条件下晶体颗粒长成的时间只有 6h，继续再升高温度对晶体的生长影响不大。

图 4-23 是千克级实验后混合液在 55℃温度下，不同时间的外观变化图。图 4-23（a）是混合液在 55℃烘箱中保存 3h 的外观图，从图中可以看出，混合液没有发生任何变化。柠檬酸铅的沉降性能很差，3h 的沉降距离只有不到 2cm。图 4-23（b）是反应混合液在 55℃烘箱中保存 6h 的外观图，从图中可以看出，柠檬酸铅沉淀加快，出现很明显分层现象，上层为浸出剂溶液，而下层为柠檬酸铅，但是柠檬酸铅为灰色。图 4-23（c）是反应混合液在 55℃烘箱中保存 9h 的外观图，此时柠檬酸铅结晶已经完成，搅拌后发现整个烧杯内呈现黑色，见图 4-23（d），这主要是由于铅膏中的炭黑在柠檬酸铅结晶长大的过程析出，而大颗粒的柠檬酸铅很快地沉到烧杯的底部。倒掉黑色的物质，继续洗涤能够得到结晶较好的柠檬酸铅。

(a) (b) (c) (d)

图 4-23 反应后柠檬酸铅溶液在 55℃环境中随时间的变化图

（a）3h；（b）6h；（c）9h；（d）9h 搅拌后

直接过滤的柠檬酸铅与经过55℃后处理的柠檬酸铅的外观不同，没有经过后处理的柠檬酸铅为块状结构，手感很硬，必须通过研磨才能粉碎；而经过后处理的柠檬酸铅为松散的粉状物，分散性较好，没有任何结块的现象。在晶体长大的过程中，温度起到至关重要的作用，温度升高有利于晶粒的长大。按照扩散学说，晶体生长过程是由三个步骤组成的：(1) 待结晶的溶质借扩散穿过靠近晶体表面的一个静止液层，从溶液中转移到晶体的表面。(2) 到达晶体表面的溶质沿晶面生长，使晶体增大，同时放出结晶热。(3) 放出来的结晶热借传导回到溶液中。当表面反应速率很快时，结晶过程由扩散速率控制。同理，扩散速率很高时，结晶过程由表面反应速率控制。受较多操作参数的影响，同一物料的结晶过程可以由扩散控制，也可以由表面反应控制。实验结果表明温度的影响较大，升高温度能促进表面化学反应速度的提高，增加结晶速度。温度对结晶的影响相对比较复杂，因为许多的状态函数都与温度有关，改变温度将会影响系统中各个不同的物理量，而这些物理量对结晶影响不同。首先操作的温度与饱和度有关系；其次当温度升高时，分子、离子等粒子在体系中运动速率加快，更容易克服溶剂与溶质分子需要的活化能，在界面上碰撞频率也随之加快；最后温度还会引起流体密度、黏度、扩散系数等物理性质的改变。这些都可能是温度能够加快结晶的原因。

4.6.2　结晶前后柠檬酸铅的变化

4.6.2.1　XRD 分析

分别对直接过滤与55℃后处理得到的前驱体柠檬酸铅进行了表征，研究其重结晶前后的变化。对于直接过滤与55℃后处理得到前驱体柠檬酸铅以及外购的柠檬酸铅做XRD，实验结果见图4-24。从图中可以看出，三种柠檬酸铅的XRD各不相同，但是后处理得到的柠檬酸铅的XRD与外购$Pb_3(C_6H_5O_7)_2 \cdot 3H_2O$的基本一致；而直接过滤的柠檬酸铅与它们差别较大，与之前硫酸铅在柠檬酸-柠檬酸钠体系中得到的柠檬酸铅是完全一致。

4.6.2.2　FT-IR 分析

对直接过滤与55℃后处理得到的前驱体柠檬酸铅以及外购的柠檬酸铅做FT-IR，结果如图4-25所示。三种柠檬酸铅的FT-IR图基本一致。图中1500cm^{-1}及1360cm^{-1}处的强吸收峰可归属为羧基的不对称及对称伸缩振动吸收，1280cm^{-1}处和1140cm^{-1}处的弱峰分别归属为α羟基的剪式振动和伸缩振动吸收。在1690~1730cm^{-1}范围内，没有吸收峰出现，说明柠檬酸铅中的羧基完全去质子化。而全部去质子化的柠檬酸根$C_6H_5O_7^{3-}$化合价为-3，Pb^{2+}的化合价为+2，这进一步证明了柠檬酸铅的分子式为$Pb_3(C_6H_5O_7)_2 \cdot 3H_2O$。

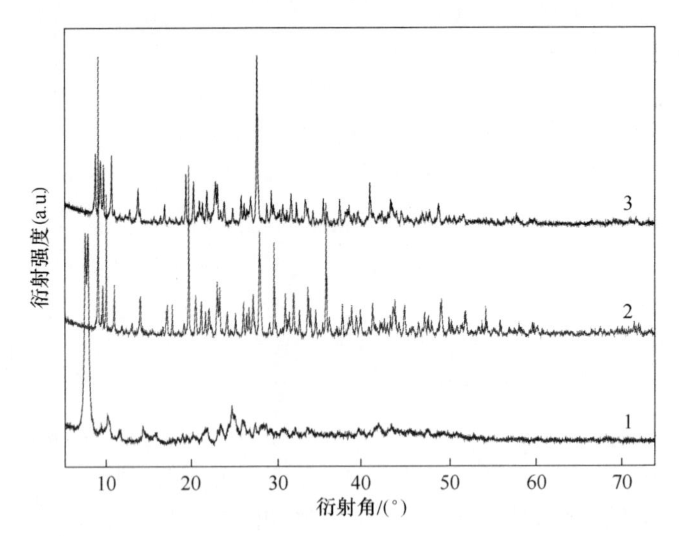

图 4-24　不同处理方式得到的柠檬酸铅的 XRD 图
1—直接过滤；2—重结晶（55℃，6h）；3—外购的柠檬酸铅（阿法埃莎公司）

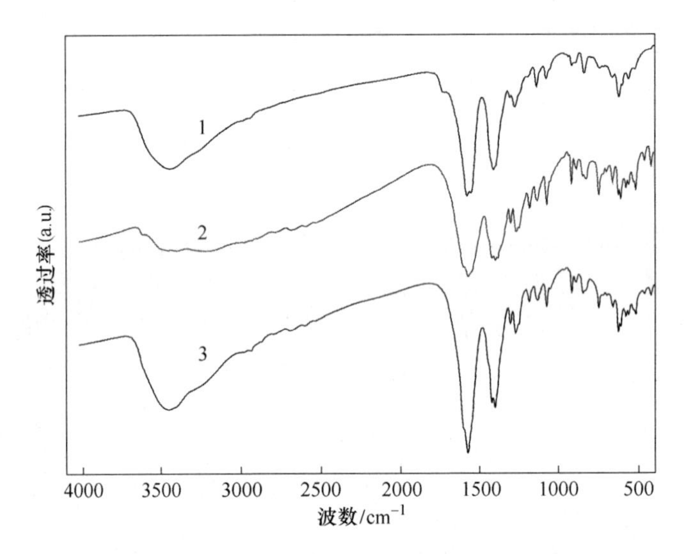

图 4-25　不同处理方式得到的柠檬酸铅的 FT-IR 图
1—直接过滤；2—重结晶（55℃，6h）；3—外购的柠檬酸铅（阿法埃莎公司）

4.6.2.3　SEM 形貌变化

不同的后处理方式对产物的柠檬酸铅形貌影响见图 4-26。从图中可以看出，不同的后处理方式对柠檬酸铅产物的形貌有较大的影响。从图中可以发现，在 25℃反应体系中直接过滤得到的柠檬酸铅粒径最小，在 5μm 以下，呈薄鳞片状

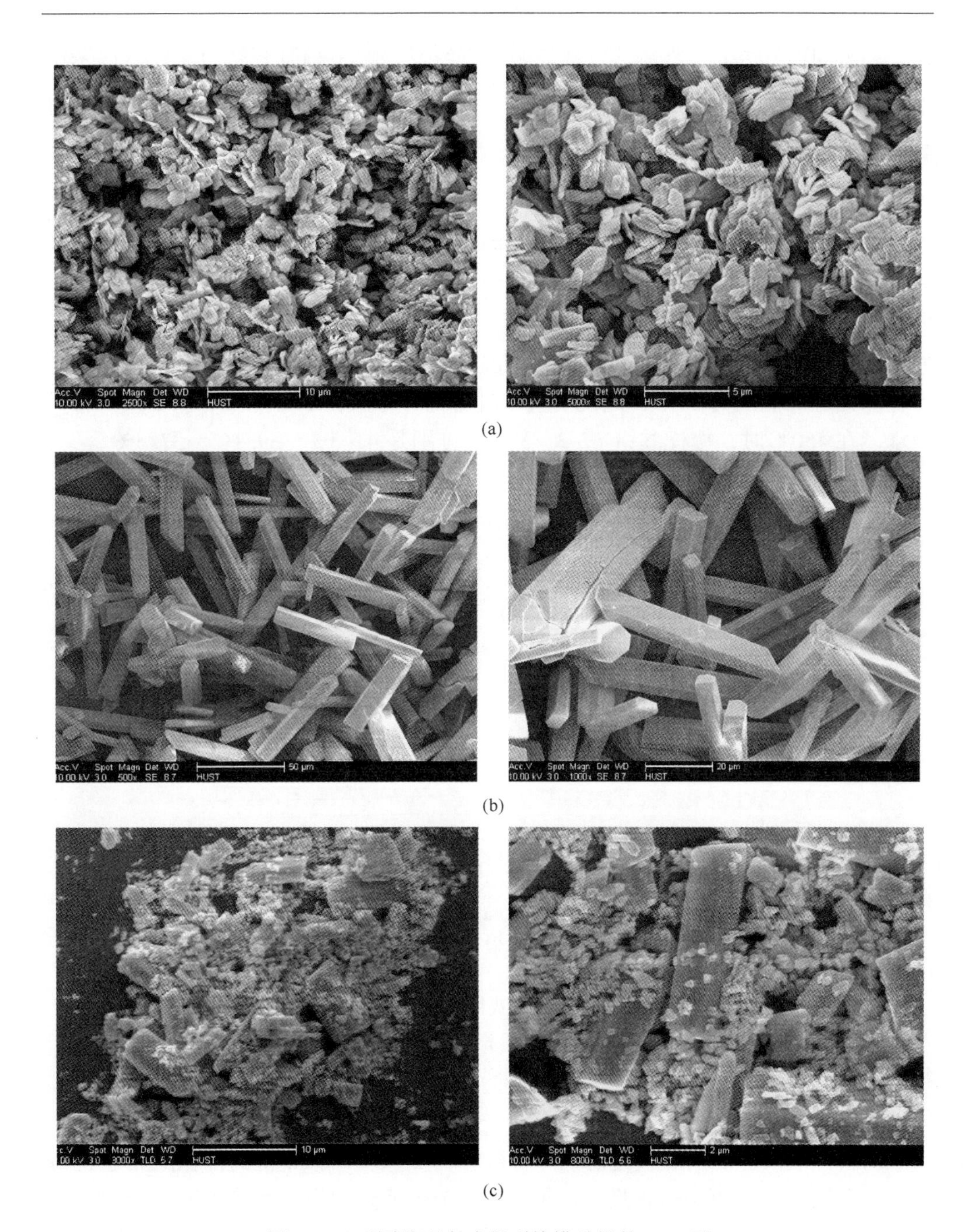

图 4-26　不同处理方式得到柠檬酸铅的 SEM 图

（a）直接过滤；（b）重结晶（55℃，6h）；（c）外购的柠檬酸铅（阿法埃莎公司）

结构。这与实际过程中过滤困难、用时长且杂质很难洗涤的现象是一致的。而反应混合液经过 55℃、12h 后处理生成的柠檬酸铅粒径最大，呈规则的条柱状结构，约为50~100μm。外购的柠檬酸铅形貌较复杂，呈细颗粒状与条柱状混杂的形貌。

4.6.2.4 TG曲线的变化

对不同方式得到柠檬酸铅进行TG分析，升温范围为室温至800℃，升温速率为10℃/min，结果如图4-27所示。在柠檬酸铅失水阶段，直接过滤的柠檬酸铅1在50~100℃失水阶段的失重为7.30%，而后处理得到的柠檬酸铅2与外购的柠檬酸铅3在50~100℃失水阶段的失重约为5.0%，与$Pb_3(C_6H_5O_7)_2 \cdot 3H_2O$的理论失水量相吻合。柠檬酸铅1在室温到50℃阶段的失水为2.3%，而我们进行样品处理的温度为55℃，这说明直接过滤的柠檬酸铅1可能没有烘干或者容易吸水。在450℃时，柠檬酸铅1、2、3失重分别是41.3%、39.1%、37.5%。

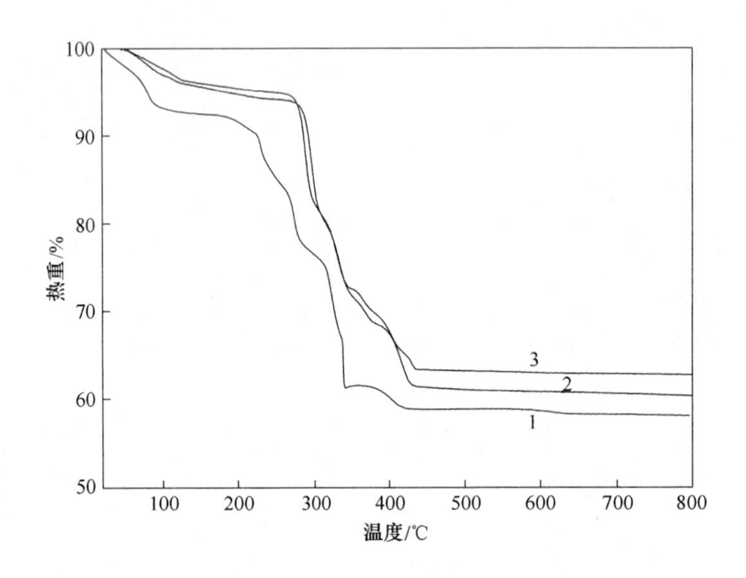

图4-27 不同处理方式得到柠檬酸铅的TG图

1—直接过滤；2—重结晶（55℃，6h）；3—外购的柠檬酸铅（阿法埃莎公司）

4.6.2.5 结晶处理对杂质影响

对公斤级实验之后直接过滤的柠檬酸铅与55℃结晶6h得到柠檬酸铅进行溶解后，采用ICP分析杂质含量，结果如表4-7所示。初步的实验表明铅膏中含量最多的杂质元素为铁与锑，而铜、砷、镉都相对较少。从表中可以看出，直接过滤得到的柠檬酸铅与结晶后柠檬酸铅中的杂质有较大的差别，结晶后杂质的含量有明显的减少，因此结晶不但可以提高过滤的性能，同时非常有助于杂质的去除。

表 4-7 铅膏与柠檬酸铅中杂质元素含量（质量分数） （10^{-6}）

杂质	总量	直接过滤得到的柠檬酸铅	结晶后的柠檬酸铅
Fe	250	153	65.0
Sb	1800	218	8.0
Cu	19.8	10.2	7.1
As	122.5	23.6	3.2
Cd	4.8	2.3	1.6

4.7 本章小结

（1）PbO 可以在乙酸-柠檬酸钠体系中脱硫转化生成柠檬酸铅，合适工艺条件是：柠檬酸钠与铅的摩尔比为 2∶3，乙酸与铅的摩尔比为 2.4∶1，反应时间为 10min，固液比为 1/7，此时 PbO 的回收率可达到 97.5%。

（2）PbO_2可以在乙酸-柠檬酸钠体系中脱硫转化生成柠檬酸铅。实验得到的合适工艺条件是：柠檬酸钠与铅的摩尔比为 2∶3，乙酸与铅的摩尔比为 2.4∶1，双氧水与二氧化铅的摩尔比为 1.5∶1，反应时间为 15min，固液比为 1/7，此时 PbO_2的回收率达到可达到 97.5%。

（3）$PbSO_4$可以在乙酸-柠檬酸钠体系中脱硫转化生成柠檬酸铅。实验得到的合适工艺条件是：柠檬酸钠与铅的摩尔比为 2∶1，乙酸与硫酸铅的摩尔比为 3∶1，反应时间为 2h，固液比为 1/5，反应温度为 25℃，此时 $PbSO_4$的脱硫率可达到 99%以上，溶液中的铅残留率为 3.8%左右。

（4）PbO、PbO_2和 $PbSO_4$在乙酸-柠檬酸钠体系中脱硫转化生成柠檬酸铅的分子式都为 $Pb_3(C_6H_5O_7)_2 \cdot 3H_2O$。前驱体柠檬酸铅在 350℃左右的低温下基本完全分解，得到超细 PbO/Pb 粉末。

（5）铅膏在乙酸-柠檬酸钠体系中浸出的实验表明，浸出剂的投加量对浸出的影响较大，随着浸出剂投加量的增加，$PbSO_4$的脱硫率提高。随着浸出反应时间的增长，铅膏的脱硫率逐渐提高。进行烧杯实验时，合适的浸出条件为柠檬酸钠与铅的摩尔比为 4∶3，乙酸与铅的摩尔比为 8∶3，固液比为 1/5，反应时间为 2h，此时溶液中铅占总铅的 1.73%，铅的回收率为 98.3%。

（6）温度可以促进铅膏浸出脱硫，随着反应温度的升高，溶液中铅的含量也有较大增加的趋势。当反应温度为 25℃时，溶液中铅的残留率为 2.3%；当反应温度为 45℃时，溶液中铅的残留率为 3.5%；当反应温度为 55℃时，溶液中的铅为 4.2%。不同的反应温度对柠檬酸铅产物的形貌有较大的影响。在 25℃反应体系中生成的柠檬酸铅粒径最小，粒径在5μm以下。这与实际过程中过滤困难、用时长且杂质很难洗涤的现象是一致的。而在45℃反应体系中生成的柠檬酸铅粒径最大，颗粒多数是团聚状态，呈花瓣状态。反应结束后，固液很容易分层，过滤过程相对较快一些。而在55℃反应体系中，柠檬酸铅颗粒长大不明显，比45℃反应体系中柠檬酸铅粒径较小，主要呈针状结构，同时有部分片状物质存在。

（7）千克级实验得到的柠檬酸铅放置很长时间也很难分离，滤速很慢，很难洗涤干净。因此，有必要对反应后的混合液进行处理，促进柠檬酸铅颗粒长大，促进固液分离，为今后的工业化提供依据。实验结果表明，温度是影响结晶的重要因素。晶粒长成后柠檬酸铅溶液出现明显塌陷、溶液颜色呈灰黑色，而晶粒没有长大或者长大不多的体系，则呈明显的压缩沉淀的状态，固体物质的颜色呈白色。在室温至55℃区间，温度越高对重结晶越有利，自然条件下（20℃）1周也很难长成大的颗粒晶体，在45℃长成大的晶体颗粒需要20h，在55℃条件下晶体颗粒长成的时间只需6h。温度超过65℃对晶体的生长影响不大。从最后的杂质含量来看，结晶有助于消除杂质，对今后工业化应用有重要的意义。

5 柠檬酸体系浸出废铅膏过程中滤液的循环回用研究

5.1 湿法浸出过程中滤液的循环回用及晶体生长调控

5.1.1 滤液循环回用

有机酸在浸出废铅膏过程中，浸出剂投加量往往会超过理论值，如果实现浸出过程中未消耗的有机酸循环利用，可减小浸出剂在湿法浸出工艺过程中的消耗量，也大大减少了含铅废水的处理量。最理想的状态是实现浸出液的封闭循环。

在浸出过程中废铅膏主要组分硫酸铅向柠檬酸铅转化，硫酸根则转化为硫酸钠，硫酸钠的积累会逐渐降低铅回收率。随着浸出体系中硫酸钠质量浓度的升高，浸出所得铅的质量分数降低，当硫酸钠的质量浓度为200g/L时，铅的浸出质量分数仅为43%，分析表明高质量浓度硫酸钠对铅的提取存在明显劣势。硫酸钠的质量浓度对保持滤液循环过程中较高的铅提取率尤为重要。

5.1.2 晶体生长机制与调控

废铅膏湿法浸出过程中可形成铅与有机酸基团的复合物，如柠檬酸铅、草酸铅等。一般来说，在浸出过程中初期形成的有机酸铅复合物尺寸较小，晶型不完整，不适宜直接进行固液分离或下一步操作。若配合适当的晶体生长机制，促进有机酸铅晶体的进一步生长，可有效促进样品的处理和分离。同时，通过促进晶体的生长过程，可预期获得直接用于晶体结构分析的较大尺寸的单晶结构。晶体的生长过程主要是通过改变生长条件控制内部缺陷的形成，逐步改善晶体的质量和性能。晶体的缺陷可基本分为点缺陷、线缺陷、面缺陷和体缺陷等，此类区域均属于晶体的微小区域。影响晶体生长的主要因素有温度、晶种、pH值、杂质等。

国内外部分学者对不同条件改善晶体生长的过程进行了分析和研究。水浴控温是最常用的结晶方式，戴江洪等研究通过水浴结晶制备氯化亚铜微晶，并且进行正交实验证明在水浴过程中对于产物收率影响最大的因素为反应时间和反应温度。居鸣丽等通过结晶法去除异丙醇铝中的痕量铁杂质，并通过对比水浴结晶、超声结晶和室温结晶对除杂效果的影响，得出水浴结晶有利于获得粒度大而均匀的晶体的结论，从而利于进一步提高纯度。

对于部分结晶缓慢的物质，可以通过添加晶种，以促进晶体的成核生长，缩短结晶时间。赵瑞祥等通过对比实验证实添加晶种会影响氟硅酸钠晶体的颗粒大小和结晶习性，添加晶种时样品平均粒径为 120μm，而未加晶种其粒径仅为 95μm。张玲等通过实验证明随着加入晶种量的增加，反应产物 CoS_2 中的杂质含量呈现先减后增的规律，即晶种量对于产物组成有很大的影响。部分学者提出将超声波用于结晶过程中，这种结晶方式有很多优点。赵茜等对一系列有机物进行超声结晶实验，证明了超声波与成核溶剂协同作用可以有效地促进有机物晶体的快速成核。郭志超等指出超声波可以加快晶体的生长速率，防止聚结，改变晶体结构，从而提高产品性能。因此可以考虑通过控制超声时间、超声功率来控制获得的晶体的粒径大小，从而获得较好的过滤性能及除杂效果。

部分学者提出可以通过调节反应体系的 pH 值来控制结晶过程。张虽栓等考察了 pH 值对辣椒碱类化合物结晶的影响，指出随着 pH 值的增加，获得的晶体产量呈现先增后减的趋势，并且通过正交实验证实 pH 值对体系的影响大于反应温度。张丽清等在用工业废料制备 $FeSO_4 \cdot 7H_2O$ 时，发现随着反应体系 pH 值的增加，产物的结晶率呈现先增加后维持不变的趋势。通过分析研究发现，可以采用水浴处理、添加晶种、超声处理、调节 pH 值的方法处理废铅膏湿法浸出制备的柠檬酸铅晶体，以获得粒径较大、易于过滤、晶体形貌更加完整的柠檬酸铅前驱体。在有机酸浸出废铅膏过程中，有机酸铅前驱体可过滤分离得到，而滤液中含有部分未反应的柠檬酸（或柠檬酸钠）、还原剂双氧水以及部分溶解态的铅。实现滤液的循环再利用，可有效提高有机酸等试剂的利用率，也可以大大减少含铅滤液的排放量。本部分以废铅膏为研究对象，采用浸出效率较高的乙酸-柠檬酸钠浸出工艺，对滤液循环过程中的试剂补充量进行理论计算，并分析柠檬酸钠/铅摩尔比和柠檬酸钠/乙酸摩尔比对滤液循环回用效果的影响。

5.2 实验方案

废铅膏在柠檬酸体系浸出反应后，初次浸出生成的柠檬酸铅经洗涤、干燥，滤液回用并添加柠檬酸钠和乙酸等主要浸出剂，重新投入废铅膏进行第一次循环。第一次循环完成后对生成的柠檬酸铅进行过滤、洗涤和干燥，滤液继续回用并添加柠檬酸钠和乙酸等主要浸出剂，重新投入废铅膏进行第二次循环。以此类推，滤液多次循环回用。滤液循环回用过程中，以柠檬酸铅前驱体中硫质量分数作为评价滤液循环回用过程中铅膏脱硫优劣的主要指标，同时对柠檬酸铅晶体和初滤液（取 1mL）、洗涤液（取 10mL）中杂质浓度进行分析，研究滤液循环过程中主要杂质的分布情况。

在滤液循环回用过程中，以柠檬酸钠/铅摩尔比、柠檬酸钠/乙酸摩尔比为主要因素，考察滤液回用的效果。对照组中柠檬酸钠与铅摩尔比为 4/3，柠檬酸钠与乙酸摩尔比为 1；回用Ⅰ组中减少废铅膏投加量，调控柠檬酸钠与铅摩尔比为 5/3；回用Ⅱ组中不改变废铅膏投加量，通过增加柠檬酸钠投加量和降低乙酸投加量调控柠檬酸钠与乙酸摩尔比为 5/3。

循环回用过程浸出剂添加量=理论消耗量×（1+损失系数），根据实验经验，损失系数取 0.2。反应条件及结果分别见表 5-1、表 5-2 和表 5-3。

表 5-1　对照组物料投加量及反应结果

次数	铅膏/g	柠檬酸/g	乙酸/g	H_2O_2/g	H_2O/g	pH 值	S/%	固体产物/g	滤液质量/体积/g · mL^{-1}	洗涤滤液质量/体积/g · mL^{-1}
0	10	14.3	6.2	6	100	4.9	0.3	13.1	102.5/91.5	133.2/126.5
1	10	8.6	3.7	6	0	4.8	0.7	13.1	110.1/97.4	136.5/120.6
2	10	8.6	3.7	6	0	4.4	0.8	12.8	109.7/96.2	140.5/127.5
3	10	8.6	3.7	6	0	4.2	1.2	12.6	114.9/101.7	133.7/120.2
4	10	8.6	3.7	6	0	4.8	1.5	13.0	124.4/109.1	146.8/132.1
5	10	8.6	3.7	6	0	5.0	1.7	13.0	126.7/110.2	152.6/138.9
6	10	8.6	3.7	6	0	5.0	2.4	13.1	133.9/117.5	167.5/158.8
7	10	8.6	3.7	6	0	5.0	2.5	12.7	133.4/116	134.2/118.5
8	10	8.6	3.7	6	0	5.0	2.7	13.0	153.7/132.5	160.1/143.9
9	10	8.6	3.7	6	0	5.1	2.6	12.9	153.4/134.6	157.5/141.6
10	10	8.6	3.7	6	0	5.0	3.6	12.9	152.1/132.3	182.9/162.0

表 5-2　回用 I 组物料投加量及反应结果

次数	铅膏/g	柠檬酸/g	乙酸/g	H_2O_2/g	H_2O/g	pH 值	S/%	固体产物/g	滤液质量/体积/g · mL^{-1}	洗涤滤液质量/体积/g · mL^{-1}
0	8	14.3	6.2	6	100	4.9	0.0	9.9	102.5/90.6	133.2/136.7
1	8	8.6	3.7	6	0	4.9	0.7	9.7	110.1/98.5	136.5/127.0
2	8	8.6	3.7	6	0	4.8	0.7	9.4	109.7/102.3	140.5/115.9
3	8	8.6	3.7	6	0	4.8	1.2	9.4	114.9/97.5	133.7/128.5
4	8	8.6	3.7	6	0	4.8	1.2	9.3	124.4/99.8	146.8/135.3
5	8	8.6	3.7	6	0	4.8	1.8	9.1	126.7/98.8	152.6/127.2
6	8	8.6	3.7	6	0	4.9	2.0	9.3	133.9/105.9	167.5/117.6
7	8	8.6	3.7	6	0	5.0	2.5	9.3	133.4/115.5	134.2/128.2
8	8	8.6	3.7	6	0	5.1	2.6	9.3	153.7/110.9	160.1/145.3
9	8	8.6	3.7	6	0	5.2	2.6	9.3	153.4/116.7	157.5/132.5
10	8	8.6	3.7	6	0	5.1	3.6	9.4	152.1/118.1	182.9/139.7

表 5-3　回用Ⅱ组物料投加量及反应结果

次数	铅膏/g	柠檬酸/g	乙酸/g	H_2O_2/g	H_2O/g	pH 值	S/%	固体产物/g	滤液质量/体积/g · mL^{-1}	洗涤滤液质量/体积/g · mL^{-1}
0	10	17.9	4.7	6	100	5.2	0.01	13.1	112.5/101.4	135.6/122.6
1	10	10.7	2.8	6	0	5.2	0.00	13.0	117.2/104.6	132.5/127.4
2	10	10.7	2.8	6	0	5.3	0.03	12.8	116.8/105.2	140.8/128
3	10	10.7	2.8	6	0	5.4	0.11	12.6	126.4/111.9	156.1/143.2
4	10	10.7	2.8	6	0	5.2	0.05	12.0	118.9/104.3	184.4/172.3
5	10	10.7	2.8	6	0	5.3	0.53	13.1	126.4/111.9	175.2/159.3
6	10	10.7	2.8	6	0	5.4	0.41	13.4	117.5/103.1	177.8/163.1
7	10	10.7	2.8	6	0	5.5	0.53	13.3	124.5/108.9	164.2/145.3
8	10	10.7	2.8	6	0	5.5	0.55	12.8	136.8/119	155.1/144.9
9	10	10.7	2.8	6	0	5.5	0.66	12.7	137.4/119.5	187.4/180.2
10	10	10.7	2.8	6	0	5.5	0.64	12.8	142.5/122.8	174.3/160

5.3　浸出实验研究结果

5.3.1　柠檬酸钠/铅摩尔比影响研究

对照组和回用Ⅰ组滤液循环回用过程中废铅膏脱硫率结果如图 5-1 所示。由图可知，柠檬酸钠与铅摩尔比对滤液循环回用脱硫率影响不大，在柠檬酸钠与铅摩尔比为 5/3 时废铅膏脱硫率稍大于柠檬酸钠与铅摩尔比为 4/3 时。在不同条件下，废铅膏脱硫率均大幅度下降，在第 5 次滤液循环回用时，废铅膏脱硫率已低于 70.0%（质量分数），在第 10 次滤液循环回用时，废铅膏脱硫率已低于 40.0%（质量分数）。在较大的柠檬酸钠/铅摩尔比条件下，废铅膏中含铅组分与浸出剂的接触稍充分，可促进含铅组分向柠檬酸铅转化。但从两者共同变化的趋势分析，柠檬酸钠与铅摩尔比提高不能真正有效提高滤液循环回用过程中废铅膏脱硫率。

5.3.2　柠檬酸钠/乙酸摩尔比影响研究

之前的研究分析表明，柠檬酸钠/铅摩尔比的变化对废铅膏脱硫的影响不大，在此基础上，研究分析浸出过程中主要浸出剂柠檬酸钠与乙酸摩尔比对滤液循环回用过程中废铅膏脱硫率的影响。

废铅膏脱硫率结果如图 5-2 所示。由图 5-2 可知，滤液循环回用过程中柠檬

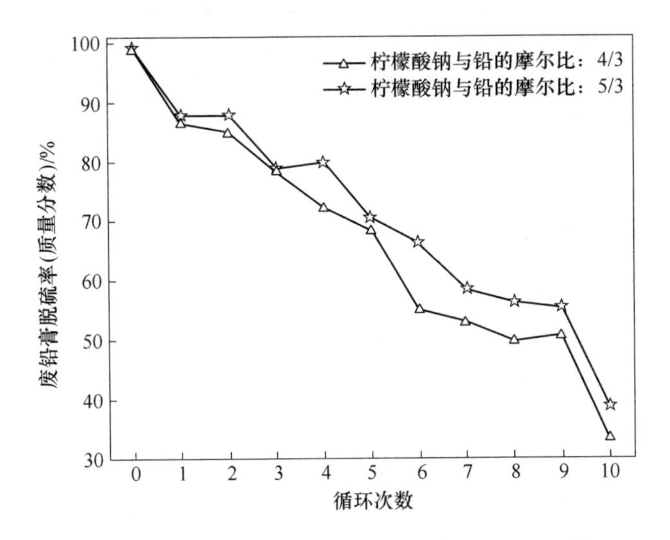

图 5-1 柠檬酸钠与铅摩尔比对滤液循环回用过程中废铅膏脱硫率的影响
（图中横坐标代表循环次数，数字 0 指第一次浸出，数字 1~10 指循环次数的序号，下同）

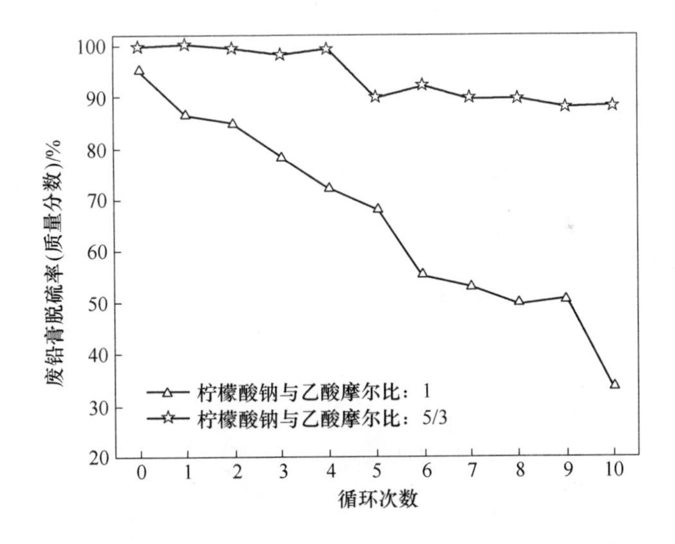

图 5-2 柠檬酸钠/乙酸摩尔比对循环过程中废铅膏脱硫率的影响

酸钠/乙酸摩尔比参数对废铅膏脱硫率变化影响较大。在柠檬酸钠/乙酸摩尔比为 5/3 的条件下，废铅膏的脱硫率下降幅度很小，在前 4 次循环中，脱硫率保持在 99%（质量分数）以上，随循环次数进一步增加，脱硫率降低幅度较小，维持在 90%（质量分数）以上，表明循环过程中脱硫效果较好。在柠檬酸钠/乙酸摩尔比为 1 的循环回用条件下，废铅膏的脱硫率呈现大幅度的下降，在第 4 次循环时，脱硫率已下降至 70%（质量分数）。分析表明柠檬酸钠/乙酸摩尔比对废铅膏在浸出过程中的转化影响较大，这主要是由于柠檬酸钠在较大投加量时会促进硫酸铅向柠檬酸铅的转化，在较高的柠檬酸钠/乙酸摩尔比条件时，浸出环境 pH 值较高，会促进柠檬铅的溶解，逐渐暴露未参加反应的硫酸铅，从而促进脱硫反应的进一步进行。

5.3.3 硫酸根在滤液循环过程中的分布

硫酸根在滤渣和初滤液、洗涤液中的含量分布可进一步衡量废铅膏的脱硫效果，反映废铅膏在滤液中的浸出效果，且硫酸根的累积会进一步降低铅膏脱硫率。本部分主要研究滤液循环回用过程中脱硫效果最好的 Reuse-Ⅱ组中 SO_4^{2-} 分布情况。

滤液循环回用过程中，SO_4^{2-} 在滤渣、滤液和洗涤液中所占比例如图 5-3 所示。由图 5-3 可知，在滤液循环回用过程中，SO_4^{2-} 主要留存在初滤液中，且随着滤液不断的循环回用，SO_4^{2-} 在初滤液中富集量逐渐增大。浸出反应过程中，SO_4^{2-} 会由废铅膏的硫酸铅固相转移至溶液相中，初次过滤完成，大部分 SO_4^{2-} 进入初滤液中，柠檬酸铅固体的洗涤液中 SO_4^{2-} 含量很小。而随着循环次数的增加，投加的废铅膏中 SO_4^{2-} 不断进入液相，SO_4^{2-} 在初滤液中的含量逐渐增加，在第 10 次循环时，初滤液中 SO_4^{2-} 占物料中总 SO_4^{2-} 的 85.8%（质量分数）。

随硫酸铅电离难度的增加，需加大柠檬酸钠投加量，提高液相体系中的柠檬酸根离子含量，保证 Pb^{2+} 与柠檬酸根的充分结合。较高柠檬酸钠投加量可增加体系 pH 值，促进生成柠檬酸铅的溶解，进一步减少其对反应物硫酸铅的包裹作用。

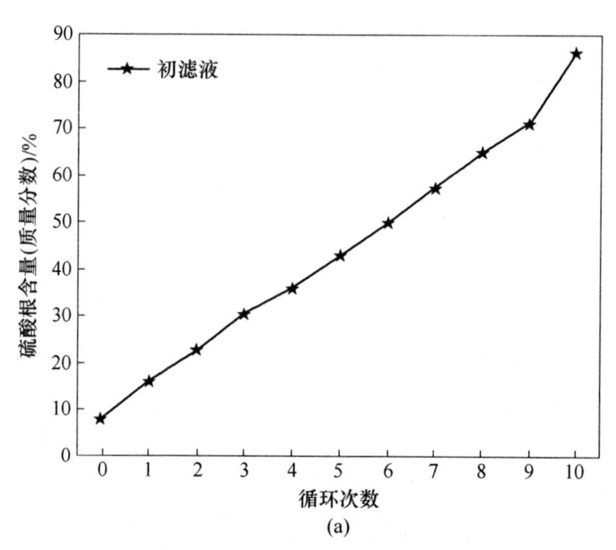

(a)

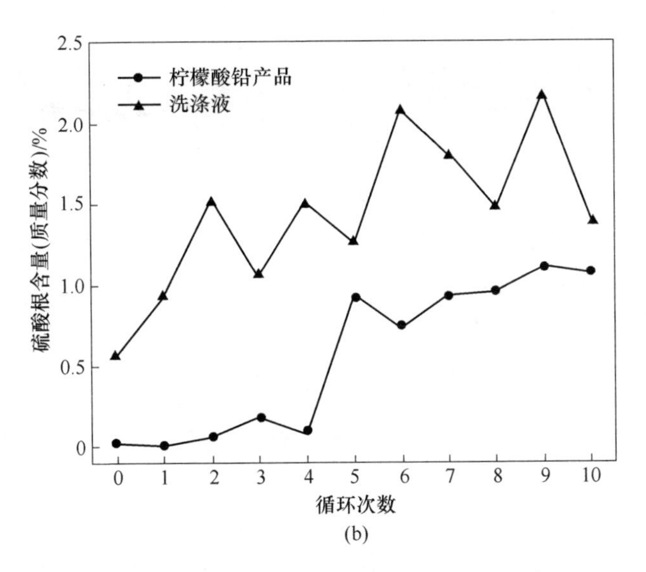

图 5-3 SO_4^{2-} 在初滤液（a）、滤渣和洗涤液（b）中的分布情况

5.4 滤液循环过程中杂质分布

5.4.1 Fe 杂质在滤液回用中的分布规律

滤液循环回用中 Fe 在柠檬酸铅固相、初滤液和洗涤液中的浓度变化如图 5-4 所示。

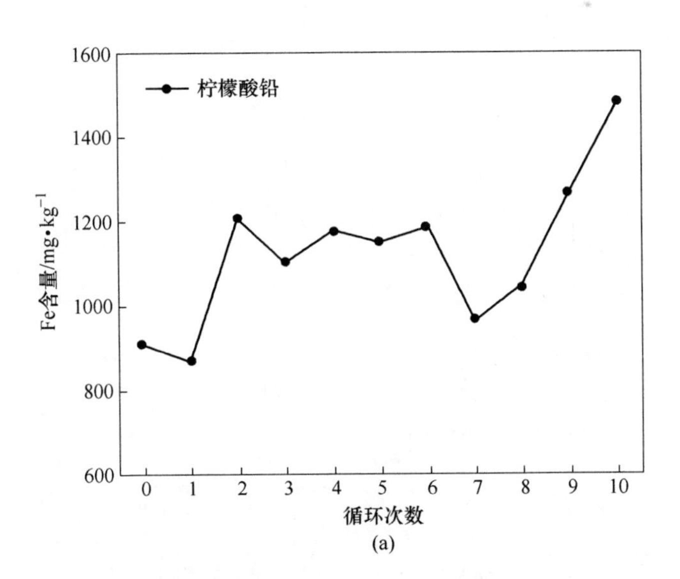

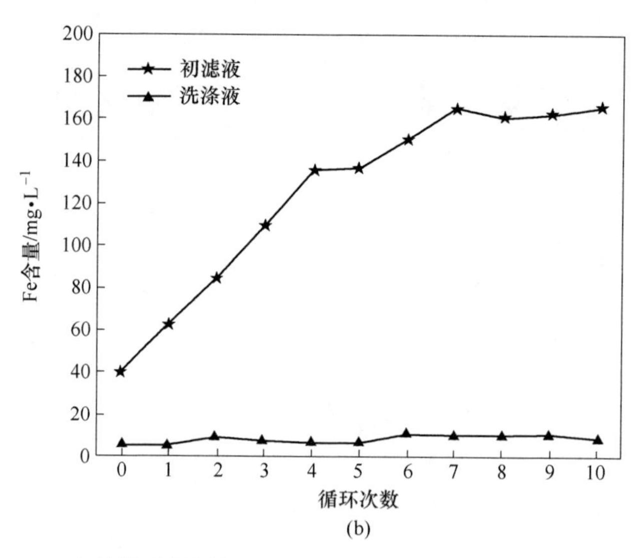

图 5-4　Fe 在柠檬酸铅固相（a）、初滤液和洗涤液（b）中的浓度变化

由图 5-4 可知，Fe 在柠檬酸铅晶体固相中的含量在滤液循环回用过程中呈升高的趋势，表明 Fe 在柠檬酸铅固相中有富集的趋势，在滤液循环回用至第 10 次时，生成的柠檬酸铅中 Fe 含量达到 1480mg/kg。初滤液中 Fe 浓度也随滤液循环回用次数逐渐升高，但其浓度远低于固相中 Fe 浓度。结合铁组分的物相比例图（如图 5-5 所示），在 pH 值为 4 ~ 5 的区域，铁组分主要以 Fe(HCit) 分子形式存在，因而在循环过程中，铁组分主要存在于固相中。

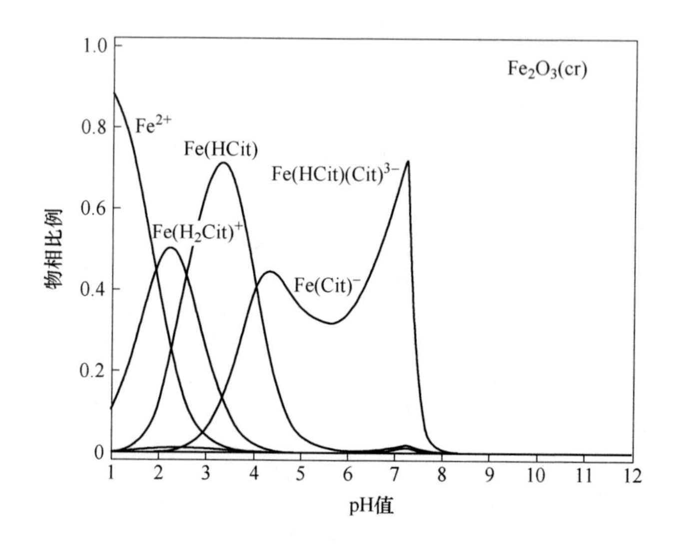

图 5-5　Fe-CitNa-CH_3COOH 体系的物相比例图

5.4.2 Ba 杂质在滤液回用中的分布规律

滤液循环回用过程中 Ba 在柠檬酸铅固相、初滤液和洗涤液中的浓度变化如图 5-6 所示。随滤液循环回用次数增加，Ba 在柠檬酸铅固相中含量逐渐增加，由初次浸出时的 705mg/kg 增加至第 10 次循环时的 1185mg/kg。初滤液中 Ba 杂质浓度很低。结合钡组分的物相比例图（如图 5-7 所示），在 pH 值为 4 ~ 5 的区域，Ba 主要以硫酸钡形式稳定存在，且硫酸钡与固相黏附较紧，不易与固相分离，故在固相中保持较大的含量。

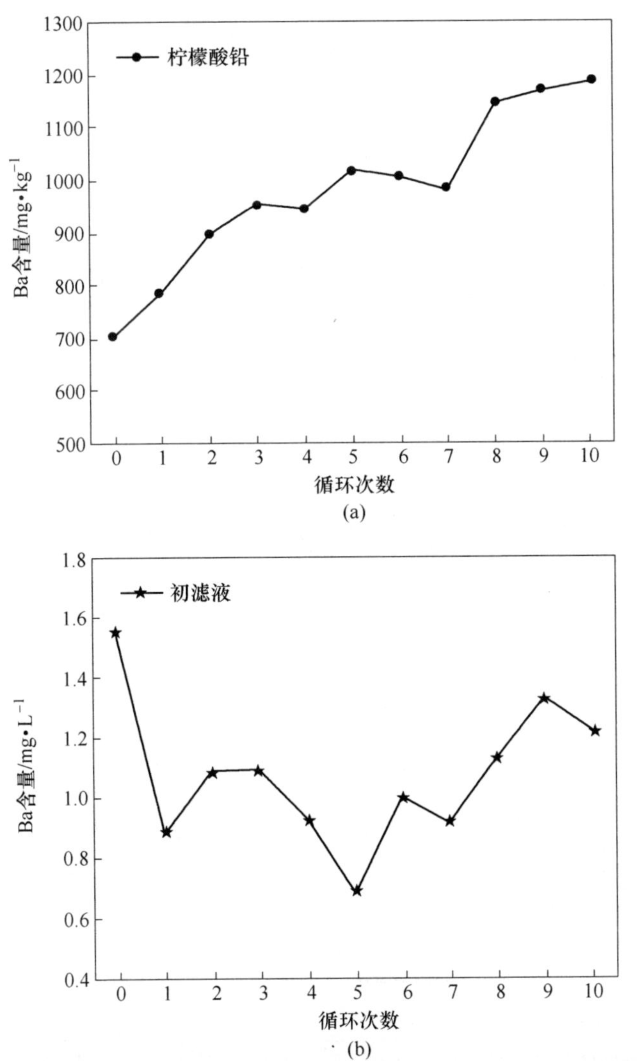

图 5-6 Ba 杂质在柠檬酸铅固相（a）和初滤液（b）中的浓度变化

（洗涤液中 Ba 浓度极低，低于检测限而未检出）

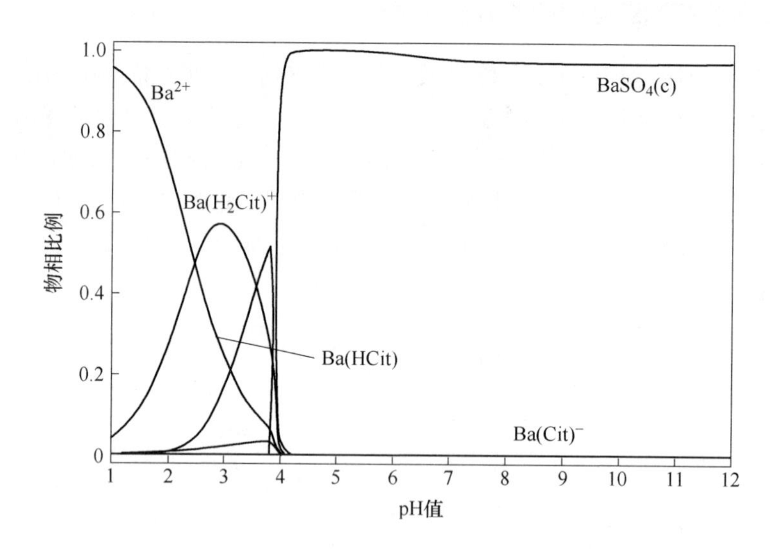

图 5-7　Ba-CitNa-CH_3COOH 体系物相比例图

5.4.3　Sb 杂质在滤液回用中的分布规律

滤液循环回用过程中 Sb 在柠檬酸铅固体、初滤液和洗涤液中的浓度变化如图 5-8 所示。Sb 在柠檬酸铅固相中杂质含量增加规律不明显，维持在 60 ~ 170mg/kg。随循环回用次数的增加，Sb 杂质在初滤液中浓度逐渐增加。在洗涤液中，Sb 的浓度很低，表明 Sb 元素主要分布在初滤液中。

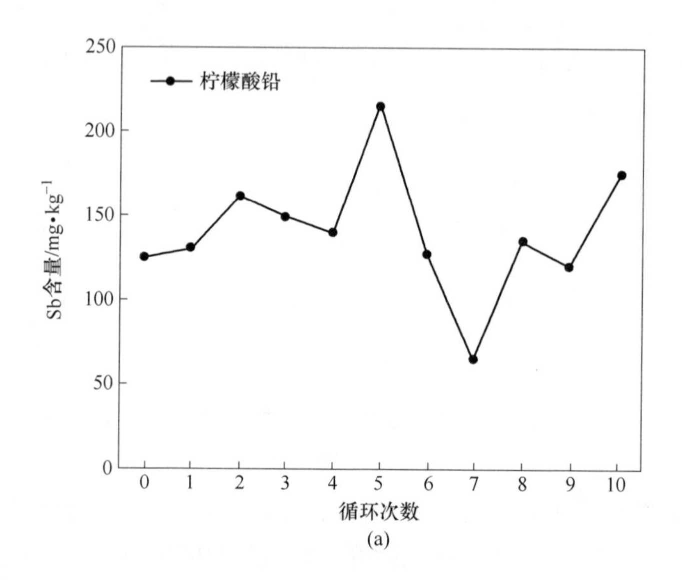

(a)

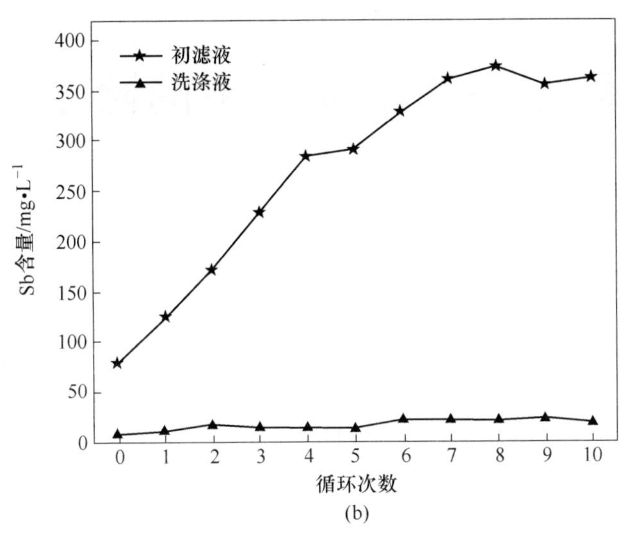

图 5-8 Sb 杂质在柠檬酸铅固相（a）、初滤液和洗涤液（b）中的浓度变化

5.5 本章小结

（1）滤液循环回用过程中，柠檬酸钠/铅摩尔比对废铅膏脱硫率影响不大，脱硫率均随循环次数大幅度下降。柠檬酸钠/乙酸摩尔比可改善废铅膏脱硫率，在柠檬酸钠/乙酸摩尔比为 5/3 时，脱硫率降低幅度较小，脱硫率不小于 90%(质量分数)，循环回用过程脱硫效果较好。

（2）随着循环次数的增加，新投加的废铅膏中硫酸根不断进入液相，硫酸根在初滤液中的含量逐渐增加，在第 10 次循环时初滤液中 SO_4^{2-} 占物料中总 SO_4^{2-} 的 85.8%（质量分数）。

（3）Fe 和 Ba 杂质元素在生成的柠檬酸铅固相中的含量随循环次数增加逐渐升高，两种杂质元素分别以 Fe(HCit) 和 $BaSO_4$形式在固相产物中稳定存在。Sb 杂质主要溶解在液相中，在初滤液中浓度随循环次数增加而升高。

6 废铅膏在柠檬酸体系中的除杂工艺研究

6.1 湿法浸出过程中杂质的分布及去除

废铅膏在废铅酸蓄电池破碎分选过程中引入了 Fe、Ba 和 Sb 等杂质，而传统工业制备电池的铅粉直接由铅锭球磨而成，杂质含量极低。在湿法浸出过程若无法有效去除杂质，就会影响最终制得铅粉的质量。杂质的分离和去除是湿法工艺亟待解决的难点和重点问题。

6.1.1 废铅膏中主要杂质来源

Fe 主要来源为废铅酸蓄电池破碎处理过程中，含铁连接螺丝等的碎片、铁容器腐蚀或磨损进入废铅膏。电池破碎过程中含 $BaSO_4$的负极铅膏是 $BaSO_4$的主要来源。在破碎过程中，含锑的板栅碎片混入废铅膏，造成废铅膏中 Sb 的存在。

6.1.2 废铅膏中主要杂质的影响

铁杂质在电解液中含量大于 0.01 %时，在电池内部形成“微电池”，减少蓄电池电荷量。铁含量高于 0.5 %时，自放电现象非常严重，能在一昼夜内，将存电全部放完。$BaSO_4$杂质混入正极铅膏，会造成正极活性物质的膨胀脱落，并导致电池容量快速下降。锑积累时电池充电的析氢过电位降低，电池不能正常充电因而失效，铅粉中若含有超标的锑，所制备的铅酸蓄电池的性能会受到严重的影响。

6.1.3 主要杂质去除方法

6.1.3.1 酸浸法除杂原理及研究

酸浸法主要是利用各种不同金属与酸的反应，生成溶解度不同的金属盐，通过过滤或者萃取的方式进行分离。对于金属性的杂质，一般来说首选酸浸法作为除杂手段，酸的选取一般有硫酸、硝酸和盐酸等。朱伟长等研究了酸浸条件对石英粉中 Fe 杂质去除的影响，表明使用2%氢氟酸与18%盐酸浸出，能有效地去除 Fe 杂质。闫勇等研究了超声辅助在酸浸法中的积极作用，超声辅助酸浸法对铁杂质去除有显著效果。邴文彬等研究超声波外加酸浸方法去除硅微粉中 Fe 杂质，合适的超声条件有利于 Fe 杂质的去除。张士轩使用高温 HCl 法去除石英粉中铁杂质，研究表明高温 HCl 法除杂效率更高。

6.1.3.2 物理法除杂原理与研究

物理法主要利用金属杂质的物理形态，如粒径、磁性、密度等不同，实现金属与杂质分离去除，具体方法有浮选、磁选、重选、筛分等。物理法主要适合大量杂质的去除，在微量杂质的去除方面作用有限。徐琴研究使用磁选法去除锌精矿中 Fe 杂质，采用浮-磁联合选矿流程，通过改变磁场强度来控制 Fe 杂质的去除效率。

6.1.3.3 络合掩蔽法除杂原理与研究

络合掩蔽法，主要是利用金属与不同的络合剂形成配合物的沉淀平衡常数与溶解常数的差异实现金属的分离，常用的络合剂有 EDTA、柠檬酸、酒石酸、草酸等。王彦欣等使用络合剂对去除铁杂质的效果进行研究，Ambikadevi 等研究表明草酸的酸性以及络合能力适用于石英砂中铁杂质的去除，张伟宁等研究在不同活性金属离子存在的条件下，应用分步沉积法去除 $Nb(OH)_5/Ta(OH)_5$中的金属杂质。

周贤玉研究了 Fe_3O_4在柠檬酸-过氧化氢溶解体系中的行为，Fe_3O_4在单独的柠檬酸溶液中溶解量较大，但在加入过氧化氢后溶解度则大幅度降低，pH 值升高会降低 Fe_3O_4在混合体系的溶解比率，温度的升高而促进 Fe 向液相的转移。

Venegas 等研究使用柠檬酸根作为配体，亚硫酸盐作为还原剂溶解高岭石黏土中 Fe 的过程及机理。溶解实验在 0.5mol/L 的硫代硫酸钠和 0.9mol/L 的柠檬酸混合溶液中进行，温度条件为 90℃，并控制 pH=3，溶解过程中通过氢氧化钠控制后续 pH 值。Fe 组分在溶液体系的分布图可如图 6-1 所示。Fe 组分在溶液体系可能发生的反应如式（6-1）~式（6-9）所示。实验结果表明，可基本浸出 92%（质量分数）的 Fe 组分。

$$Fe^{2+} + Cit^{3-} \longrightarrow Fe(Cit)^- \quad (6\text{-}1)$$

$$2H^+ + Fe^{2+} + Cit^{3-} \longrightarrow Fe(H_2Cit)^+ \quad (6\text{-}2)$$

$$H^+ + Fe^{2+} + Cit^{3-} \longrightarrow Fe(HCit) \quad (6\text{-}3)$$

$$H^+ + Fe^{2+} + 2Cit^{3-} \longrightarrow Fe(HCit)(Cit)^{3-} \quad (6\text{-}4)$$

$$2Fe^{2+} + 2Cit^{3-} \longrightarrow 2H^+ + Fe_2(Cit)_2(OH)_2{}^{4-} \quad (6\text{-}5)$$

$$Fe^{3+} + Cit^{3-} \longrightarrow Fe(Cit) \quad (6\text{-}6)$$

$$Fe^{3+} + Cit^{3-} \longrightarrow H^+ + Fe(Cit)OH^- \quad (6\text{-}7)$$

$$H^+ + Fe^{3+} + Cit^{3-} \longrightarrow Fe(HCit)^+ \quad (6\text{-}8)$$

$$2Fe^{3+} + 2Cit^{3-} \longrightarrow 2H^+ + Fe_2(Cit)_2(OH)_2{}^{2-} \quad (6\text{-}9)$$

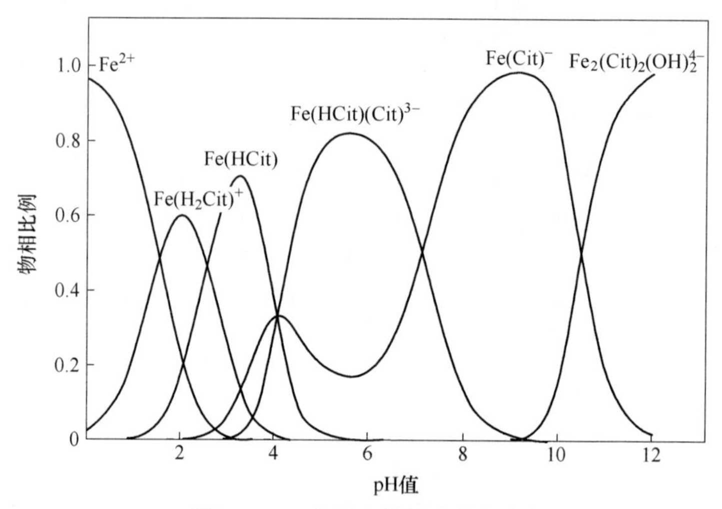

图 6-1　Fe 在浸出体系中物相比例图

（48.50μmol/L Fe(Ⅱ)，0.5mol/L S_2O_3 和 0.9mol/L Cit^{3-}）

6.1.3.4　电化学法除杂原理与研究

电化学方法属于精确控制的方法，主要适用于少量及微量杂质的去除，基本原理是利用不同金属氧化还原反应的电化学电位的差别，来进行精确的精炼分离。电化学除杂法的决定因素在于去除物与保留物的标准电极电位差，以及在溶液中的浓度差。张丽艳提出了使用低密度电解去除镀镍溶液中铜杂质的方法。类似地，王孝伟等采用赫尔槽试验研究了不同电流密度下，在酸性镀锡液中加入三乙四胺六乙酸（TTHA）对去除 Fe^{2+} 效果的影响。

6.1.3.5　离子交换树脂法除杂原理与研究

Riveros 使用氨基膦树脂去除铜电解质中的锑杂质，熊祥祖等研究离子交换树脂脱除湿法磷酸中的金属杂质，分析不同工艺条件对金属杂质去除的影响。王振玉等对离子交换树脂对金矿选矿循环用水中 Fe、Zn、Cu、Pb 的吸附情况进行研究。陈家墉院士论述了萃取方法对溶液中铁杂质的去除规律。张秀莉用叔胺-盐酸体系萃取分离铝中的铁和铅。刘阳南等用 D2EHPA 从硅氟酸铅溶液萃取三价铁。Smith 等合成出混金属 Cu(Ⅱ)/Sb(Ⅱ) 与柠檬酸的配合物[$CuSb(C_6H_6O_7)(C_6H_5O_7)(H_2O)_2$]·$2.5H_2O$、柠檬酸锑（Ⅲ）钾[$K_2Sb_4(citrate)_8(H_2O)_2$]等。王建强等在湿法回收砷碱渣中锑的工艺研究中，以水浸实现砷碱渣中的砷碱分离，然后对水浸渣进行酸浸，通过单因子实验得到锑的最佳回收率为 88%。Samuel 等利用碱性硫化物浸出剂去除冶铜杂质锑和砷，取得良好的效果。Correia 等利用酸性氯化物浸出黝铜矿可有效去除锑杂质。

6.1.4 废铅膏除杂现状及问题

前期通过硫酸酸洗、柠檬酸钠-乙酸体系浸出、柠檬酸铅结晶等过程处理废铅膏，最终获得的柠檬酸铅前驱体所含的锑杂质含量较低，又研究通过硫酸酸浸、柠檬酸-氨水体系络合掩蔽及浸出，最终获得的柠檬酸铅前驱体所含的锑杂质可有效降低。目前的研究对于锑杂质的去除效果都比较好，且基本能达到要求，但 Fe 和 Ba 杂质的去除效果仍未达理想结果。

现有的电池研究表明，绝大部分杂质引入到铅粉中都会导致蓄电池性能的恶化。目前铅回收湿法工艺中除杂研究较少，湿法工艺铅粉中杂质对电池性能的影响和如何去除各种杂质元素是有待解决的共性技术问题。

Venegas 等通过研究 Fe 杂质在柠檬酸体系的 E_h-pH 值相图中优势物相分布结果表明，Fe 在强酸性环境中的稳定物相主要为 Fe^{2+}（pH<1.5），Fe 在弱酸性环境中稳定存在的物相为 Fe 与柠檬酸根的配位沉淀（pH>3），若在弱酸性环境中浸出含铅组分，使主要杂质残留在固相中，浸出得到的滤液可保证较低的杂质浓度。在保证浸出制备的溶液体系杂质浓度较低时，对含铅滤液采用有机酸根配位反应处理。

本章主要对废铅膏柠檬酸浸出过程中杂质分布规律进行研究，重点分析酸洗预处理方式以及不同 pH 值条件对杂质迁移和去除的影响。基于柠檬酸体系中杂质的分布特性，提出两步法除杂新工艺。

6.2 酸洗预处理对杂质分布影响

废铅膏的酸洗预处理过程主要通过降低体系 pH 值，促进 Fe、Ba 和 Sb 等主要杂质向液相中的迁移和转化，旨在降低废铅膏中的杂质含量。因在铅膏组分中，主要杂质与铅的主组分可能存在相互包含，因而酸洗可能无法将主要杂质完全去除。

不同酸洗条件的实验设计如表 6-1 所示。由表 6-1 可知，实验中分别以酸浸时间和酸浸温度作为单因子，分析酸浸时间和酸浸温度对酸洗前后废铅膏中杂质浓度变化的影响。

表 6-1 不同酸洗条件杂质实验表

反应设计	铅膏/g	硫酸浓度/mol · L^{-1}	固液比	时间/h	温度/℃
Ⅰ-1	10	3	1/5	4	25
Ⅰ-2				8	
Ⅰ-3				16	
Ⅰ-4				24	

续表 6-1

<table>
<tr><th>反应设计</th><th>铅膏/g</th><th>硫酸浓度/mol · L^{-1}</th><th>固液比</th><th>时间/h</th><th>温度/℃</th></tr>
<tr><td>Ⅱ-1</td><td rowspan="4">10</td><td rowspan="4">3</td><td rowspan="4">1/5</td><td rowspan="4">16</td><td>25</td></tr>
<tr><td>Ⅱ-2</td><td>35</td></tr>
<tr><td>Ⅱ-3</td><td>45</td></tr>
<tr><td>Ⅱ-4</td><td>55</td></tr>
</table>

不同酸洗时间对废铅膏杂质含量的影响如图 6-2 所示。由图 6-2（a）可知，Fe 元素随酸洗时间的延长呈降低趋势，在酸洗时间延长为 24h 时，Fe 在酸洗后铅膏中含量降低至 600mg/kg，随浸出时间延长，Fe 主要转化为 Fe^{2+}，固相中 Fe 元素含量逐渐降低。由图 6-2（b）可知，较长酸洗时间下，Ba 元素在铅膏中含量较未处理前无明显降低，这是因为 $BaSO_4$ 是废铅膏中 Ba 的主要存在形式，而一般浓度硫酸无法溶解 $BaSO_4$。由图 6-2（c）可知，Sb 元素在铅膏中含量随酸洗时间变化不大。由图 6-2（d）～（f）分析可知，Al、Cu 和 Zn 元素随酸洗时间延长而降低，Al、Cu 和 Zn 在废铅膏中主要存在形式金属氧化物会部分与硫酸反应，从而降低其在固相中的含量。

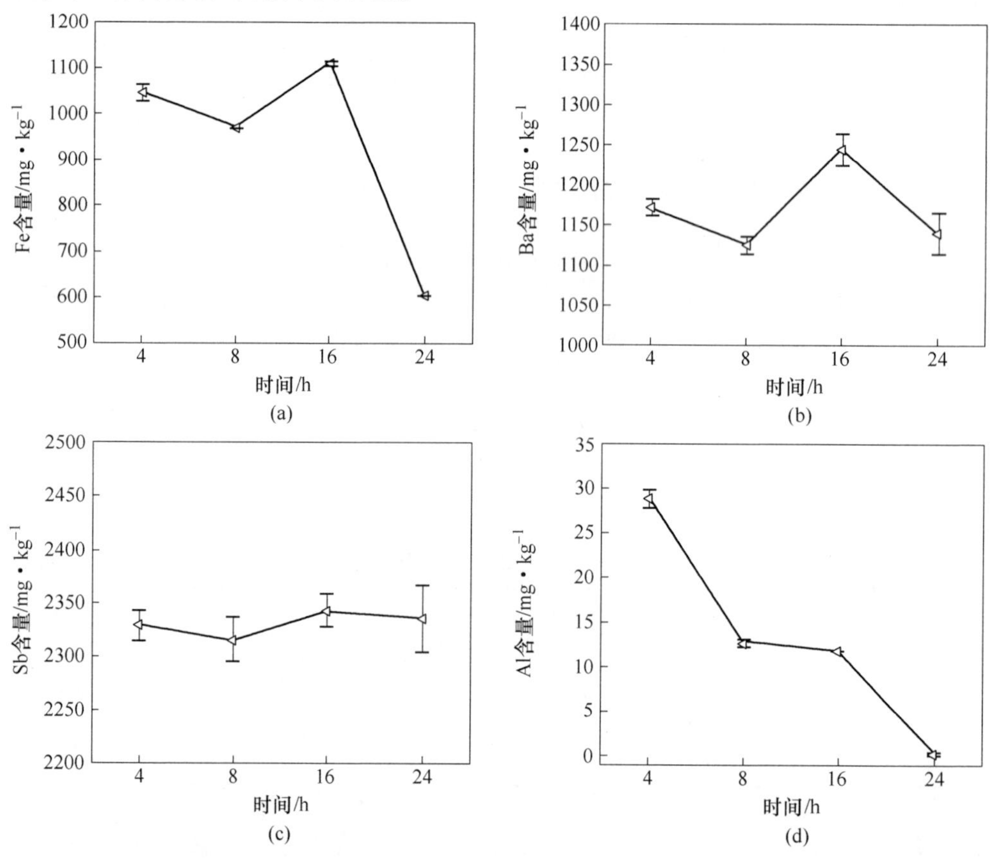

(a)　(b)　(c)　(d)

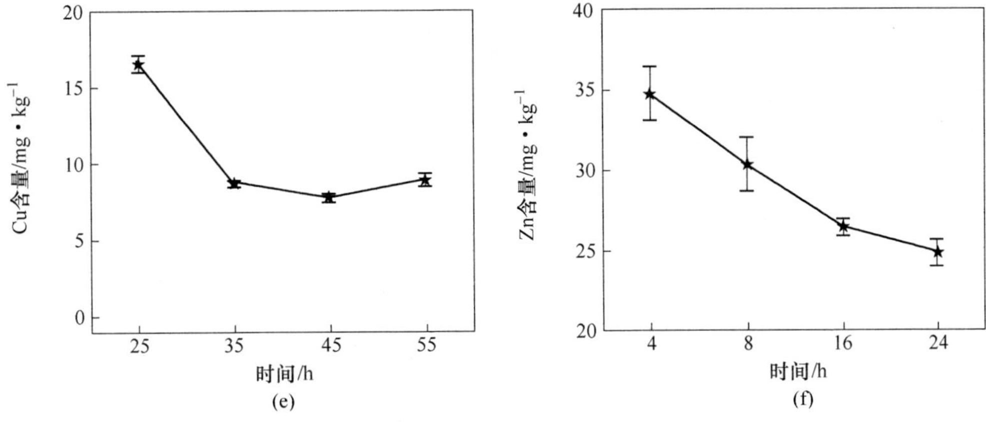

图 6-2　不同酸洗时间对处理后铅膏杂质含量的影响（25℃）

（a）Fe；（b）Ba；（c）Sb；（d）Al；（e）Cu；（f）Zn

不同酸洗温度对处理后铅膏杂质含量的影响如图 6-3（a）分析可知，酸洗温度的提高进一步使 Fe 杂质含量降低，在 45℃时，Fe 在处理后铅膏中含量为 190mg/kg，较 25℃和 35 ℃时降低，因此温度升高可提高废铅膏的 Fe 杂质与硫酸的反应速率。

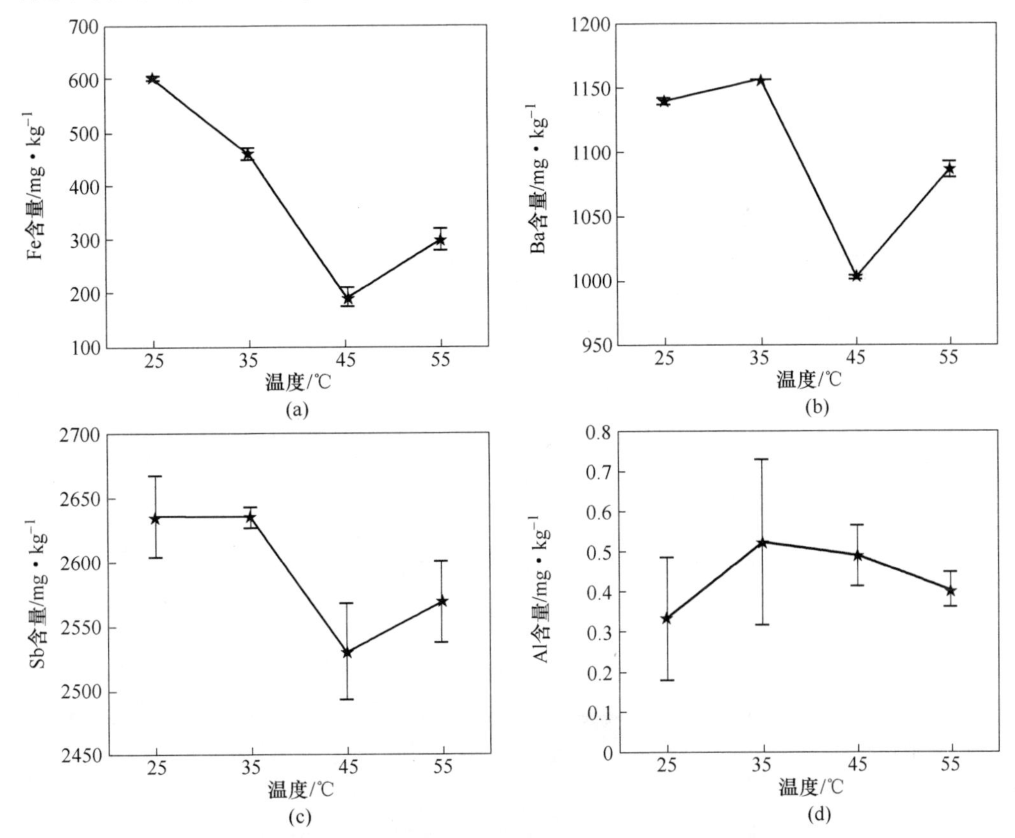

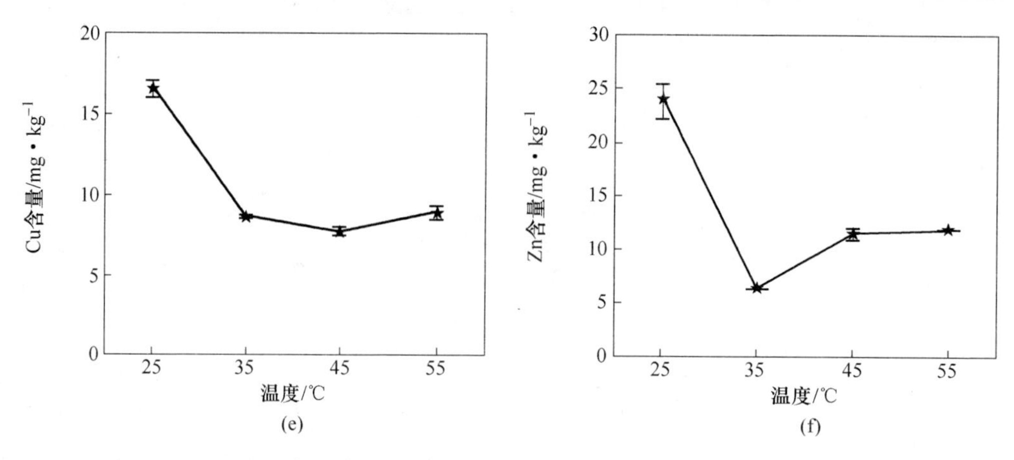

图 6-3　不同酸洗温度对处理后铅膏杂质含量的影响（24h）

（a）Fe；（b）Ba；（c）Sb；（d）Al；（e）Cu；（f）Zn

随温度进一步提高至 55℃，处理后的铅膏溶解量同样会增加，导致 Fe 元素在处理后的铅膏中含量增加。Ba 和 Sb 杂质的含量变化不大，Ba 元素含量维持在 1000～1100mg/kg，Sb 元素含量维持在 2500～2650mg/kg。Cu 和 Zn 元素含量呈下降趋势，Al 元素在处理后铅膏中含量变化不大。Fe(Ⅱ)-H_2SO_4 体系的电位-pH 值图和物相比例图如图 6-4 所示。由图 6-4 可知，在 pH<5 的区域，Fe 主要以 Fe^{2+}形式存在，而随着 pH 值的进一步增加，Fe 则主要以 Fe_2O_3化合物的形式存在。这表明，通过降低浸出体系的 pH 值，可增加 Fe 杂质向液相中的转移。通过升高温度，增加 Fe 组分与液相酸组分的接触和反应速率，从而增加 Fe 向 Fe^{2+}的转变。

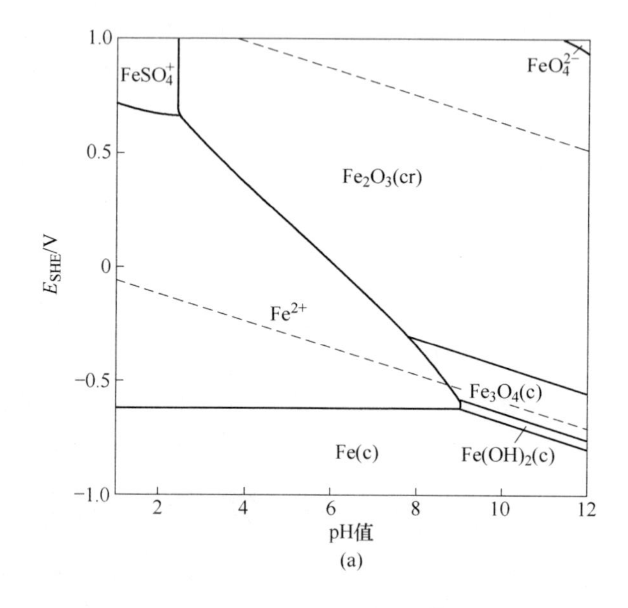

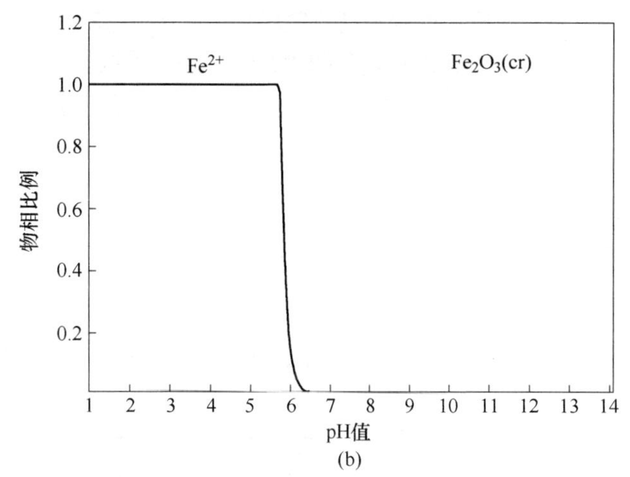

图 6-4 Fe(Ⅱ)-H_2SO_4体系的电位-pH 值图(a) 和物相比例图 (b)

(25 ℃, 10.0μmol/L Fe (Ⅱ), 10.0 mmol/L SO_4^{2-})

Ba 杂质在酸洗体系的电位-pH 值图和物相比例图如图 6-5 所示。由图 6-5 分析可知，Ba 杂质在较小 pH 值和负电位条件下有部分 Ba^{2+}存在，但当实际环境有大量 SO_4^{2-}且无还原剂存在时，$BaSO_4$无法溶解于硫酸。

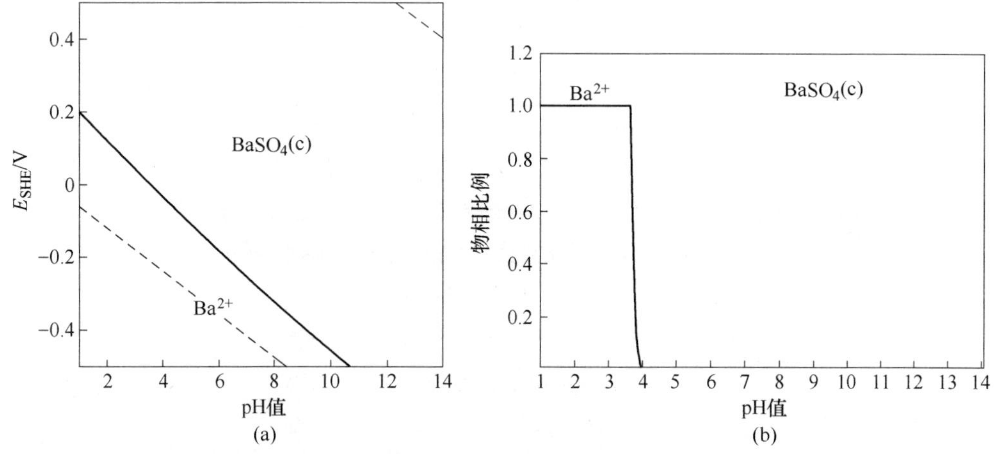

图 6-5 Ba-H_2SO_4体系电位-pH 值图(a)和物相比例图 (b)

(25 ℃, 0.2 mmol/L Ba (Ⅱ), 120.0mmol/L SO_4^{2-})

6.3 pH 值对柠檬酸工艺体系杂质分布的影响

6.3.1 pH 值对柠檬酸-柠檬酸钠体系杂质分布的影响

不同 pH 值条件下废铅膏在柠檬酸-柠檬酸钠体系中浸出后主要杂质分布的实验设计方案如表 6-2 所示。由表 6-2 可知，本部分研究以浸出体系的 pH 值为分析因素，通过改变柠檬酸和柠檬酸钠投加量，使浸出体系的 pH 值分别为 3.1、3.7、4.2 和 4.7，浸出温度为 25℃，浸出时间为 24h。浸出完成后，柠檬酸铅前驱体进行过滤、干燥。对干燥后的样品主要杂质质量浓度进行测试。

表 6-2　不同 pH 值条件下杂质在柠檬酸-柠檬酸钠体系中的分布设计

实验设计	柠檬酸与铅摩尔比	柠檬酸/g	柠檬酸钠/g	起始 pH 值	浸出温度/℃	反应时间/h
Ⅰ	3	16.8	6.4	3.1	25	24
Ⅱ		18.2	9.0	3.7		
Ⅲ		12.6	12.7	4.2		
Ⅳ		7.8	15.8	4.7		

在柠檬酸-柠檬酸钠体系中，不同 pH 值浸出条件对杂质在柠檬酸铅固相产物的含量影响如图 6-6 所示。由图 6-6 可知，pH 值对柠檬酸铅固相产物中杂质元素的含量影响较大。Fe 杂质在固相产物的含量随 pH 值的升高呈现上升趋势，在 pH 值为 4.7 和 4.2 的条件下所制备的产物中铁元素含量（1180 ~ 1240mg/kg）明显高于 pH 值为 3.1 和 3.7 条件下产物的 Fe 杂质含量（750 ~ 1000mg/kg）。Ba 杂质在柠檬酸铅固相产物中含量随 pH 值增加而升高，在 pH 值为 3.1 时，Ba 杂质含量为 895mg/kg；在 pH 值为 3.7 时，Ba 杂质含量提高至 932mg/kg；随 pH 值继续增加为 4.7 时，Ba 杂质含量为 1034mg/kg。与 Fe 和 Ba 杂质元素类似，Sb 元素在固相产物的含量也随 pH 值升高逐渐增加，在 pH 值为 4.7 时含量为 424mg/kg，较 pH 值为 4.2 时 Ba 元素含量为 293mg/kg 有明显提高。对三种在柠檬酸铅固相中含量较低的杂质，Al 杂质在固相产物中含量随 pH 值升高表现出增加的趋势；Cu 和 Zn 杂质在固相产物中含量随 pH 值升高有降低趋势，但降低幅度较小。

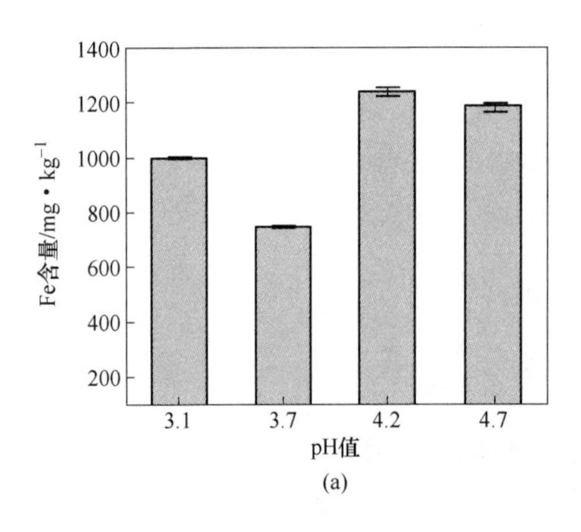

(a)

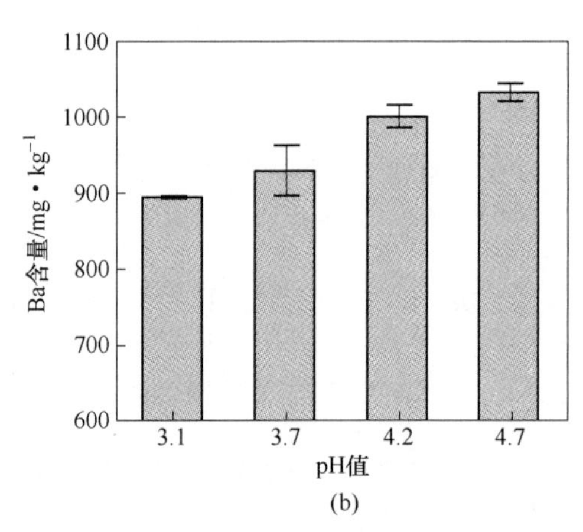

(b)

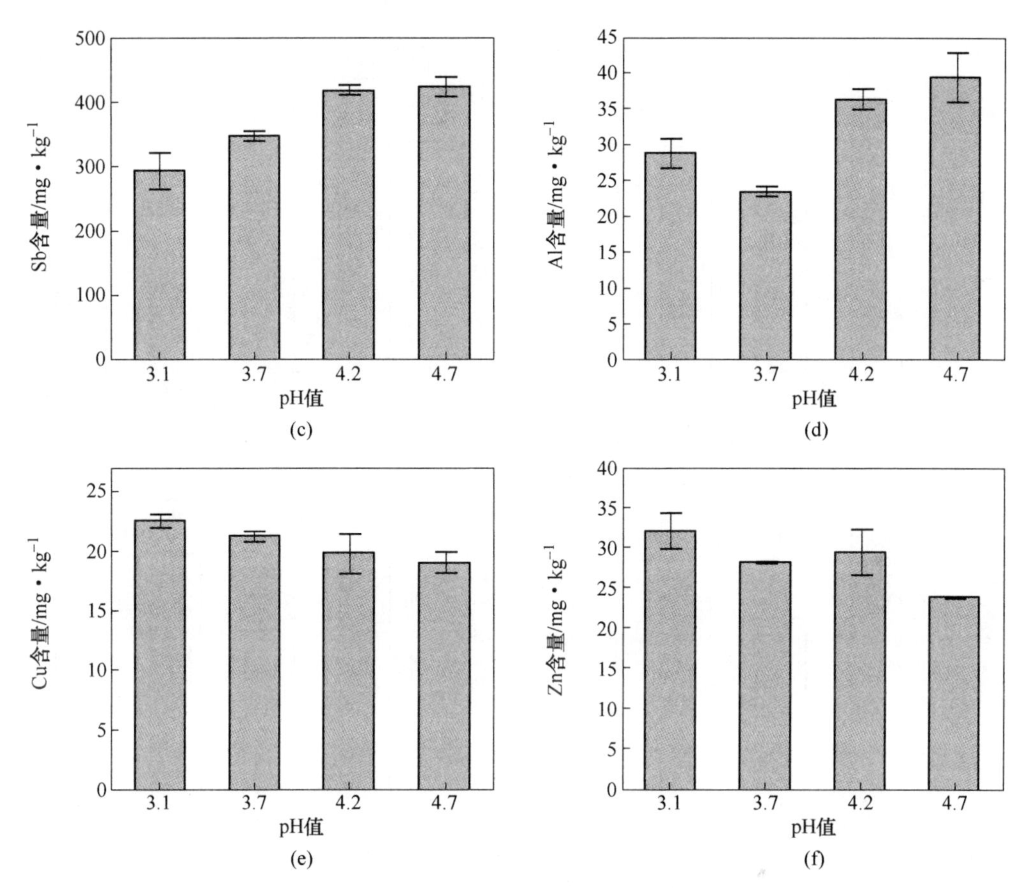

图 6-6 不同 pH 值条件下柠檬酸-柠檬酸钠体系固相中杂质含量的变化（25℃）

(a) Fe; (b) Ba; (c) Sb; (d) Al; (e) Cu; (f) Zn

滤液的主要杂质含量如图 6-7 所示。由图 6-7 可知，杂质（Fe、Sb、Ba）在滤液中的含量随 pH 值增加呈现减小的趋势，这与杂质（Fe、Sb、Ba）在固相中含量随 pH 值增加呈增加的趋势统一。Al、Cu、Zn 在液相中含量较小且变化不大。

Fe(Ⅱ)-CitH-CitNa 浸出体系电位-pH 值图和物相比例图如图 6-8 所示。由图 6-8 可知，在标准条件下，当 pH 值为 0~2.3，电位为-0.5~0.5 V 时，铁在 Fe(Ⅱ)-CitH-CitNa 浸出体系的稳定物相为 Fe^{2+}；当 pH 值为 2.5~4.0 时，铁的稳定物相为 Fe(HCit)，化学式为 $Fe(C_6H_6O_7)$；随着 pH 值升高至 4.0~9.6 时，铁在浸出体系的稳定存在物相为 $Fe(Cit)^-$，与铅组分类似，$Fe(Cit)^-$在液相中不易稳定存在，易有游离的 Fe^{2+}形成分子式为 $Fe_3(Cit)_2$的沉淀。在 pH 值为 3.1~4.7 时，铁组分主要以固相形式存在，因此铁杂质在固相中含量较高，在液相中较少。

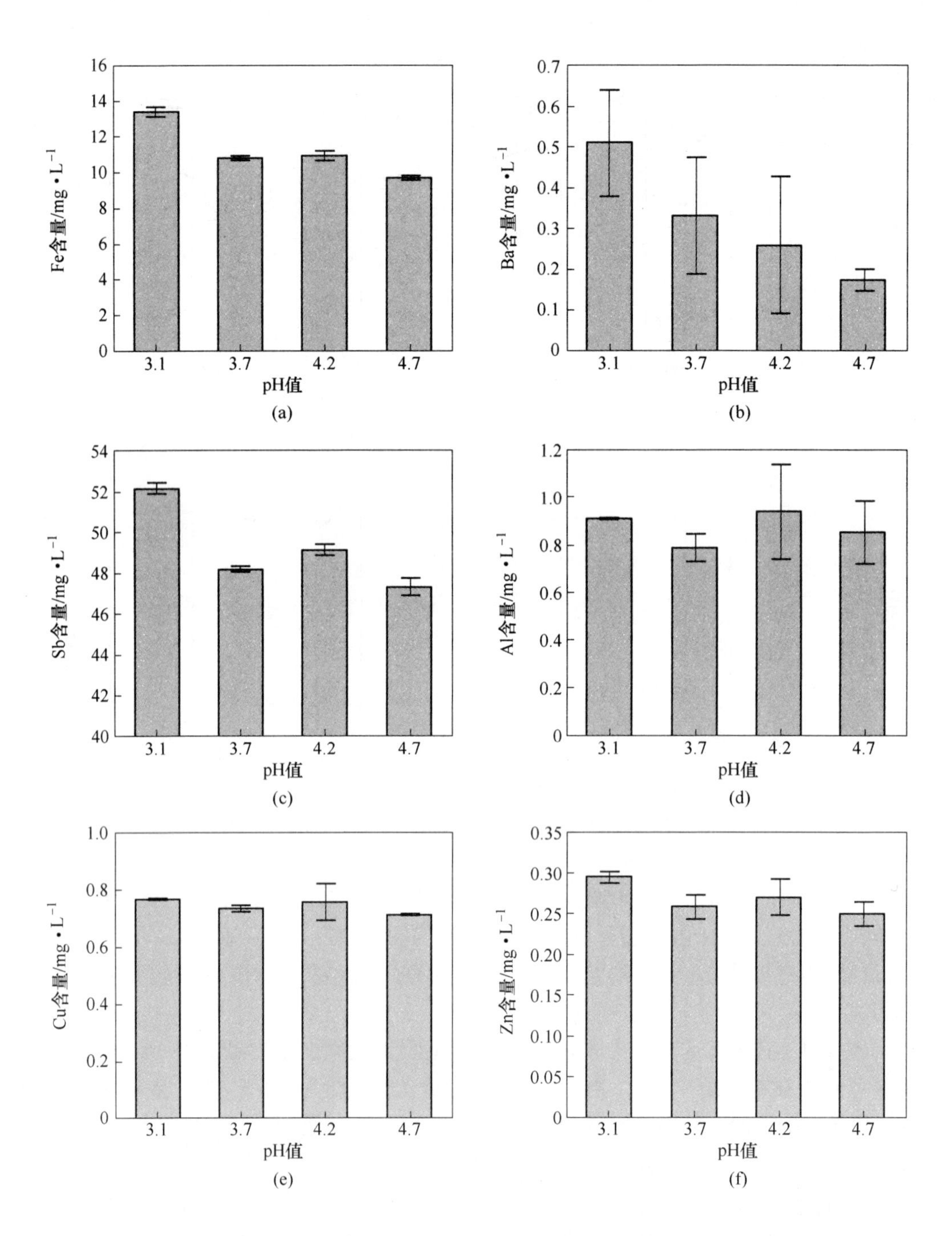

图 6-7　不同 pH 值条件下柠檬酸-柠檬酸钠体系液相中杂质含量的变化（25℃）

（a）Fe；（b）Ba；（c）Sb；（d）Al；（e）Cu；（f）Zn

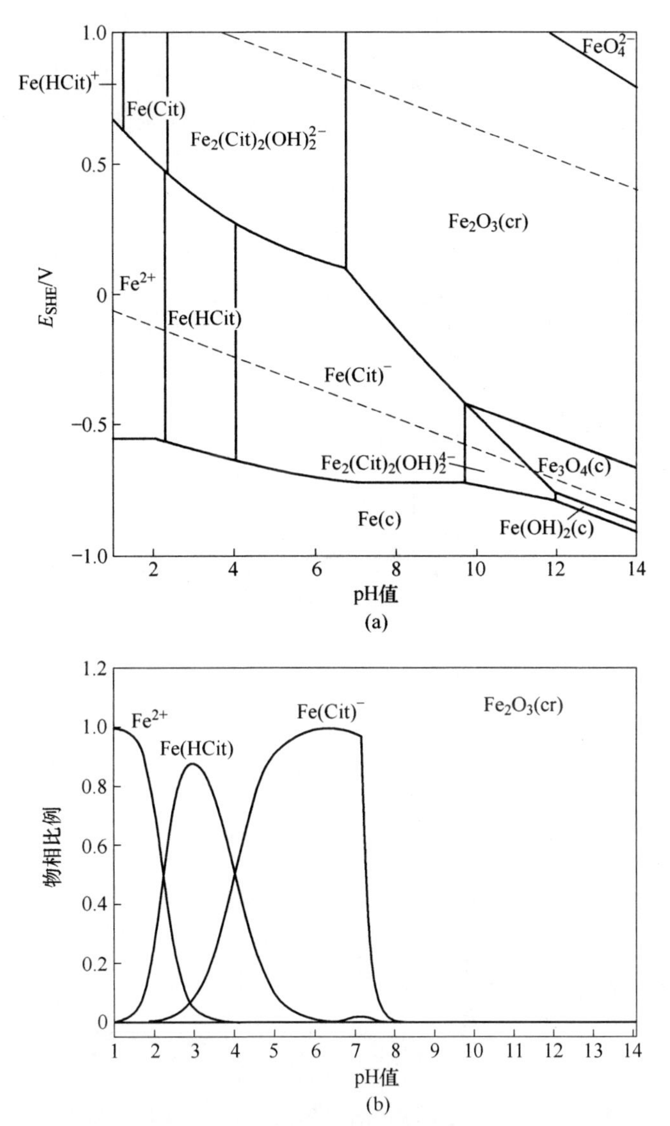

图 6-8　Fe(Ⅱ)-CitH-CitNa 浸出体系电位-pH 值图（a）和物相比例图（b）

（25℃，1.8mmol/L Fe（Ⅱ），400.0mmol/L Cit^{3-}）

Ba(Ⅱ)-CitH-CitNa 浸出体系电位-pH 值图和物相比例图如图 6-9 所示。由图 6-9 分析可知，Ba 杂质在 Ba(Ⅱ)-CitH-CitNa 浸出体系中分布情况较简单。在较高电位时，Ba 杂质主要以 $BaSO_4$ 为稳定物相；在较低电位、pH 值位于 0～2.5 时，Ba 杂质主要以 Ba^{2+} 形式存在；在 pH 值介于 2.4～3.8 时，Ba 杂质部分以 $Ba(H_2Cit)^+$ 和 Ba(HCit) 为稳定物相；在 pH 值大于 3.8 时，Ba 杂质的稳定存在物相为固相 $BaSO_4$。

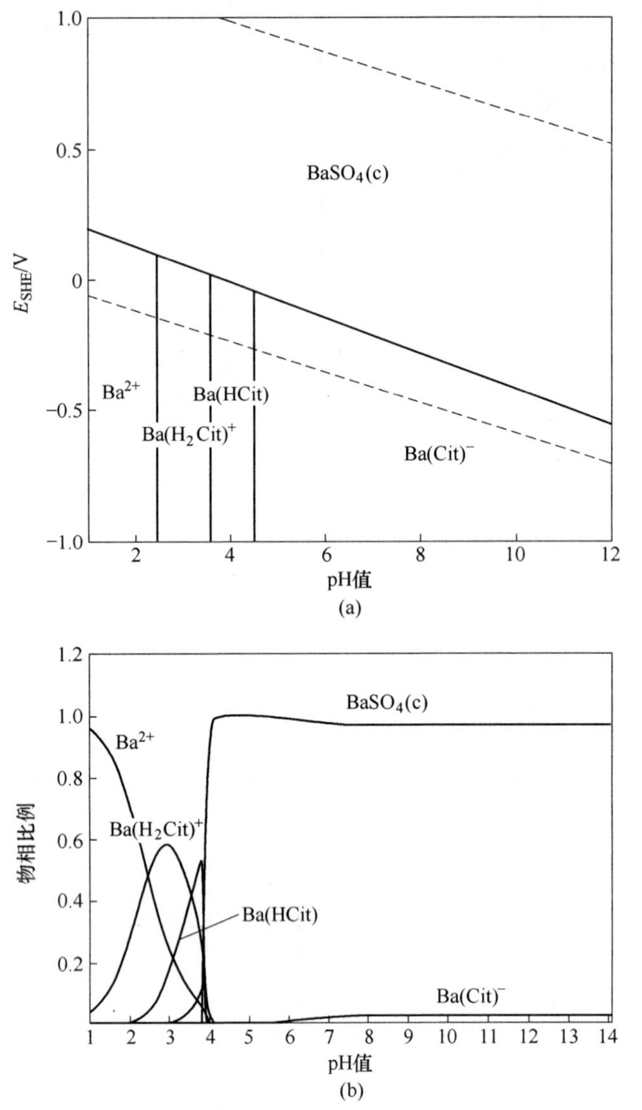

图 6-9　Ba(Ⅱ)-CitH-CitNa 浸出体系电位-pH 值图（a）和物相比例图（b）
（25℃，0.25mmol/L Ba(Ⅱ)，400.0mmol/L Cit^{3-}，120mmol/L SO_4^{2-}）

6.3.2　pH 值对乙酸-柠檬酸钠体系杂质分布的影响

不同 pH 值条件下废铅膏在乙酸-柠檬酸钠体系中浸出后主要杂质分布的实验设计方案如表 6-3 所示。由表 6-3 可知，本部分研究以浸出体系的 pH 值为分析因素，通过改变柠檬酸钠和乙酸的投加量，使浸出体系的 pH 值分别为 4.0、4.6、5.6 和 6.3，浸出温度为 25℃，浸出时间为 24h。浸出完成后，对柠檬酸铅前驱体进行过滤、干燥，对干燥后的样品主要杂质含量进行测试。

表 6-3　不同 pH 值条件下杂质在乙酸-柠檬酸钠体系中分布设计表

实验设计	柠檬酸与铅摩尔比	柠檬酸钠 /g	乙酸 /mL	起始 pH 值	浸出温度 /℃	反应时间 /h
Ⅰ	2	21.7	40.0	4.0	25	24
Ⅱ		21.7	9.0	4.6		
Ⅲ		21.7	1.5	5.6		
Ⅳ		21.7	1.2	6.3		

在乙酸-柠檬酸钠体系中，废铅膏在不同 pH 值浸出条件后主要杂质在柠檬酸铅固相中的含量如图 6-10 所示。由图 6-10 可知，pH 值对固相产物中杂质含量影响较大。Fe 杂质在固相中的浓度随 pH 值的升高而逐渐增加，在 pH 值为 4.0 时，Fe 杂质在固相中的含量为 904mg/kg；在 pH 值为 4.6 处，Fe 杂质在固相中含量为 1304mg/kg；在 pH 值增加为 5.6 时，铁含量增加为 1717mg/kg；在 pH 值为 6.3 时，铁含量最终增加为 2459mg/kg。Ba 杂质在柠檬酸铅固相中含量随 pH 值升高而增加，在 pH 值为 4.0 时，Ba 杂质在固相中含量为 955mg/kg；在 pH 值增加为 4.6 和 5.6 时，Ba 杂质在固相中含量分别提高为 1140mg/kg 和 1389mg/kg；在 pH 值为 6.3 时，Ba 杂质在固相中含量提高为 2243mg/kg。Sb 杂质在柠檬酸铅固相中含量随 pH 值增加而提高，在 pH 值为 4.0 时，Sb 杂质在固相中浓度为 252mg/kg；在 pH 值增加为 4.6 和 5.6 时，Sb 的含量分布增加为 476mg/kg 和 757mg/kg；在 pH 值为 6.3 时，Sb 的含量提高至 875mg/kg。综合分析三种含量较小的杂质元素 Al、Cu 和 Zn，Al 和 Cu 杂质元素在固相中含量随 pH 值升高而增加，但 Zn 元素在固相中含量随 pH 值升高而略有降低。在柠檬酸钠-乙酸体系中，不同 pH 值条件对杂质在液相中的含量影响如图 6-11 所示，主要杂质在滤液中含量随 pH 值增加而减小，这与杂质在固相中的含量变化规律相统一。

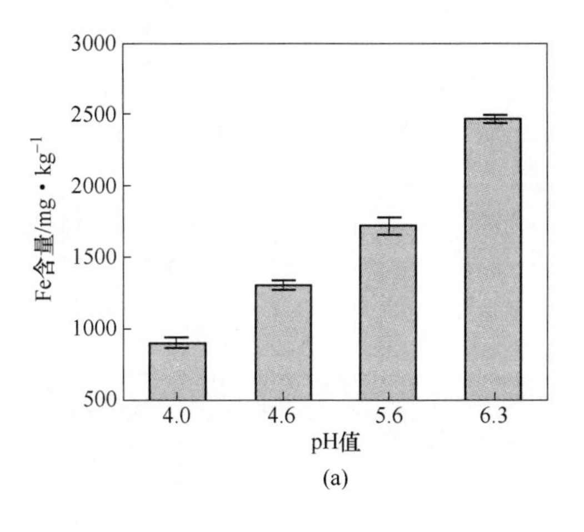

(a)

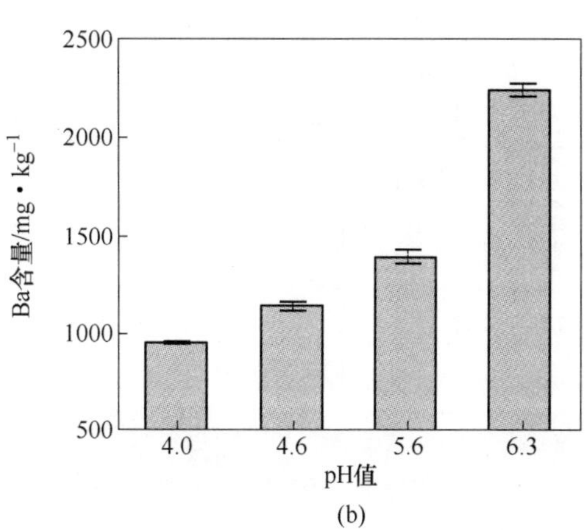

(b)

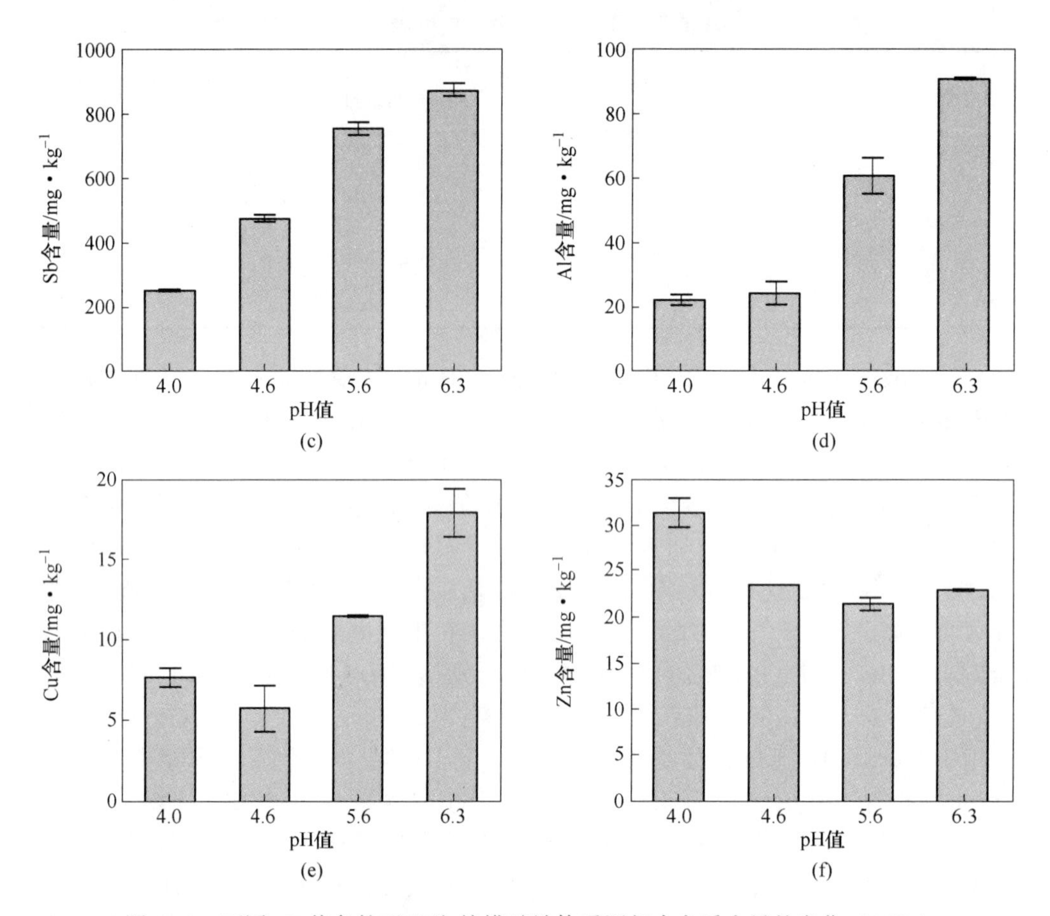

图 6-10　不同 pH 值条件下乙酸-柠檬酸钠体系固相中杂质含量的变化（25℃）

(a) Fe；(b) Ba；(c) Sb；(d) Al；(e) Cu；(f) Zn

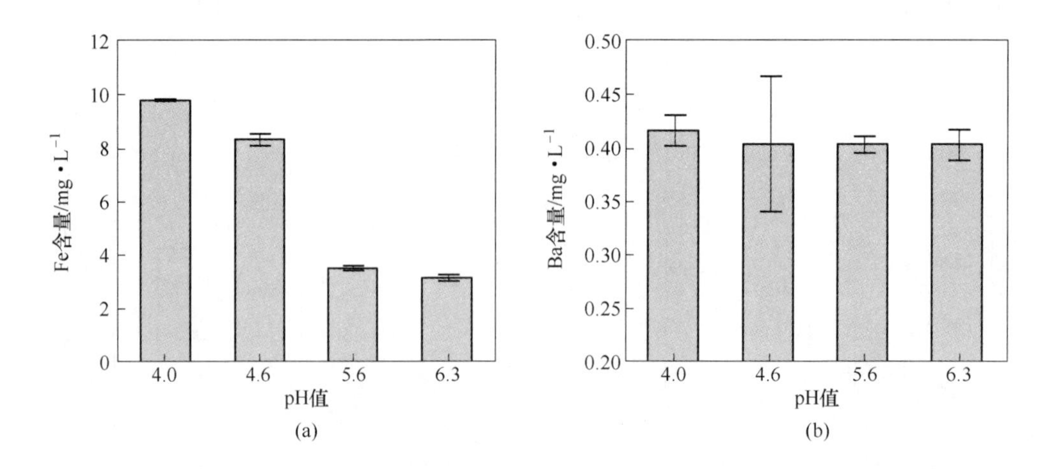

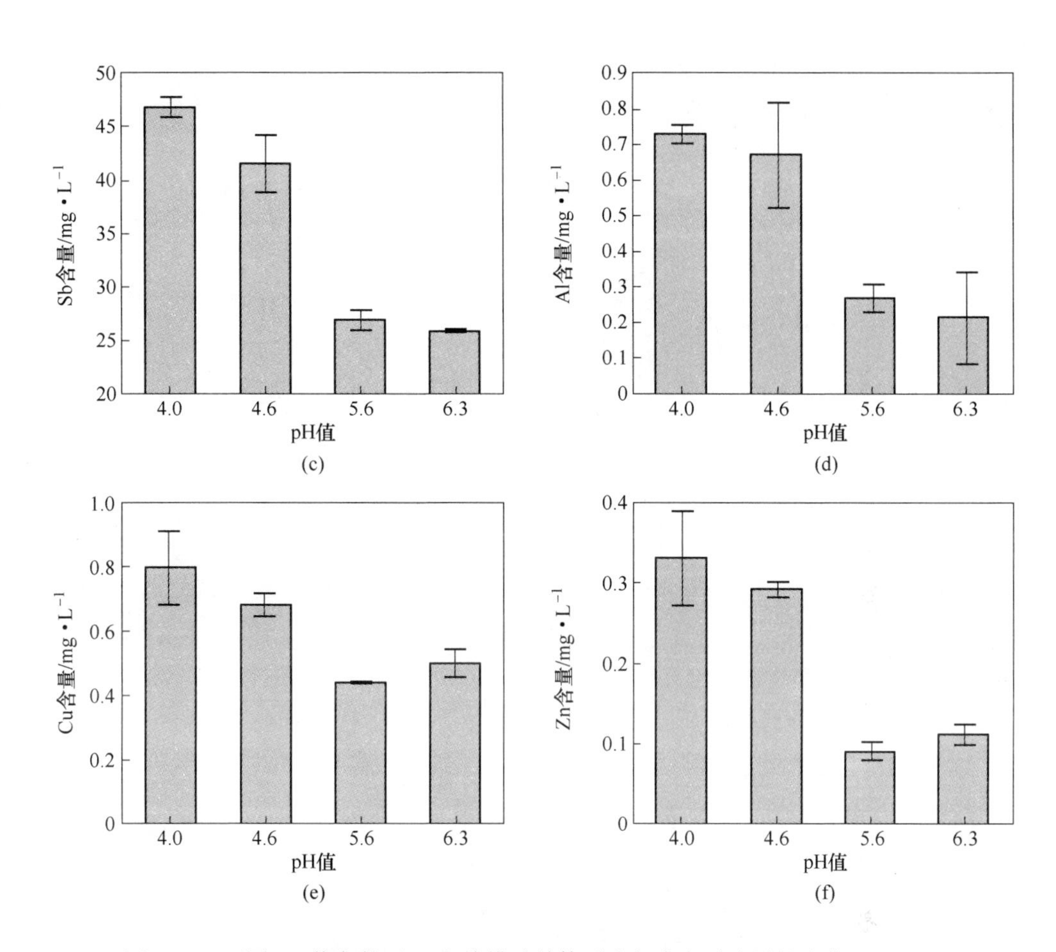

图 6-11 不同 pH 值条件下乙酸-柠檬酸钠体系液相中杂质含量的变化（25℃）
(a) Fe；(b) Ba；(c) Sb；(d) Al；(e) Cu；(f) Zn

Fe(Ⅱ)-CH_3COOH-CitNa 浸出体系电位-pH 值图和物相比例图如图 6-12 所示。由图 6-12 可知，在 pH 值为 0~2.3 时，铁在柠檬酸钠-乙酸体系中稳定存在态为 Fe^{2+}；pH 值增加为 2.3~2.8 时，Fe 物相的稳定物相为 $Fe(H_2Cit)^+$；pH 值介于 2.8~4.2 时，Fe 在浸出体系的稳定存在物相为 Fe(HCit)；在 pH 值增加为 4.2~4.8 时，Fe 物相的稳定存在态为 $Fe(HCit)(Cit)^{3-}$；pH 值介于 4.8~6.7 时，Fe 杂质在浸出体系的稳定存在物相为 $Fe(Cit)^-$。$Fe(HCit)(Cit)^{3-}$ 和 $Fe(Cit)^-$ 物相均为不稳定存在，易与溶液环境中游离的 Fe^{2+} 结合并分别形成 $Fe(HCit)Fe_3(Cit)_2$ 和 Fe(HCit)，两者均为固相存在。

Ba(Ⅱ)-CH_3COOH-CitNa 浸出体系电位-pH 值图和物相比例图如图 6-13 所示。Ba(Ⅱ)-CH_3COOH-CitNa 浸出体系中的热力学相图结果与在柠檬酸-柠檬酸钠

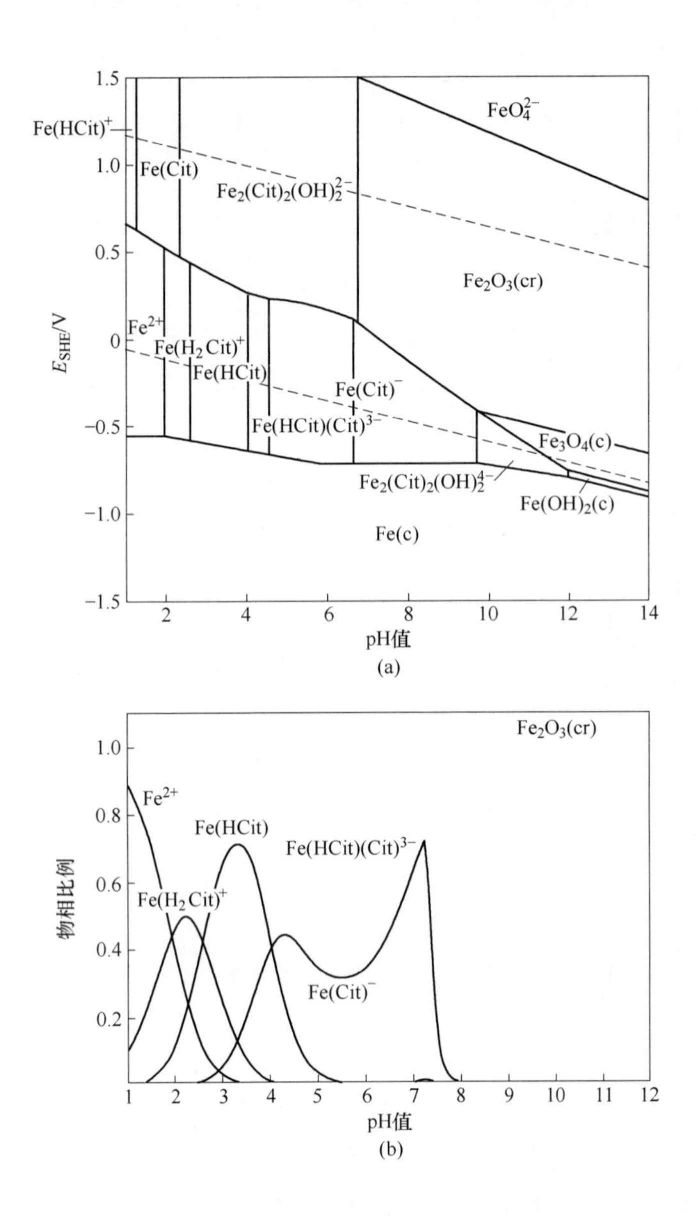

图 6-12　Fe(Ⅱ)-CH_3COOH-CitNa 浸出体系电位-pH 值图（a）和物相比例图（b）

（25℃，1.8mmol/L Fe(Ⅱ)，400.0mmol/L Cit^{3-}，400.0mmol/L CH_3COO^-）

体系中类似。在 pH 值介于 0~2.5 时，Ba 杂质主要以 Ba^{2+}形式存在；在 pH 值介于 2.4~3.8 时，Ba 杂质主要以部分 $Ba(H_2Cit)^+$和 Ba(HCit) 组成稳定物相；在 pH 值大于 3.8 时，Ba 杂质的稳定存在物相为 $BaSO_4$。

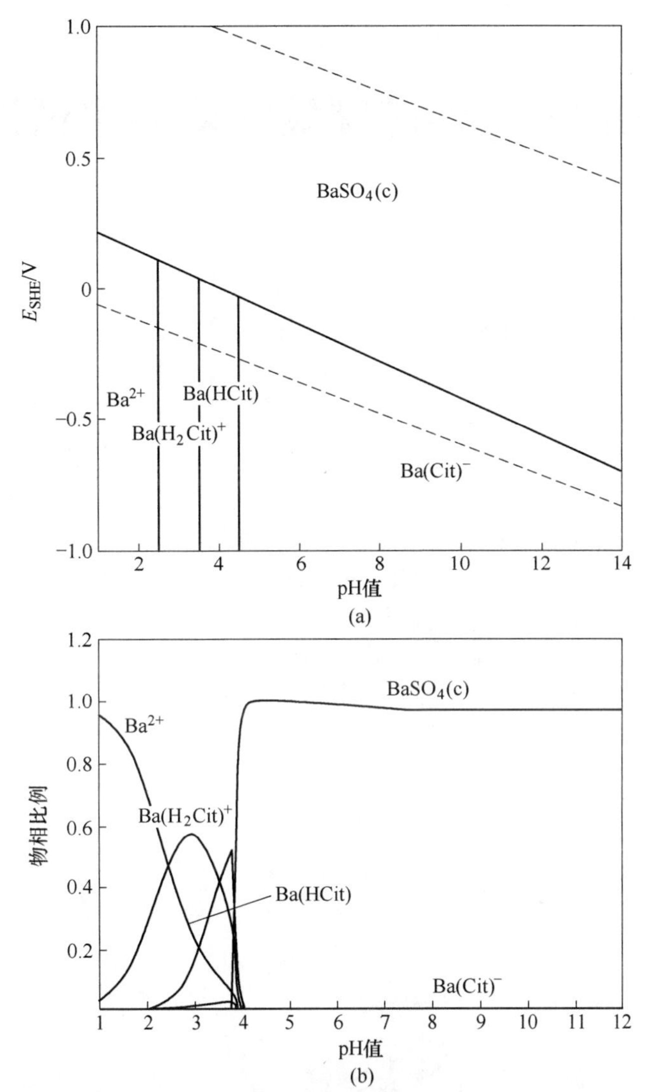

图 6-13 Ba（Ⅱ）-CH_3COOH-CitNa 浸出体系电位-pH 值图（a）和物相比例图（b）

（25℃，0.25mmol/L Ba(Ⅱ)，400.0mmol/L Cit^{3-}，400.0mmol/L CH_3COO^-，120mmol/L SO_4^{2-}）

6.4 本章小结

废铅膏中 Fe、Al、Cu 和 Zn 等杂质含量随酸洗时间延长而降低。提高酸洗温度明显降低 Fe 含量，在 45℃ 和 55℃ 条件下，Fe 在固相中含量降低为 240～250mg/kg。pH 值影响杂质在柠檬酸-柠檬酸钠、柠檬酸钠-乙酸体系浸出产物中分布。pH 值降低，固相中 Fe、Ba 浓度减小；pH 值升高，Fe 主要以 $Fe(C_6H_6O_7)$ 和$Fe_3(C_6H_5O_7)_2$ 形式存在，而 Ba 以 $BaSO_4$ 固相稳定存在。

7 废铅膏在乙酸-柠檬酸钠体系中试回收研究

基于前期实验研究，对废铅膏在乙酸-柠檬酸钠浸出体系进行中试研究，分析铅组分和主要杂质在中试回收中的转化规律，分析其大规模实验的可行性。中试示范生产线的废铅膏原料投加量为250kg/批次。本实验所采用的废铅膏原料为湖北金洋冶金股份有限公司混合收集废铅酸蓄电池经破碎、分选、压滤、干燥后的铅膏，其质地较硬，成团，且有部分碎渣杂物。区别于实验室水平所采用的粉碎过筛处理方法，在示范线现场直接取用破碎分选后压滤干燥的铅膏进行实验，现场中试装置采用湿法筛分处理对铅膏进行预处理。

示范生产线的工艺流程和主要设备如图7-1所示，主体工艺为浸出反应、重结晶和干燥，中试现场情况如图7-2所示。

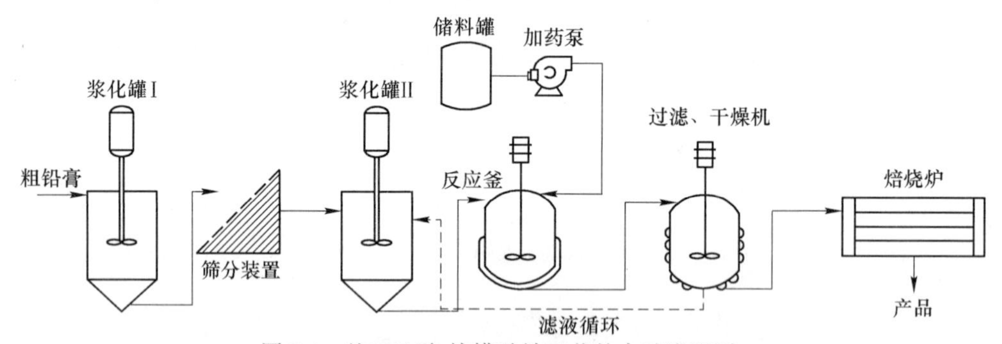

图7-1 基于乙酸-柠檬酸钠工艺的中试流程图

图7-2 基于乙酸-柠檬酸钠工艺的中试现场情况

7.1 铅膏浆化、筛分

粗铅膏经过浆化罐Ⅰ的处理后进入湿筛进行筛分处理，颗粒较大的铅膏部分被湿筛直接截留，而颗粒较小的铅膏则经过筛网的筛分处理后进入浆化罐Ⅱ中进行进一步的浆化破碎。

浆化罐Ⅰ中粗铅膏的投加物料量为250kg，粗铅膏的附着水和浆化用水等情况如表7-1所示。

表7-1　粗铅膏的附着水和浆化用水

铅膏/kg	铅膏固体量/kg	铅膏附着水/kg	浆化过程加水/kg
252.2	233.4	18.8	233

粗铅膏经过浆化罐Ⅰ的浆化处理和湿筛筛分处理后，会有部分物料成为筛上物，无法进入后续的反应过程（此部分浆料可定义为铅膏浆料1），同时会有小部分浆料会沉积在浆化罐Ⅰ的底部（此部分浆料定义为铅膏浆料2）。铅膏浆料1和铅膏浆料2的质量及含水量见表7-2。

表7-2　浆化物料和含水量

组分	质量/kg	含水率/%	干固体量/kg	含水量/kg
铅膏浆料1	97.7	91	8.8	88.9
铅膏浆料2	15.0	20	12.0	3.0
汇总	112.7		20.8	91.9

中试实验过程中所使用的浸出剂投加量如表7-3所示。

表7-3　浸出过程的物料投加量

主要浸出试剂	柠檬酸钠	冰乙酸	过氧化氢	水
质量/kg	220.6	103.8	96.0	1241.0

7.2 浸出

7.2.1 浸出前驱体中硫含量随时间的变化

浸出过程中，定时取样、过滤、收集滤液和滤渣。测定滤渣的硫含量并计算脱硫率，结果如图7-3所示。

由图7-3可知，随浸出时间的变化，废铅膏的脱硫率逐渐升高，在浸出时间为4h时，浸出反应的脱硫率已达到90.0%（质量分数）。而随着浸出时间的进一步延

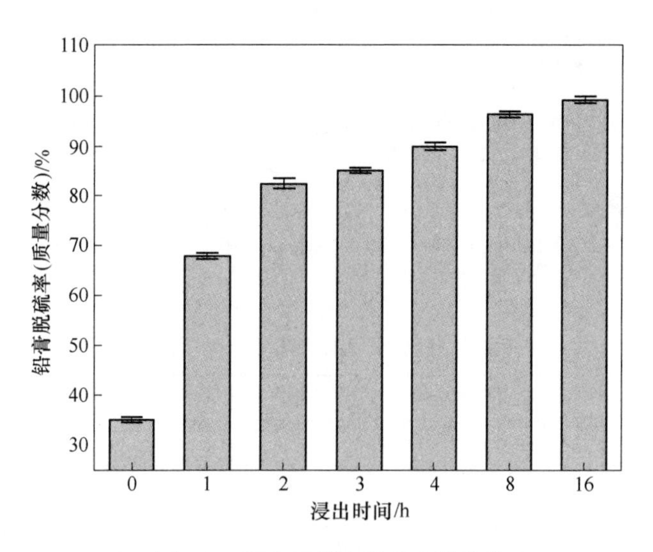

图 7-3 浸出过程中脱硫率的变化

长，在 16h 时，废铅膏脱硫率已达到 99.0%（质量分数）以上。这表明，在足够的浸出时间（≥4h），示范生产线可达到实验室小试条件下的脱硫率结果。

7.2.2 浸出过程杂质浓度随时间的变化

对取样滤渣和滤液的 Fe、Ba、Sb 等杂质进行测定，其含量随时间的变化如图 7-4 所示。浸出过程中的主要杂质在固体中的含量变化幅度不大。其中，Sb 杂质的初始浸出含量约为 200mg/kg，浸出 1h 后，含量逐渐降低。Fe 杂质在浸出时间为 16h 时含量约为 1100mg/kg，与初始含量 1300mg/kg 相比有一定幅度的降低。Ba 杂质在固相中的含量随浸出时间的变化不大，维持在 1000mg/kg 左右，这是由于 Ba 在浸出过程中大部分存在固相中，不易与固相分离。Ba 杂质在滤液中的含量较低，且基本维持在 2 mg/L，说明在浸出过程中 Ba 向滤液中的转移量不大。在浸出时间为 2h 时，Fe 杂质在滤液中的含量由 15mg/L 增加为 36mg/L，随浸出时间进一步延长，Fe 在滤液中的含量基本维持不变，这表明在浸出时间为 2h 时，Fe 向溶解态转化完成。Sb 在浸出时间为 2h 时向滤液中溶解态转化完成。

7.2.3 浸出过程杂质衡算

浸出过程中主要杂质在固相和液相的含量分布结果如图 7-5 所示。Fe 主要分布于滤渣中，随浸出时间的延长，其在滤液中的分布量逐渐变大且趋于稳定。Ba 杂质基本全部分布在固相中，在浸出时间为 16h 处，Ba 在固相中的比例达到 98.9%（质量分数）。与 Fe 和 Ba 不同，Sb 逐渐由固相向液相迁移，随着浸出时间延长，Sb 在液相中的比例变大。

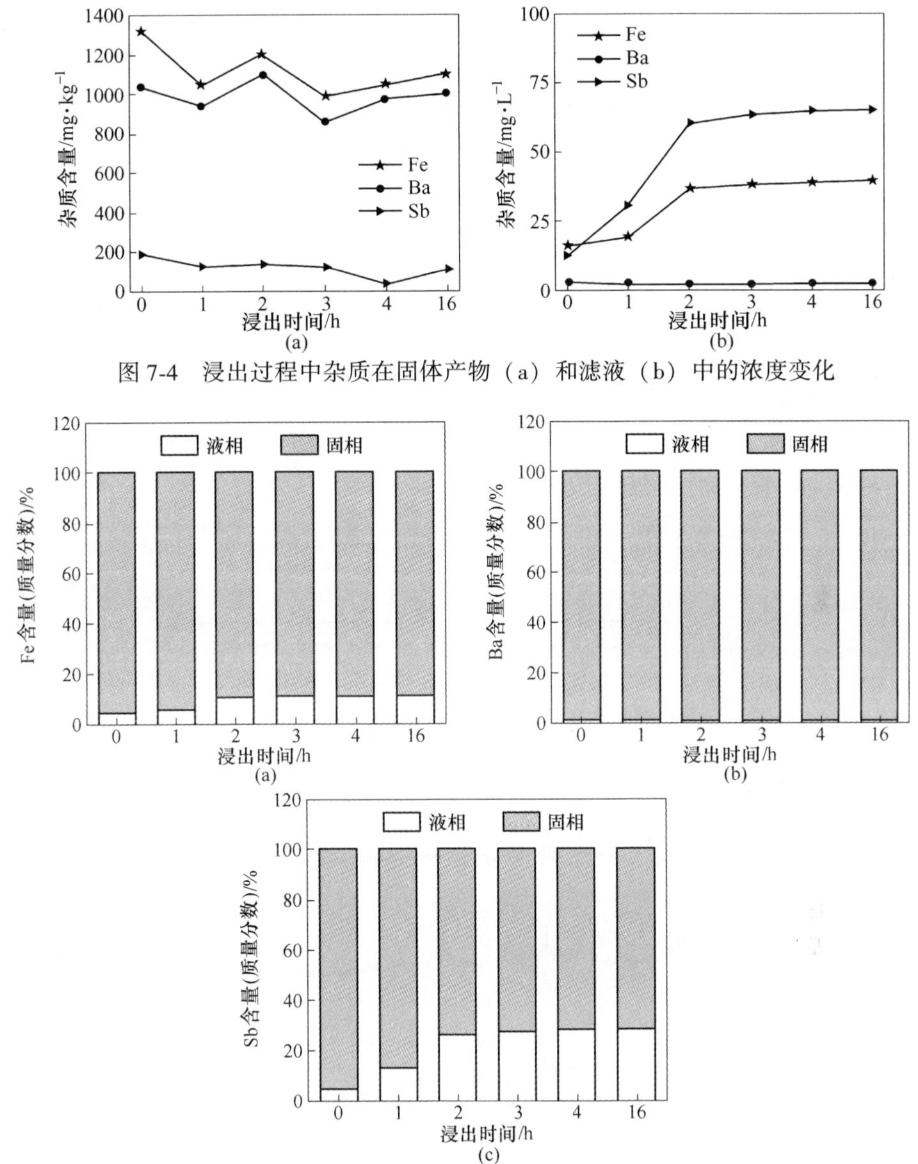

图 7-4　浸出过程中杂质在固体产物（a）和滤液（b）中的浓度变化

图 7-5　浸出过程中 Fe(a)、Ba(b) 和 Sb(c) 在固相和液相的分布

7.2.4　重结晶

物料在反应釜中反应 16h 后，转入一体机内进行重结晶操作，计时取样，重结晶过程样品的沉降速度（浆料固体液面在固定时间降低高度的百分比，单位为%/min）如表 7-4 所示。

由表 7-4 可知，随重结晶调控时间的延长，样品的沉降速度逐渐变大。在重结晶时间为 10h 时，其沉积速度可达到 20%/min，与重结晶刚开始时的沉积速度 0.5%/min 相比有较大幅度的提高。

表 7-4　重结晶过程中样品的沉降性能

序号	重结晶时间/h	沉降率/%	速度/%・min^{-1}
R-0	0		0.50
R-1	2		0.67
R-2	4	10	5.0
R-3	6		10.0
R-4	10		20.0

不同时间获得的柠檬酸铅 XRD 图谱如图 7-6 所示。由图 7-6 可知，在重结晶时间为 4h 之前，柠檬酸铅晶体的基线不平，表明其晶体结构不完整。随时间的延长，柠檬酸铅的晶型逐渐趋于完整。

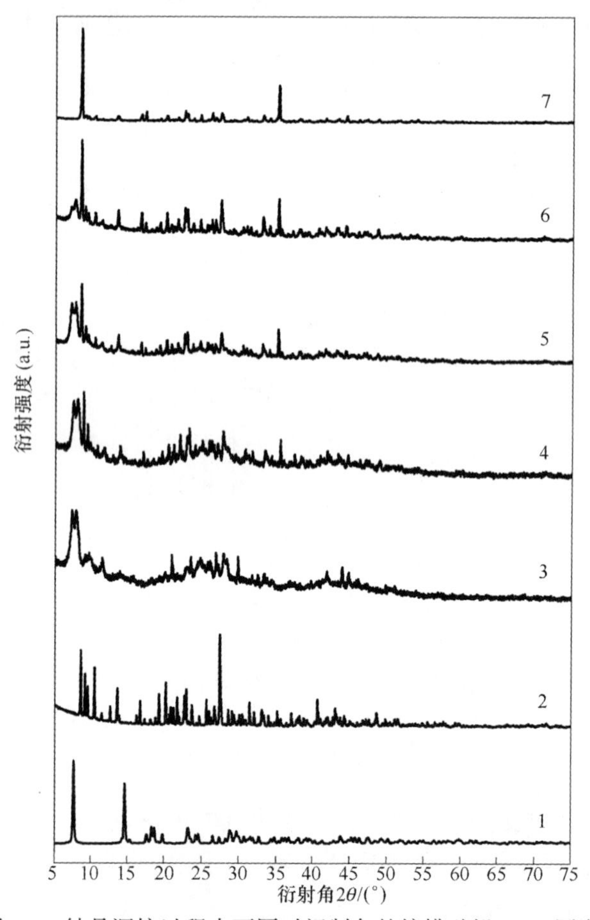

图 7-6　结晶调控过程中不同时间制备的柠檬酸铅 XRD 图谱

1—标准 $Pb(C_6H_6O_7)\cdot H_2O$；2—外购 $Pb_3(C_6H_5O_7)_2\cdot 3H_2O$；3—0h；4—2h；5—4h；6—6h；7—10h

7.2.5 柠檬酸铅的重结晶

不同重结晶时间下得到的产物 XRD 图谱如图 7-7 所示。由图可知，在不同

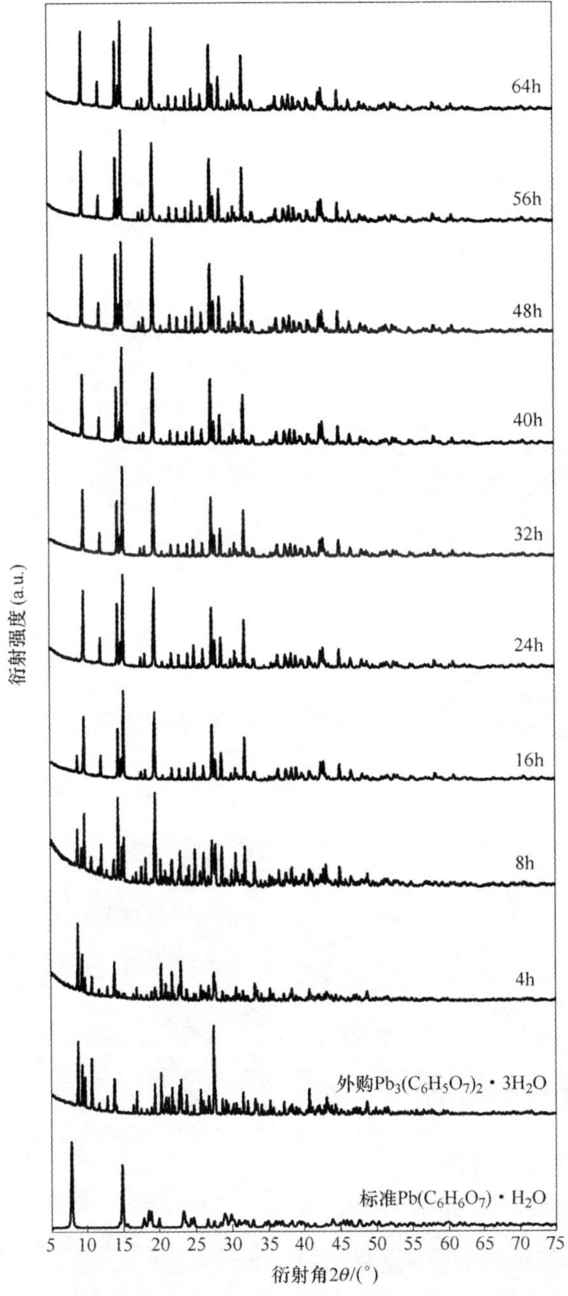

图 7-7　重结晶过程不同时间点柠檬酸铅样品 XRD 图谱

的重结晶时间，柠檬酸铅的出峰位置保持不变，与外购三铅物质（$Pb_3(C_6H_5O_7)_2 \cdot 3H_2O$）的出峰位置相似。随重结晶时间的延长，晶体的出峰强度逐渐变强，分析认为随水浴时间的延长，晶体生长且晶型更加完整。

重结晶过程中不同时间点样品的 SEM 如图 7-8 所示。重结晶初始，样品呈现柱状的形貌。随重结晶时间逐渐延长，样品形貌在前 24h 内基本没有明显的变化。随重结晶时间延长至 32h，晶体尺寸有所增加，约为 20μm。这说明，重结晶过程对晶体形貌的生长有一定促进作用。重结晶时间越长，晶体的形貌越均一，此结果与 XRD 规律基本一致，重结晶时间长的样品峰强高于重结晶时间较短的样品，表明重结晶时间长的样品结晶性能要更好一些。

(a)

(b)

(c)

(d)

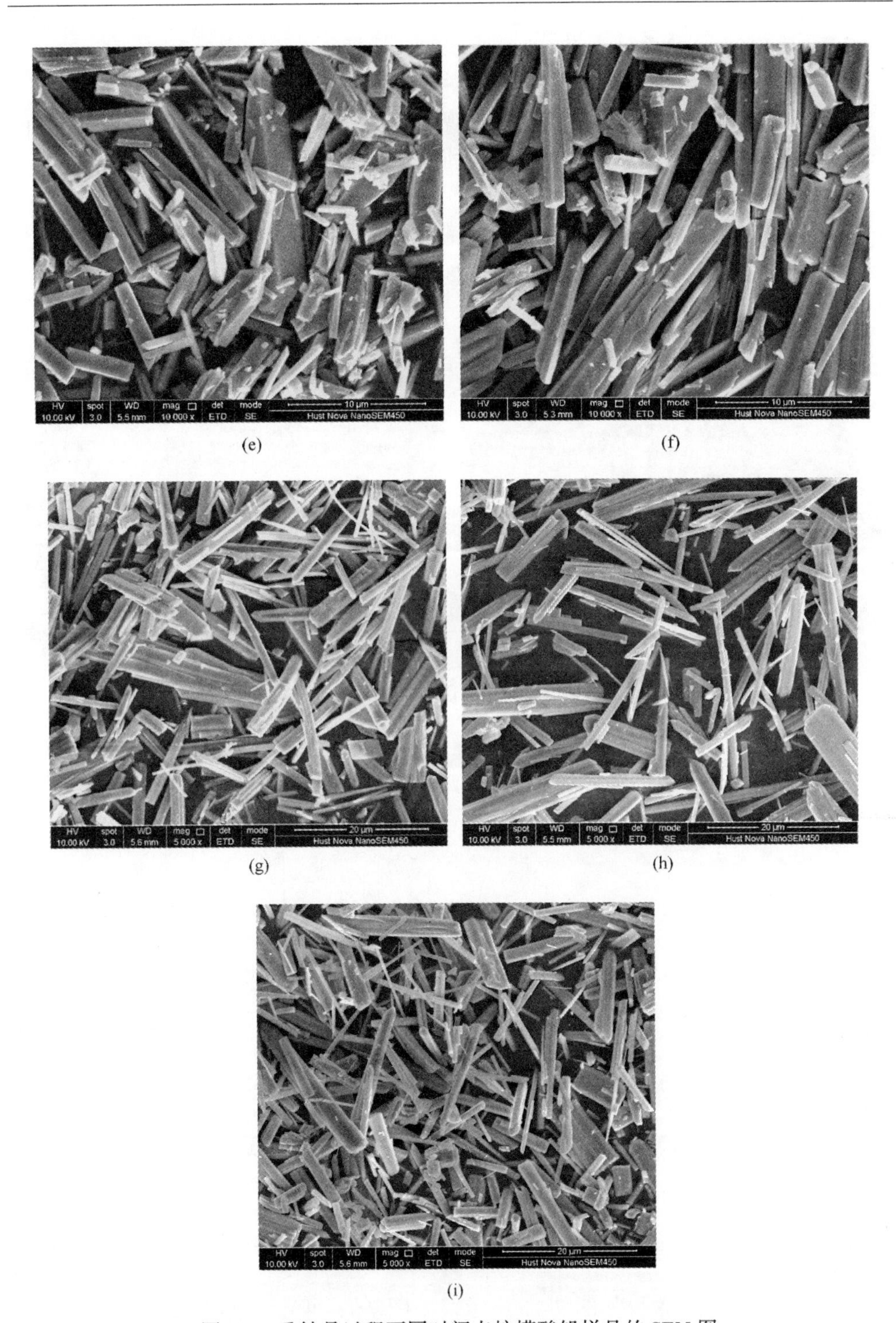

图 7-8　重结晶过程不同时间点柠檬酸铅样品的 SEM 图

(a) 4h；(b) 8h；(c) 16h；(d) 24h；(e) 32h；(f) 40h；(g) 48h；(h) 56h；(i) 64h

7.3　湿法过程压滤产物分析

重结晶产物进行压滤脱水的滤饼外观如图 7-9 所示。滤饼外观均一致密，色泽均一，呈现乳白色，无明显未反应物的颜色，且具有一定的硬度，便于后续的运输和储存。

干燥后滤饼的 TG-DTA 测试结果如图 7-10 所示。由图 7-10 可知，滤饼的分解分为四个失重区，其过程对应一个吸热峰和三个放热峰，其放热峰和吸热峰分布与 $Pb_3(C_6H_5O_7)_2 \cdot 3H_2O$ 类似。

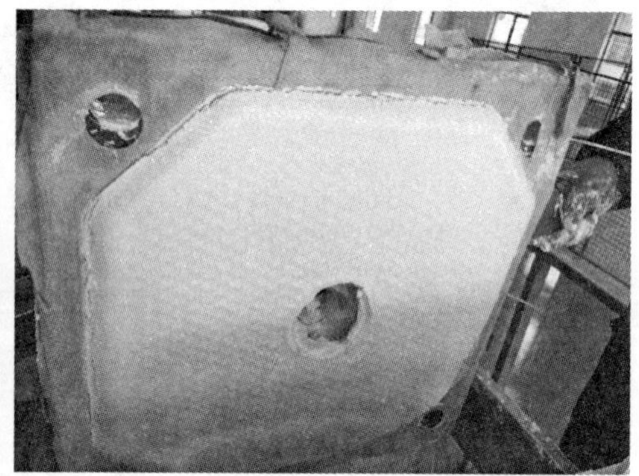

图 7-9　重结晶后浆料压滤获得的滤饼外观图

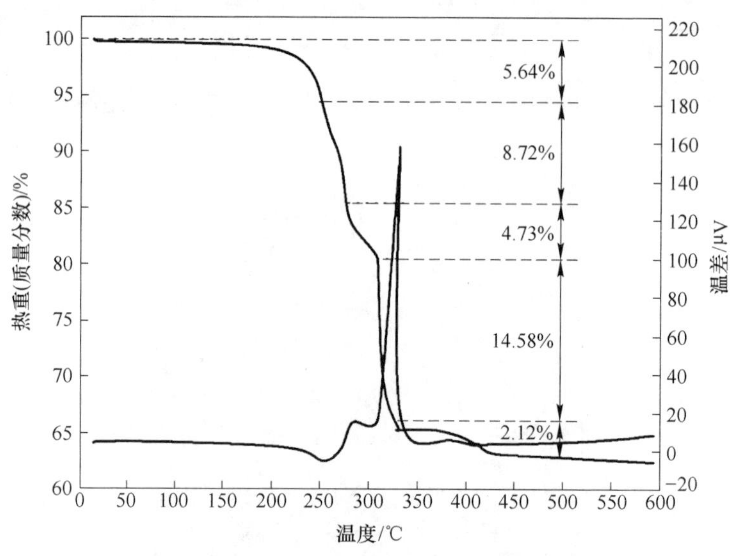

图 7-10　干燥后滤饼的 TG-DTA 测试结果

滤饼中主要杂质含量如图 7-11 所示。由图 7-11 可知，通过除杂工艺示范生产线制备的柠檬酸铅前驱体中杂质含量较乙酸-柠檬酸钠工艺有大幅度降低。Fe

杂质含量降低至 27.3mg/kg，Al 杂质含量为 34.6mg/kg，Cu、Zn 和 Sb 等杂质浓度分别为 7.5mg/kg、16.4mg/kg 和 4.5mg/kg，Ba 杂质含量控制为 129.7mg/kg。基于两步法除杂新工艺示范生产线可获得杂质含量较低的柠檬酸铅产品。

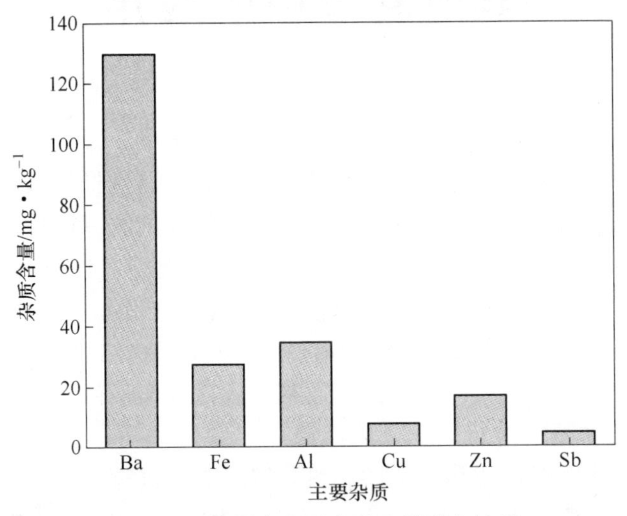

图 7-11　滤饼中主要杂质含量测定结果

过滤和干燥后产物中的主要杂质含量如表 7-5 所示。产物中杂质含量相对较高，需进一步除杂。

表 7-5　乙酸-柠檬酸钠体系中试示范线产物杂质含量

主要杂质	Fe	Ba	Sb
含量/mg · kg^{-1}	1140.5	1026.1	119.3

7.4　本章小结

本章结合国家科技支撑项目开展工程示范研究，建立了可稳定运行 250kg/批次的废铅膏湿法回收中试示范工程。乙酸-柠檬酸钠工艺应用于废铅膏湿法回收示范工程，在浸出时间为 4h 时，浸出反应的脱硫率可达 90%（质量分数），产物中主要杂质含量较高，Fe 和 Ba 含量大于 1000mg/kg，Sb 含量大于 200mg/kg。

两步法除杂新工艺应用于废铅膏湿法回收示范工程，乙酸浸出步骤可有效去除杂质，Fe 杂质含量可降低至 27.3mg/kg，Al 杂质含量控制为 34.6mg/kg，Cu、Zn 和 Sb 杂质含量分别为 7.5mg/kg、16.4mg/kg 和 4.5mg/kg，Ba 杂质含量略高，约为 129.7mg/kg。

8　柠檬酸铅制备超细铅粉研究及在电池制备中的应用

在铅膏湿法浸出低温焙烧制备超细铅粉的新工艺中，重要一步是如何热分解柠檬酸铅制备符合电池制备要求的超细铅粉，因此，研究柠檬酸铅的热分解机理以及超细铅粉的制备具有重要意义。金属羧酸盐的配合物一般按某种方式紧密堆积排列，原子间的相互影响以及各自的晶格结合力类型对热分解都会发生作用。同时，加热分解过程中的变化是一个综合的物理化学过程。配合物的热稳定性常与金属离子、配位基和配位基外部离子的特性以及环状结构的出现等密切相关。热分析技术的出现使人们可以在变温，通常是线性升温条件下，对固体物质的反应（包括物理变化等）进行研究。因此通过对固体物质热分析反应曲线进行一定的数学处理，从而对物质热稳定性、热分解反应等进行分析。

本章的实验对象有两种：一是以实际铅膏为原料，在柠檬酸-柠檬酸钠体系pH值为3~4制备的细鳞片状柠檬酸铅，分子式为 $Pb(C_6H_6O_7) \cdot H_2O$，称为LC（柠檬酸与铅的摩尔比为3∶1，柠檬酸钠与铅的摩尔比为9∶5，双氧水与二氧化铅摩尔比为2∶1，固液比为1/5，反应时间为12h）；二是采用实际铅膏在乙酸-柠檬酸钠体系中常温并55℃重结晶6h后处理得到的条柱状柠檬酸铅，分子式为 $Pb_3(C_6H_5O_7)_2 \cdot 3H_2O$，称为 L_3C_2。采用TG/DTA热分析以及不同条件下的焙烧实验，并结合超细铅粉的表征，综合探讨柠檬酸铅热分解机理。

8.1　柠檬酸铅热分解特性研究

8.1.1　柠檬酸铅LC的失重特性曲线分析

对 $Pb(C_6H_6O_7) \cdot H_2O$ 进行TG/DTA综合热分析，为了探讨升温速率对柠檬酸铅热分解的影响，设置三个不同的升温速率，实验条件为：空气气氛，样品质量为3.000~4.000mg，升温范围为室温至600℃，升温速率分别为2.5℃/min、5℃/min、10℃/min。

图8-1分别为三种不同升温速率下柠檬酸铅（LC）的TG、DTG曲线。从图中可以看出，柠檬酸铅的TG曲线有多个失重段，对应DTG曲线上的多个峰。随着升温速率的提高，TG和DTG曲线均向高温区移动，柠檬酸铅热分解阶段的起始和终止温度得到相应增加。这可能是因为一方面升温速率越高，试样达到相同温度经历的反应时间越短，反应程度越低，换言之，要达到一样的反应程度，升

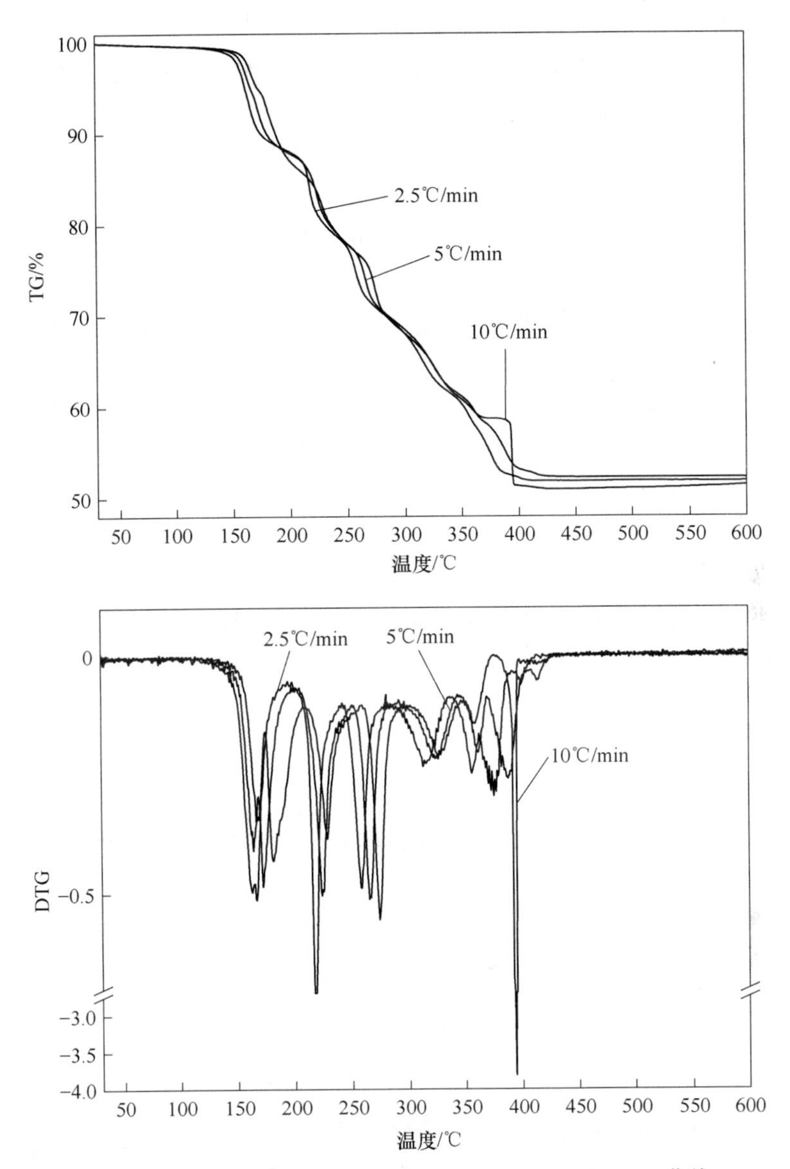

图 8-1 不同升温速率下柠檬酸铅（LC）的 TG 和 DTG 曲线

温速率越高则所需时间越长，温度也会相应延后；另外，介质的扩散和热量的传递均需要一定时间，也会导致热滞后现象明显。从图中可以看出，柠檬酸铅热分解后得到的固体残留率较为稳定。总体上看，柠檬酸铅在空气中热分解可以分为2个大的阶段。从室温到170℃左右，为柠檬酸铅脱除结晶水分阶段，TG 曲线变化明显；200~450℃左右为热解反应的主体阶段，总失重率为47%~48%。这主要是由于柠檬酸铅中柠檬酸根有机物含量较高，各部分成分不同，故当温度达到一定水平时就会发生键的断裂及基团的转化变性，析出大量挥发分，可能直接受热分解为 H_2、CO_2等小分子气体；同时，在氧气的作用下化合物发生燃烧，失重最大，此后 TG 曲线逐渐趋于平缓。

不同升温速率下柠檬酸铅热解的 DTA 曲线如图 8-2 所示。柠檬酸铅热分解的 DTA 曲线出现吸热与多个放热峰，从图中可以看出，在 170℃出现吸热峰，这是结晶水的失去，与 TG 曲线在 170℃时的失重情况一致。在热分解主体阶段 200~450℃，出现明显放热峰，这是由于在该阶段柠檬酸铅失重最显著，有机物分解最剧烈，特别是最后 C 的燃烧放出大量的热量。随着温度升高至 450℃，DTA 曲线变化不明显，热分解完成。随着升温速率的提高，柠檬酸铅热分解的 DTA 曲线吸热峰峰高对应的温度升高，峰形更尖锐，峰面积也相应增大，这是由于试样在单位时间内发生转变和反应的量随升温速率的提高而增大，使得焓变速率增加，且在高升温速率下，试样与外界的传热温差、试样外层与内层间的温度梯度均较大，而 DTA 曲线从峰值返回基线的温度由时间和试样与参比物间的温度差决定，因此提高升温速率令曲线返回基线时的温度或热效应结束时的温度均向高温方向移动。由此可以看出过高的升温速率可以造成反应更加剧烈，有可能对低熔点的铅团聚产生一定影响。

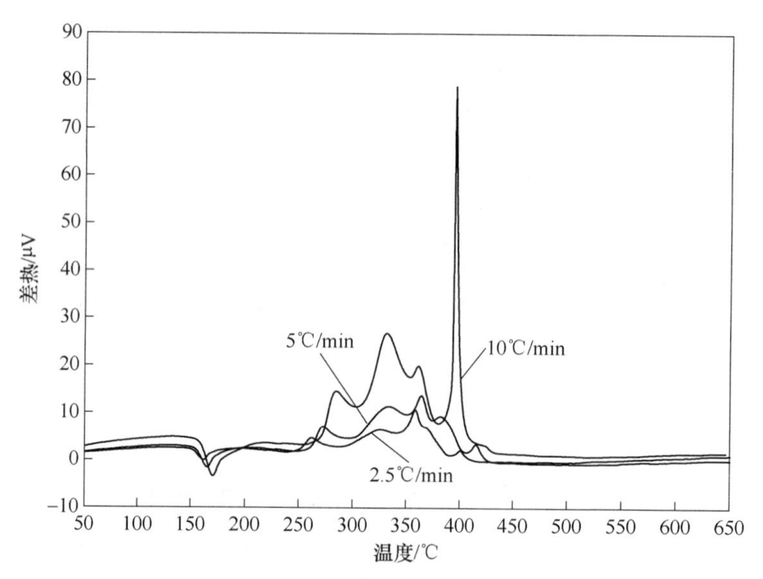

图 8-2　不同升温速率下柠檬酸铅（LC）的 DTA 曲线

8.1.2　柠檬酸铅 L_3C_2 的失重特性曲线分析

对柠檬酸铅 L_3C_2 进行 TG-DSC 综合热分析，设置三个不同的升温速率，实验条件为：空气气氛，样品质量为 3.000~4.000mg，升温范围为室温至 600℃，升温速率分别为 2.5℃/min、5℃/min、10℃/min。

图 8-3 分别为三种不同升温速率下柠檬酸铅（L_3C_2）的 TG、DTG 曲线。从图中可以看出，柠檬酸铅的 TG 曲线有多个失重段，对应 DTG 曲线上的多个峰。但是总体上柠檬酸铅（L_3C_2）热分解失重曲线较柠檬酸铅（LC）的分解曲线简单，有四个较为明显的失重台阶，与 DTG 曲线的四个峰一致，失重主要发生在 250~400℃之间。随着升温速率的提高，柠檬酸铅热分解阶段的起始和终止温度相对稳定。柠檬酸铅在空气中热分解过程复杂，升温速率对其热分解过程的影响

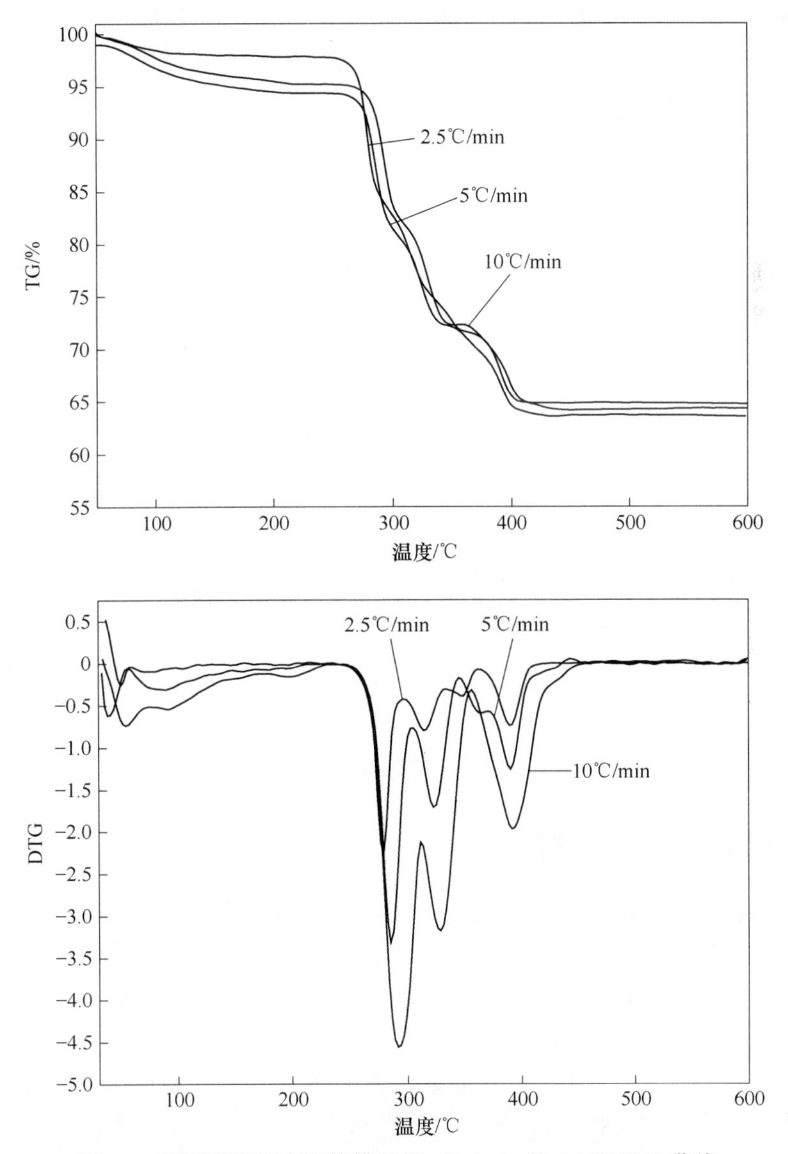

图 8-3　不同升温速率下柠檬酸铅（L_3C_2）的 TG 和 DTG 曲线

并不显著。在升温过程中，其组分中的挥发组分按各自发生的反应陆续析出，从而形成了一个连续但是又有分别的跨度较小的失重峰，然而这些峰其实是由多个彼此相邻且大部分重叠的失重峰组成的。

不同升温速率下柠檬酸铅热解的 DSC 曲线如图 8-4 所示。柠檬酸铅热分解的 DSC 曲线出现吸热与多个放热峰，从图中可以看出，吸热峰不是很明显，而在热分解主体阶段（250~400℃）出现明显放热峰，这是由于在该阶段柠檬酸铅有机物分解最剧烈。放热峰之间重叠，说明热分解各阶段界限不明晰，峰值温度在 350℃左右，说明此温度下热分解达到最大。随着升温速率的提高，柠檬酸铅热分解的 DSC 曲线吸热峰峰高对应的温度升高，峰形更尖锐，峰面积也相应增大，这是由于试样在单位时间内发生转变和反应的量随升温速率的提高而增大。

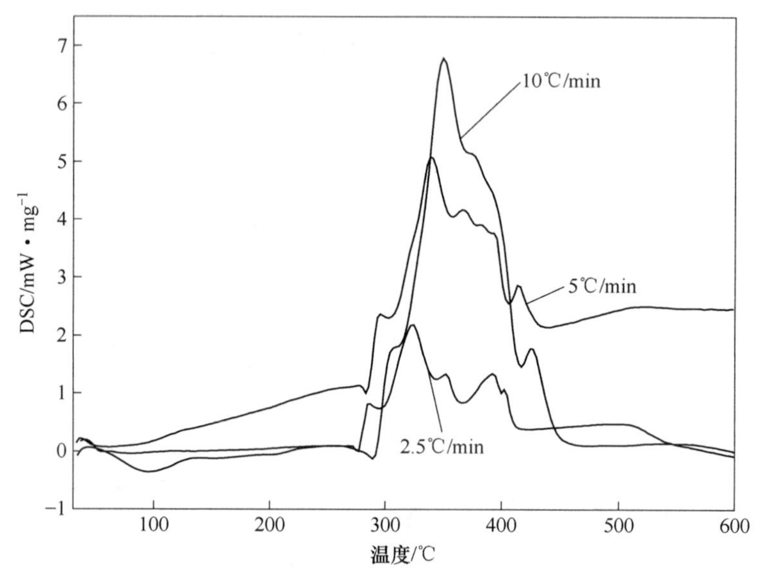

图 8-4　不同升温速率下柠檬酸铅（L_3C_2）的 DSC 曲线

8.2　柠檬酸铅热分解过程探讨

柠檬酸铅的热分解涉及较多的化学反应和中间产物，并且受多种反应条件如柠檬酸铅的特性、运行参数等的影响。热天平与红外光谱仪联用的分析技术，以其准确、灵敏、重现性好和实时分析的优点，被用于热分解机理的研究。实验选取铅膏浸出的两种柠檬酸铅作为研究对象，首先利用热重与红外联用（TG-FT-IR）技术，综合 TG 实时记录柠檬酸铅样品的热解失重信息和 FT-IR 能在线分析热分解气的形成释放特性的优点，对两种柠檬酸铅在空气气氛下进行分析，探讨各种柠檬酸铅热分解的过程。

8.2.1　柠檬酸铅（LC）热分解过程

对柠檬酸铅（LC）进行 TG-FT-IR 联合分析，实验条件为：空气气氛，样品（约 10mg）以 10℃/min 的升温速率从室温升至 600℃。热分解过程中所产生的气体产物直接进入红外室进行红外扫描，扫描的 IR 波数范围为 500~4000cm^{-1}，分辨率为 2.5cm^{-1}，扫描速率为每 5s 一次，载气流量为 120mL/min。在测试中气室和气体传输管路的温度保持在 200℃，避免半挥发性气体产物可能发生的冷凝和吸收。

不同温度时热分解气体产物的特征图谱如图 8-5 所示。各种气体的红外特征峰吸收波数见表 8-1。

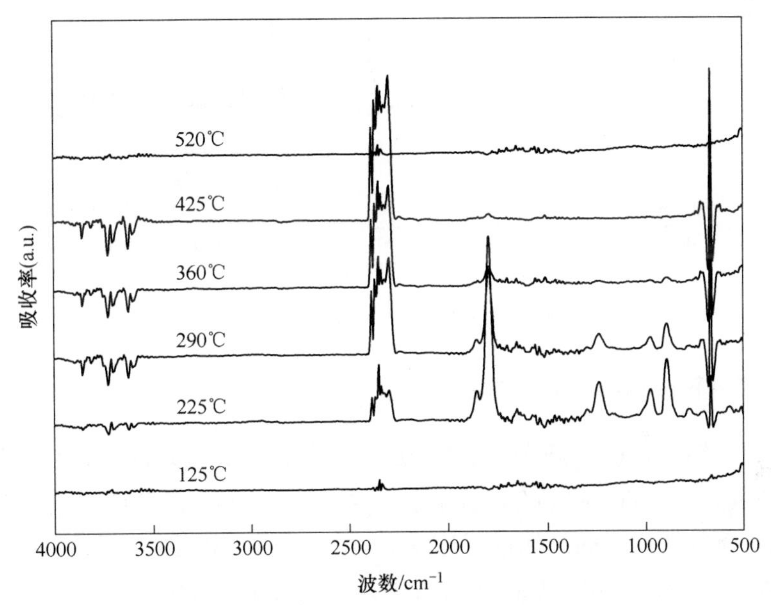

图 8-5　柠檬酸铅 LC 在空气中不同温度热分解的 FT-IR 图谱

表 8-1　典型气体的特征峰波数

气体	CO_2	CO	H_2O	有机物
波数/cm^{-1}	2260~2380 600~750	2100~2200	3400~3700 1500~1700	900~1500 1700~1900

结合表 8-1，从图 8-5 中可以看出，在 225℃ 产生的气体为 CO_2 和有机气体；在 290℃时，产生的有机气体变小，而 CO_2 气体逐渐增加；在 360℃时，产生的气体几乎都是 CO_2，随后 CO_2 产气量随温度的升高而逐渐减少；在 520℃，几乎没有气体产生。这与柠檬酸铅（LC）的 TG/DTA 中热分解主体阶段在 250~450℃的结果一致。

另外，温度高于200℃时，在波数为1700~1900cm^{-1}的范围内出现一些吸收峰，图8-6为热解温度为225℃时气体的FT-IR谱图。根据结合谱图与数据库和文献可知，它们可能是甲醛（CH_2O）、乙醛（CH_3CHO）、甲醇（CH_3OH）、甲酸（HCOOH）和丙酮（CH_3COCH_3）等。这些有机物可能是柠檬酸铅热分解的中间产物。

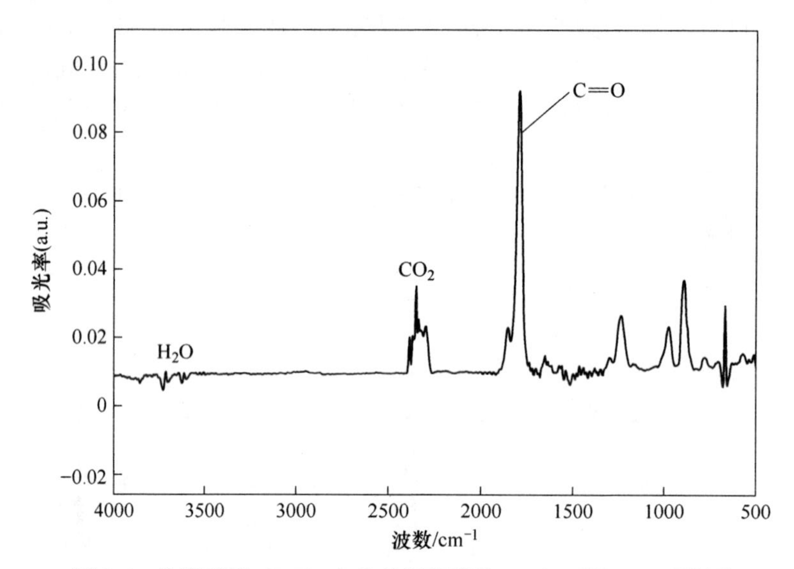

图8-6　柠檬酸铅（LC）在热分解温度为225℃时的FT-IR谱图

8.2.2　柠檬酸铅（L_3C_2）热分解过程

对柠檬酸铅（L_3C_2）进行TG-FT-IR联合分析，实验条件为：空气气氛，样品（约10mg）以10℃/min的升温速率从室温升至600℃。柠檬酸铅（L_3C_2）热分解时同步对热解产生的气体进行连续FT-IR扫描，不同温度下的热解气体产物的特征图谱如图8-7所示。从图中可看出，热解气体主要也是CO_2。

在230℃左右，热解气的主要成分可能为CO_2、H_2O和一些有机物。CO_2产量在330℃时达到峰值，在450℃以后几乎消失。总体上柠檬酸铅（L_3C_2）分解产生气体明显少于柠檬酸铅（LC）热分解产生气体，从热分解的温度来看，柠檬酸铅（L_3C_2）更容易分解。这与TG-DSC结果一致。

8.2.3　热分解最终产物的EDX分析

从柠檬酸铅的元素组成可知，最终的热分解产物只可能包括铅、氧、碳三种元素，但是不同热分解条件可能导致最终的产物也不会完全一样。柠檬酸铅LC与L_3C_2分别在空气中370℃与350℃焙烧1h产物的EDX见图8-8。从图8-8可以看出，最终的产物为氧化铅与金属铅，后面的XRD实验也证明了这一点。

8.2.4 柠檬酸铅热分解的机理

根据实验分析和模拟结果，两种柠檬酸铅热分解过程基本相似，只是发生反应的温度带有区别，因此可以将柠檬酸铅的在空气中的热分解反应简化为：

$$柠檬酸铅 \xrightarrow{加热} H_2O+CO_2+碳氢化合物+PbO+Pb \qquad (8\text{-}1)$$

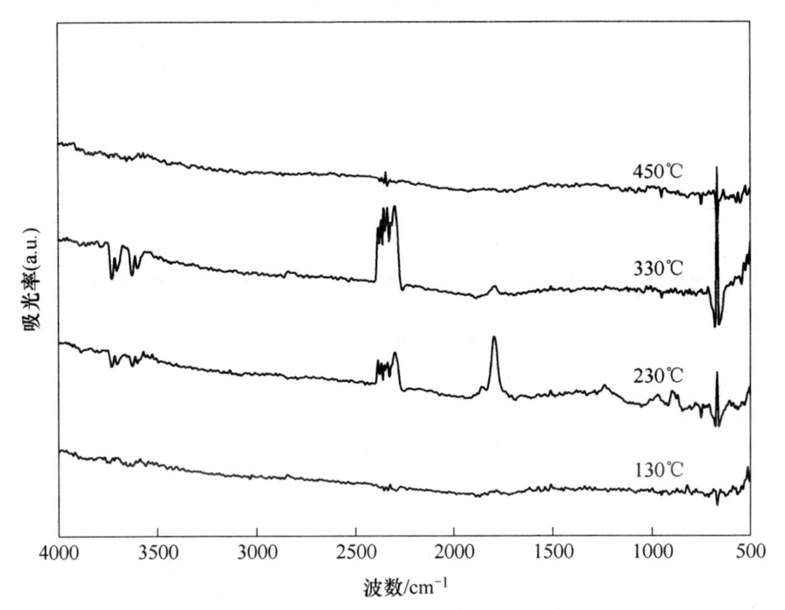

图 8-7 柠檬酸铅（L_3C_2）在空气中不同温度热分解的 FT-IR 图谱

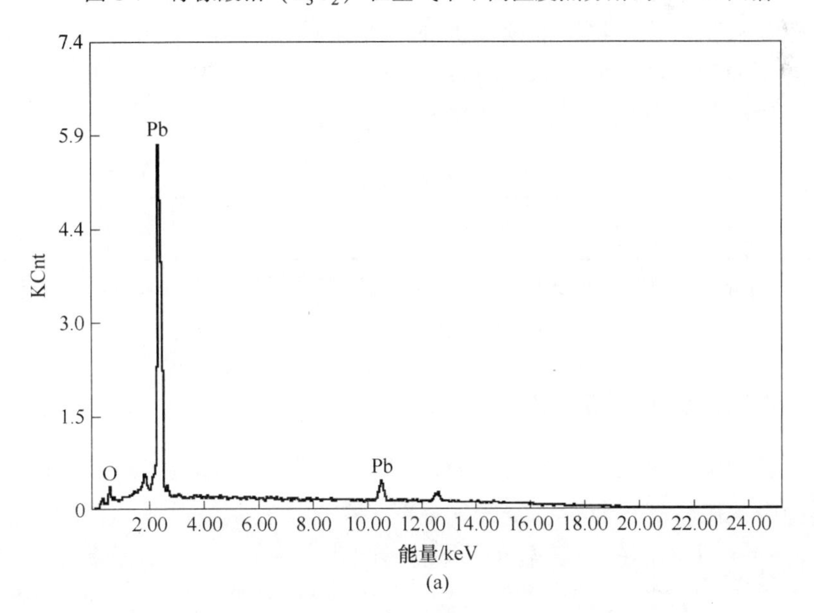

(a)

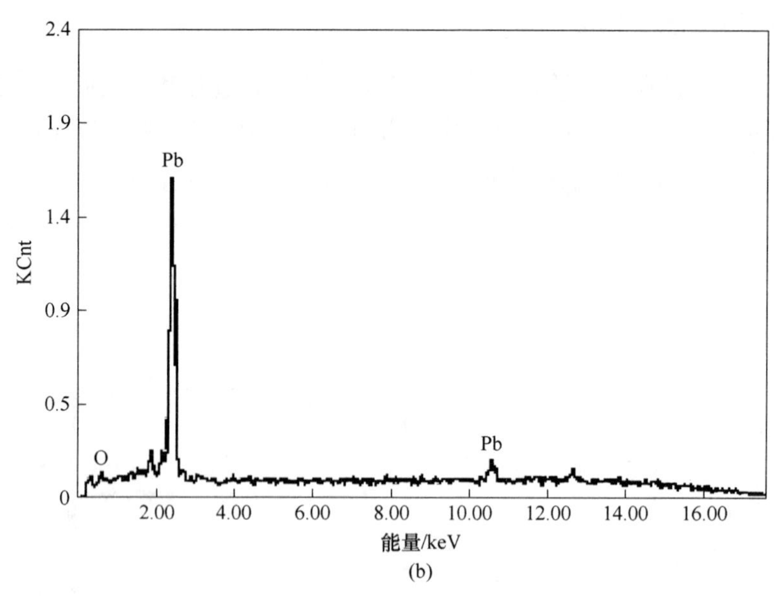

图 8-8 柠檬酸铅在空气中热分解产物能谱图

(a) LC (370℃, 1h); (b) L_3C_2 (350℃, 1h)

为了获得更全面的认识，图 8-9 阐述了柠檬酸铅在空气气氛下的热分解机理，可以看出柠檬酸铅的热分解过程主要包括：柠檬酸铅的脱水，主要发生在小于200℃，柠檬酸铅失去水分，形成无水柠檬酸铅；无水柠檬酸铅在200~450℃，生成CO_2、CO、碳氢化合物等以及中间产物；进一步反应，直至热分解完全最终产物为铅与氧化铅。所提出的这一机理也与前人的实验结果相一致，只是可能由于柠檬酸铅的种类的不同，热分解发生的温度范围会有所差别，但这一机理基本能代表柠檬酸铅热分解反应的整体过程。

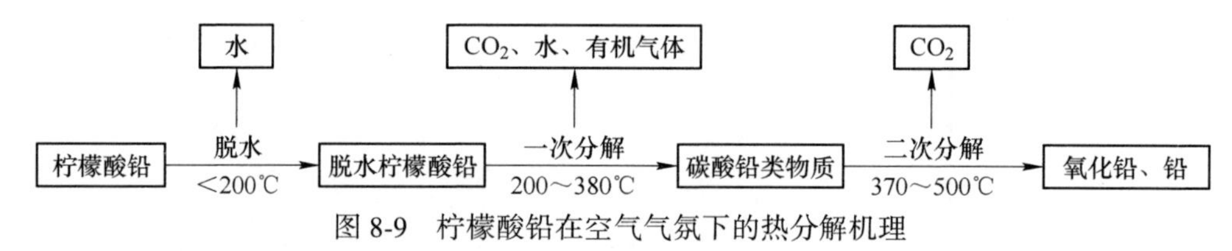

图 8-9 柠檬酸铅在空气气氛下的热分解机理

8.3 柠檬酸铅制备超细铅粉

本节实验的样品为两种，分别是 LC 与 L_3C_2，制备条件见本章首页。

本实验中采用管式气氛炉，空气气氛下，在焙烧实验中前驱体柠檬酸铅质量为5g左右，考查了不同的焙烧温度、保温时间对产物的影响。结合图 8-2 的檬酸铅（LC）的 DTA 与图 8-4 柠檬酸铅（L_3C_2）的 DSC 转变温度，由于柠檬酸铅分解集中在 300~450℃且相对较难分开，因此选择了在 300℃、350℃、400℃、450℃、500℃焙烧；同时考察在 200℃、250℃下烧失量。升温速率为 5℃/min，保温时间为 1h、3h、6h。焙烧产物在称量计算其失重后，采用 XRD、SEM 表征。

8.3.1 柠檬酸铅（LC）制备超细铅粉

在柠檬酸-柠檬酸钠体系中制备的柠檬酸铅，分子式为 $Pb(C_6H_6O_7) \cdot H_2O$，TG/DTA 分析失重在 47.0%左右，SEM 分析结果显示为板状形貌，颗粒大小在 10~50μm 之间。

柠檬酸铅在不同焙烧温度下质量损失曲线如图 8-10 所示。从图中可看出，在 200~350℃的温度区间，随着焙烧温度的升高，柠檬酸铅失重变大，但是失重速度越来越慢，350℃后开始趋于平缓。这说明柠檬酸铅分解主要发生在 350℃之前，到 400℃基本上完全分解。400℃下的失重为 46.8%，与热重曲线的数据约 47.3%相比差别不大。

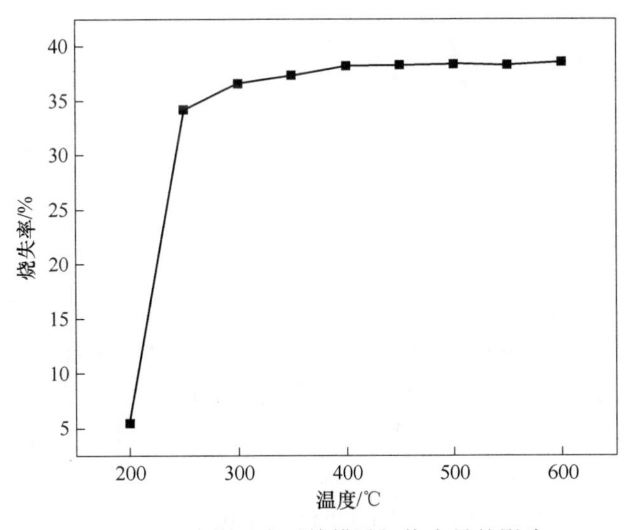

图 8-10 焙烧温度对柠檬酸铅烧失量的影响

8.3.1.1 不同温度下的分解产物 XRD 图谱

对柠檬酸铅在不同焙烧温度下的样品进行 XRD 分析，实验结果见图 8-11。从图中可看出，随着焙烧温度的升高，样品的物相还是发生了较大的变化。在 300℃产物的 XRD 中发现有未完全分解的产物 $Pb_3O_2CO_3$，随着温度的升高，产物晶相组成几乎一样，包括 β-PbO（主晶相）、α-PbO 与金属铅。焙烧温度继续升高，金属铅的含量逐渐变低，而 β-PbO 的含量逐渐增多；在 500℃温度下样品全部是 β-PbO。随着温度升高，Pb 的衍射峰逐渐减小，这是由于温度升高，氧化反应增强，当温度再升高至488℃以上，Pb 完全被氧化，同时 α-PbO 向 β-PbO 转变。由此可看出，可以通过调节温度来控制产物中 PbO/Pb 的比例以及 PbO 的晶相组成。

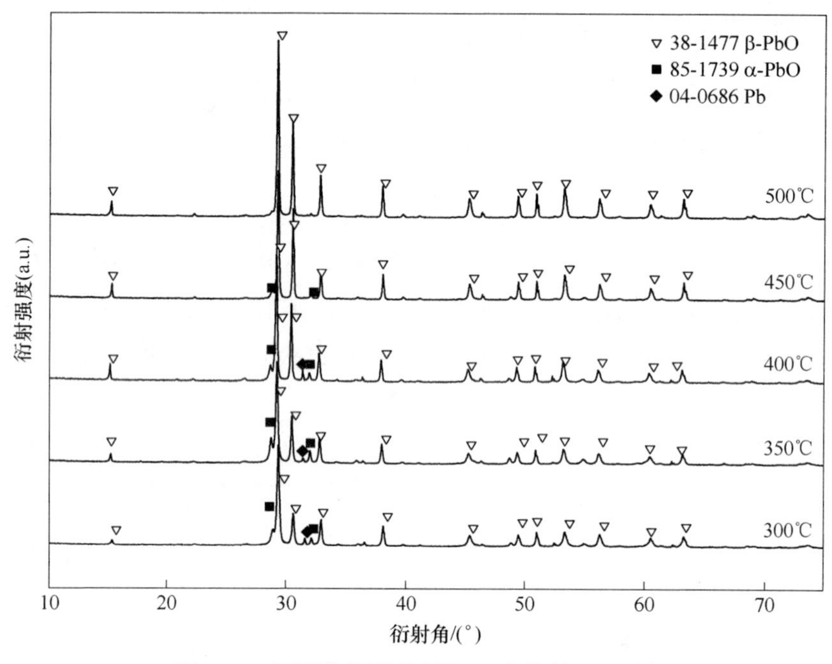

图 8-11　不同焙烧温度保温 1h 产物的 XRD 图

对柠檬酸铅不同焙烧温度下保温 3h 的样品进行 XRD 分析，实验结果见图 8-12。从图中可看出，在 300～350℃柠檬酸铅焙烧产物中主要包括 β-PbO（主晶相）、α-PbO 与金属铅。随着焙烧温度的升高，焙烧时间的延长，出现了一种新的物相 Pb_3O_4，在 450℃，Pb_3O_4含量最高，而在 500℃时焙烧的产物全变成了 β-PbO。在 300℃，样品的颜色为灰色，柠檬酸铅没有完全分解；350℃时颜色为黄色；在 400℃与 450℃成分发生较大的变化，颜色为红色；当温度到 500℃，颜色变成了黄色。Munson 研究了升温速率对 PbO 晶型转变的影响，结果表明在不同气氛、不同升温速率下加热由草酸铅热分解得到的α-PbO，当在空气中加热速率为 1℃/min 时，α-PbO 先被氧化成 Pb_3O_4，Pb_3O_4再分解成α-PbO，最后在高于 560℃下转变成 β-PbO。从结果可以看出在适当的温度下延长焙烧时间可以使α-PbO 向 Pb_3O_4转化。

对柠檬酸铅不同焙烧温度下保温 6h 的样品进行 XRD 分析，实验结果见图 8-13。从图中可以看出，在 300～350℃柠檬酸铅焙烧产物中主要包括 α-PbO、β-PbO 与金属铅。随着焙烧温度的升高，焙烧时间的延长，在 350℃出现了一种新的物相 Pb_3O_4，在 350～450℃范围内，随着温度的升高，Pb_3O_4含量也升高，而在

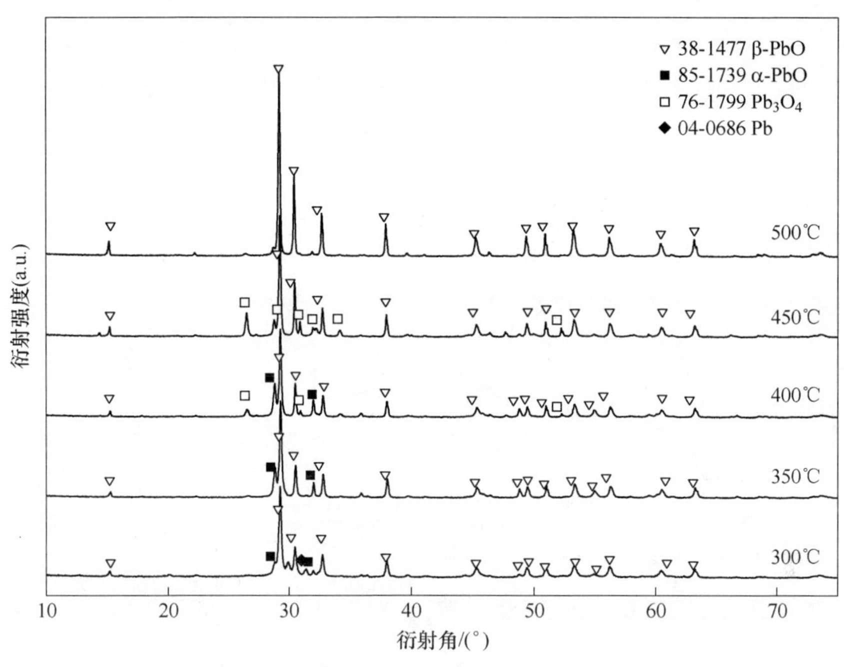

图 8-12 不同焙烧温度保温 3h 产物的 XRD 图

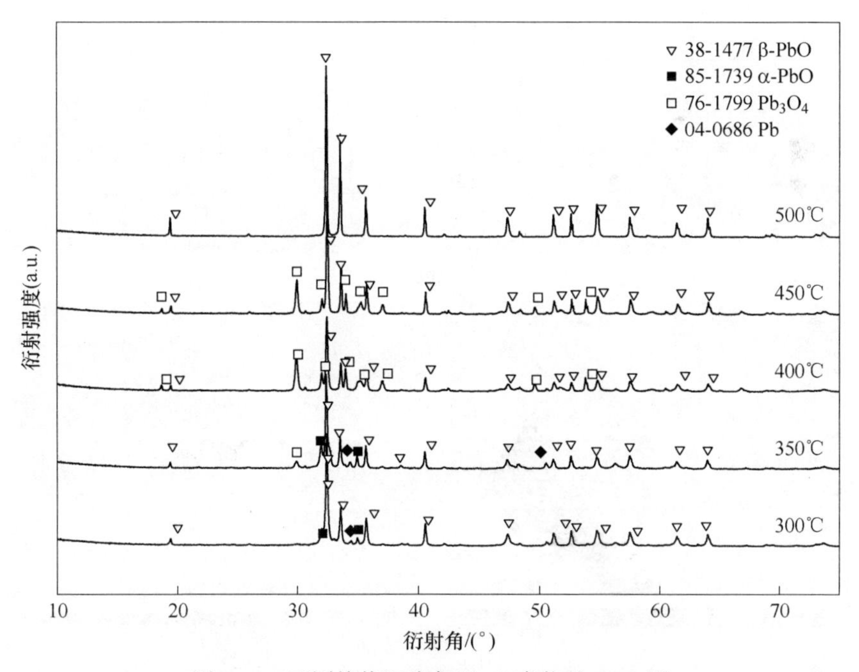

图 8-13 不同焙烧温度保温 6h 产物的 XRD 图

500℃时焙烧的产物全变成了 β-PbO。保温 6h，产物颜色的变化与保温 3h 颜色变化规律基本一样，450℃保温 6h 颜色更红，说明生成的 Pb_3O_4 也较多。从不同温度与时间实验结果可以看出，焙烧温度与时间都对柠檬酸铅热分解有较大的影响。焙烧温度主要是影响柠檬酸铅是否分解完全，而焙烧时间则对产物中的物相有较大的影响。

8.3.1.2 不同条件的分解产物 SEM 分析

不同温度下保温 1h 得到超细粉末 SEM 图见图 8-14。从图中可以看出，350℃

图 8-14 不同温度下保温 1h 制备超细铅粉的 SEM 图

(a) 350℃；(b) 400℃；(c) 450℃

下分解得到的铅粉多成团聚状态，而 400℃与 450℃得到超细粉的颗粒大致相似，都是在 200~500nm，而团聚成 1~2μm 的颗粒物。

图 8-15 是 400℃不同保温时间得到的超细粉末 SEM 图。从图中可以看出，随

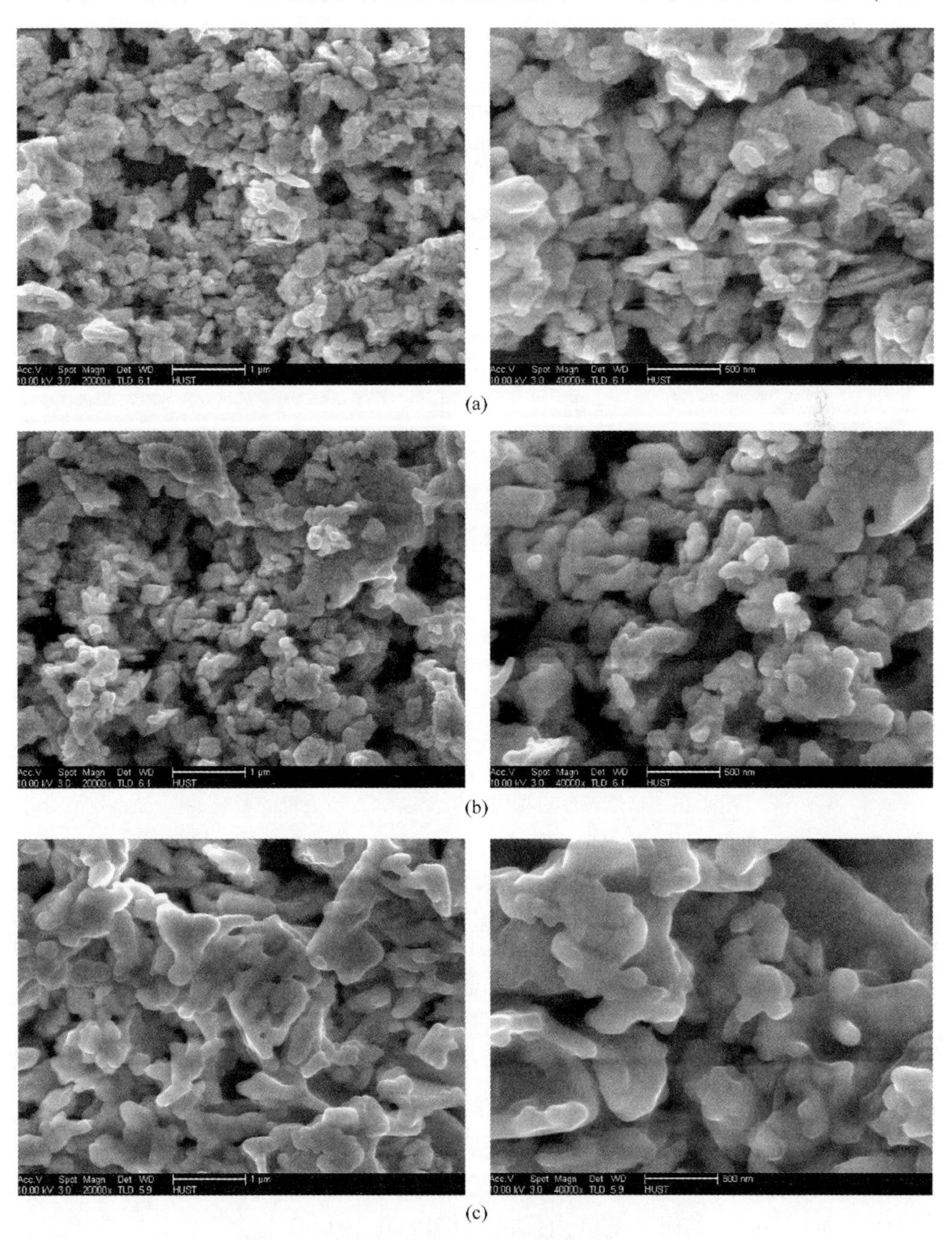

图 8-15 400℃不同保温时间的超细粉末 SEM 图

(a) 1h；(b) 3h；(c) 6h

着焙烧时间的延长，铅粉逐渐呈团聚状态，而保温 1h 与 3h 得到的超细铅粉颗粒大致相似，都是在 200~500nm，保温 6h 的铅粉能看到明显的团聚现象。因此在 400℃保温 1h 是制备不含四氧化三铅的铅粉的最优条件。

8.3.2　柠檬酸铅（L_3C_2）制备超细铅粉

本部分实验使用的柠檬酸铅为在乙酸-柠檬酸钠体系采用千克级实验装置浸出，然后 55℃保温 6h 重结晶而得。在焙烧实验中前驱体柠檬酸铅质量为 5.0g 左右，考查了不同的焙烧制度、焙烧温度、焙烧时间对产物的影响。不同温度下的烧失量见图 8-16，从图中可以看出，随着焙烧温度的升高，烧失量逐渐增加，但是超过 250℃后，烧失量增加相对缓慢，而超过 350℃后变化很小。

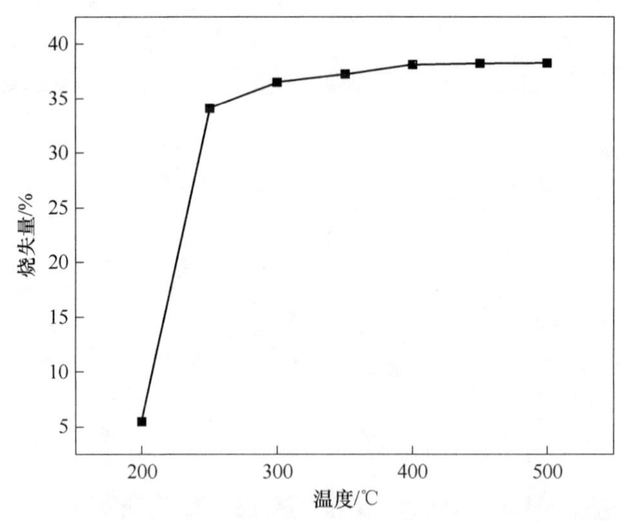

图 8-16　焙烧温度对柠檬酸铅（L_3C_2）烧失量的影响

8.3.2.1　不同温度下分解产物 XRD 图谱

对柠檬酸铅（L_3C_2）不同焙烧温度下保温 1h 的样品进行 XRD 分析，实验结果见图 8-17。从图中可看出，随着焙烧温度的升高，样品的物相还是发生了较大的变化。250~350℃的温度范围内都包括 α-PbO、β-PbO 与金属铅；随着焙烧温度的升高，金属铅的含量逐渐变高，在 400℃达到最高，而 α-PbO 完全消失，β-PbO 的含量逐渐增多；在 500℃温度下保温 1h 的样品全部是 β-PbO。

对柠檬酸铅（L_3C_2）不同焙烧温度下保温 3h 的样品进行 XRD 分析，实验结果见图 8-18。从图中可看出，随着焙烧温度的升高，样品的物相还是发生了较大的变化。300~350℃的温度范围内都包括 α-PbO、β-PbO 与金属铅，随着焙烧温度的升高，α-PbO 完全消失，β-PbO 的含量逐渐增多，在 500℃温度下保温 3h 的

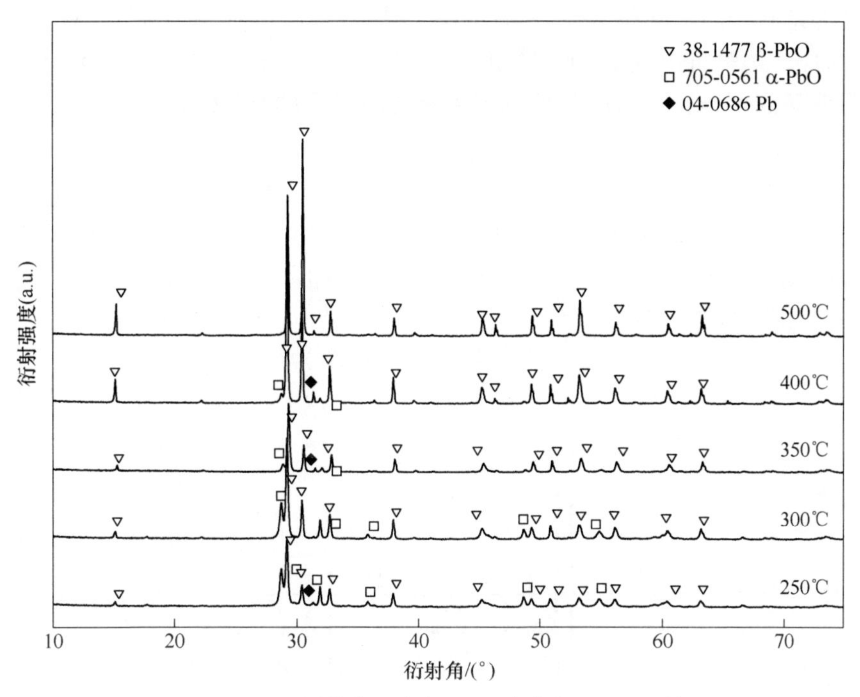

图 8-17 不同焙烧温度保温 1h 产物的 XRD 图谱

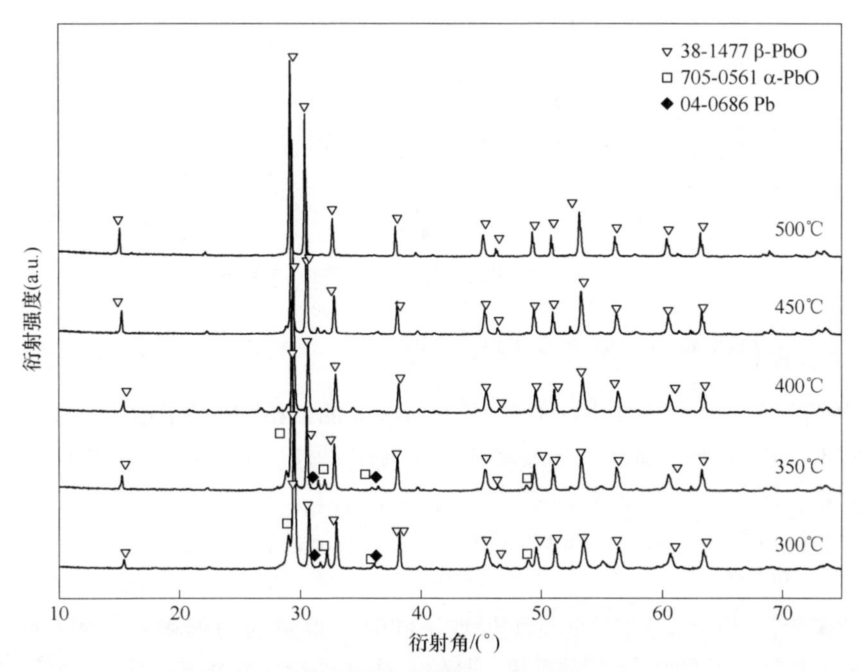

图 8-18 不同焙烧温度保温 3h 产物的 XRD 图谱

样品全部是β-PbO，这与焙烧1h的铅粉结果是相似的（见图8-17）。L_3C_2柠檬酸铅3h焙烧产物没有出现Pb_3O_4晶相，与柠檬酸铅（LC）的3h焙烧结果（图8-12）有明显的差异，这可能与柠檬酸铅分解中提供的与Pb结合的氧原子数量的差异有关。

对柠檬酸铅（L_3C_2）不同焙烧温度下保温6h的样品进行XRD分析，实验结果见图8-19。从图中可看出，XRD分析结果与焙烧3h的铅粉结果几乎没有差异。L_3C_2柠檬酸铅6h焙烧产物没有出现Pb_3O_4晶相，与柠檬酸铅（LC）的6h焙烧结果也有明显的差异。

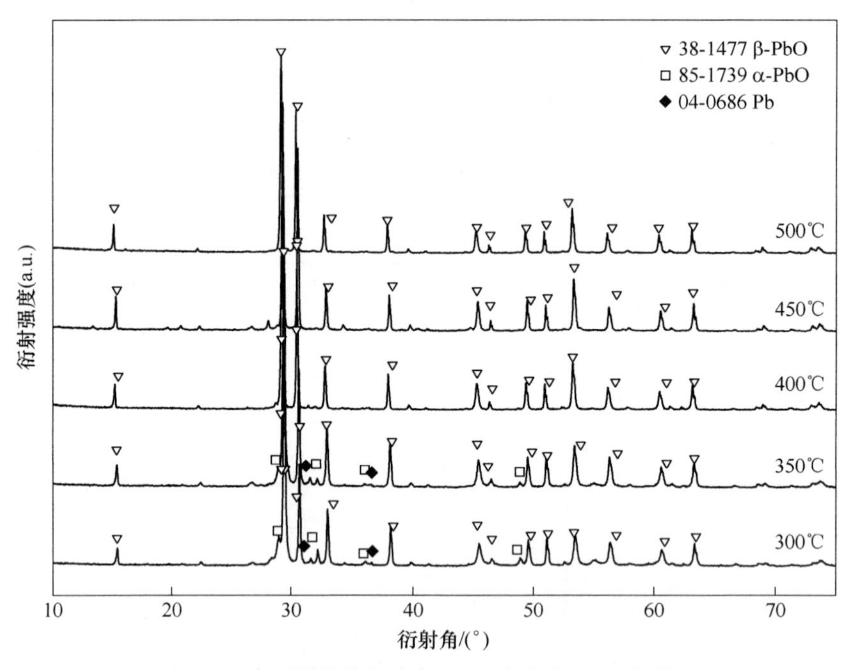

图8-19 不同焙烧温度保温6h产物的XRD图谱

8.3.2.2 不同条件的分解产物SEM分析

柠檬酸铅（L_3C_2）在不同的温度下焙烧1h的铅粉SEM图见图8-20，从图中可以看出，300℃时，原始的柱状变成了多孔的柱状，并且体积有所膨胀，这是由于氧化燃烧过程中有大量气体溢出。到350℃时，多孔柱状物质更明显，图中可看出其由粒径小于100nm的颗粒团聚而成。到450℃，产物中出现了大量的球状物质，粒径在20μm左右。

柠檬酸铅（L_3C_2）在350℃下保温不同时间得到的超细粉末SEM图见图8-21。随着焙烧时间的延长，团聚状态加强，生成的球状物增多。从上面的分析结果可以知道柠檬酸铅（L_3C_2）350℃下保温1h是制备铅粉的合适焙烧条件。

图 8-20　不同焙烧温度 1h 制备铅粉的 SEM 图

（a）300℃；（b）350℃；（c）450℃

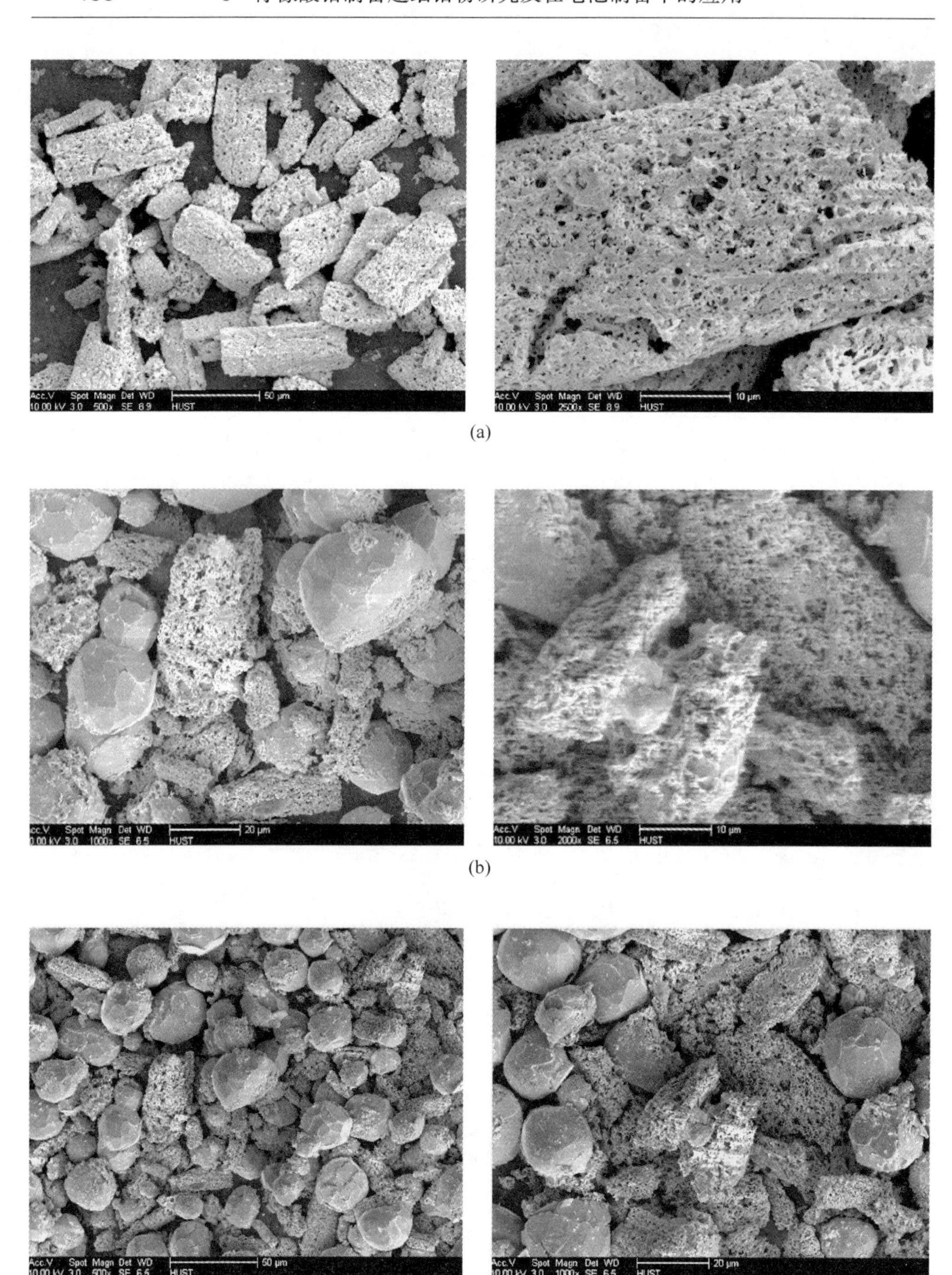

图 8-21　350℃不同焙烧时间的超细粉末 SEM 图

（a）1h；（b）3h；（c）6h

8.4 超细铅粉的电化学性能研究

在铅粉电化学行为的研究中，大多采用电池系统研究。与电池系统相比较，粉末微电极具有两个优点：微电极更能客观地反映铅粉的特点，因为在实际电池中铅均以粉末形态存在，由于其一维尺寸小，过程容易达到稳态，这一特点使得微电极能方便地应用于稳态测量；微电极反应灵敏，可较好地检测到中间产物的形成，得到明显的氧化还原反应峰。本节通过对铅粉稳态极化曲线及循环伏安曲线测试，探讨了铅粉在硫酸溶液里的反应规律。

8.4.1 铅粉 CV 特性

循环伏安（cyclic voltammetry，CV）测试在三口烧瓶中进行，测试的样品为实际铅膏在柠檬酸-柠檬酸钠体系制备的柠檬酸铅（LC）和在乙酸-柠檬酸钠体系制备的柠檬酸铅（L_3C_2）焙烧后的铅粉。分别用柠檬酸-柠檬酸钠体系的柠檬酸铅400℃焙烧1h得到的铅粉、乙酸-柠檬酸钠体系的柠檬酸铅350℃焙烧1h得到的铅粉进行阳极和阴极 CV 测试，测试条件为：阳极的扫描区间0~1.5V，阴极的扫描区间-1.5~0V，扫描速度20mV/s，电解液硫酸浓度为3mol/L。柠檬酸-柠檬酸钠体系的柠檬酸铅400℃焙烧1h得到铅粉的 CV 曲线见图8-22。

CV 曲线中出现了多个氧化峰、还原峰，多个氧化峰、还原峰对应着的是铅的化学反应及析氢析氧峰，对各峰解析如表8-2所示。铅粉的氧化还原反应主要包括三段：（1）$PbSO_4$与PbO_2之间的相互转化，CV 曲线中峰1阳极的充电电极氧化转变；（2）Pb 与$PbSO_4$之间的相互转化，CV 曲线中峰2阴极放电的还原反应；（3）O_2、H_2的析出。

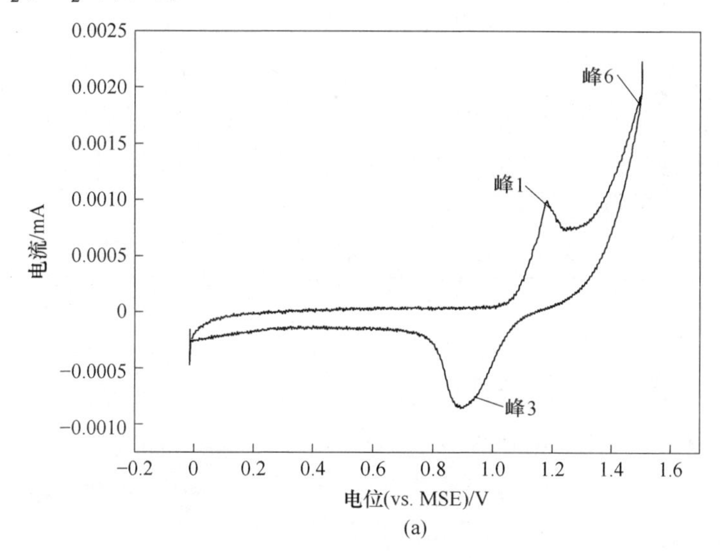

(a)

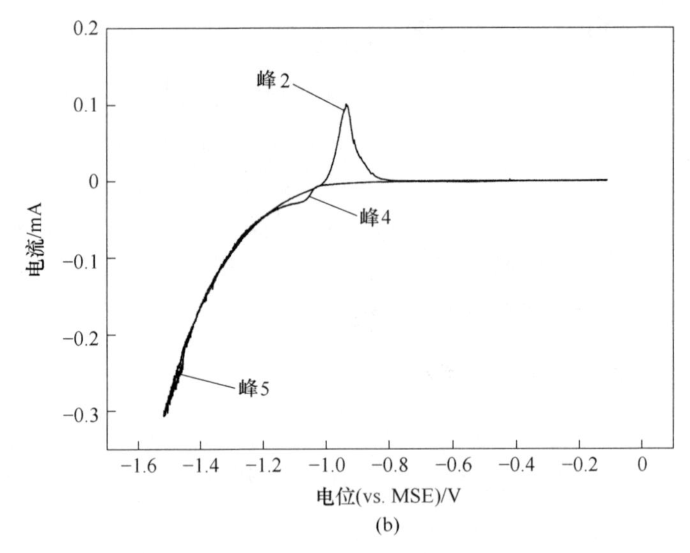

图 8-22　柠檬酸铅（LC）焙烧后铅粉的 CV 曲线

（a）阳极；（b）阴极

表 8-2　CV 曲线氧化还原峰的解析

峰	氧化还原反应	电位/V
1	$PbSO_4 + 2H_2O \rightarrow PbO_2 + H_2SO_4 + 2H^+ + 2e$	> 1.4
2	$Pb + SO_4^- \rightarrow PbSO_4 + 2e$	- 0.31
3	$PbO_2 + H_2SO_4 + 2H^+ + 2e \rightarrow PbSO_4 + 2H_2O$ $PbO_2 + 2H^+ + 2e \rightarrow PbO + H_2O$	1.0
4	$PbSO_4 + 2e \rightarrow Pb + SO_4^{2-}$　$PbO + 2H^+ + 2e \rightarrow Pb + H_2O$	- 0.64
5	$2H^+ + 2e \rightarrow H_2$	< - 0.7
6	$2H_2O \rightarrow O_2 + 4H^+ + 2e$	> 1.4

表 8-3 为柠檬酸铅（LC）焙烧所得铅粉的氧化还原峰值，其阳极氧化峰 E_{pa1} 为 1.1817V，阳极还原峰 E_{pc1} 为 0.8936V，两者相差 0.2881V；阴极氧化峰 E_{pa1} 为-1.07041V，阴极还原峰 E_{pc1} 为-0.9339V，两者相差为 0.136V。以上数据说明粉体的可逆性相当。

表 8-3　柠檬酸铅（LC）焙烧的铅粉氧化还原峰值

电极	E_{pc1}/V	i_{pc1}/mA	E_{pa1}/V	i_{pa1}/mA	i_{pa1}/i_{pc1}
阳极	0.8936（3）	-0.0008（3）	1.1817（1）	0.0010（1）	1.25
阴极	-0.9339（2）	0.0997（2）	-1.07041（5）	-0.0263（5）	0.264

柠檬酸铅（L_3C_2）350℃焙烧 1h 的铅粉所测得的阳极、阴极 CV 曲线见图 8-23。表 8-4 为乙酸体系焙烧铅粉氧化还原峰值，阳极氧化峰 E_{pa1} 为 1.0999V，阳极还原峰 E_{pc1} 为 0.9419，两者相差 0.158V；阴极氧化峰 E_{pa1} 为-1.0356V，阴

极还原峰 E_{pc1} 为−0.93326V，两者相差为0.1023V。当两者相差的数量级在 10^{-2} 时可逆性较好，整体比较而言，柠檬酸-柠檬酸钠体系制备的铅粉可逆性能稍好些。柠檬酸-柠檬酸钠体系制备的铅粉的阳极波峰间隔 $\Delta P=158\mathrm{mV}$，阴极波峰间隔为 $\Delta P=102.3\mathrm{mV}$；乙酸-柠檬酸钠体系制备的铅粉的阳极波峰间隔 $\Delta P=288.1\mathrm{mV}$，阴极波峰间隔为 $\Delta P=13.6\mathrm{mV}$。文献表明 ΔP 值在59mV左右时 Pb^{2+} 能在电极内有效地嵌入与脱嵌，ΔP 值小表明在20mV/s的扫描速度下 Pb^{2+} 能在电极内有效地嵌入与脱嵌，这说明新工艺制备的铅粉嵌入与脱嵌效果不是很好。

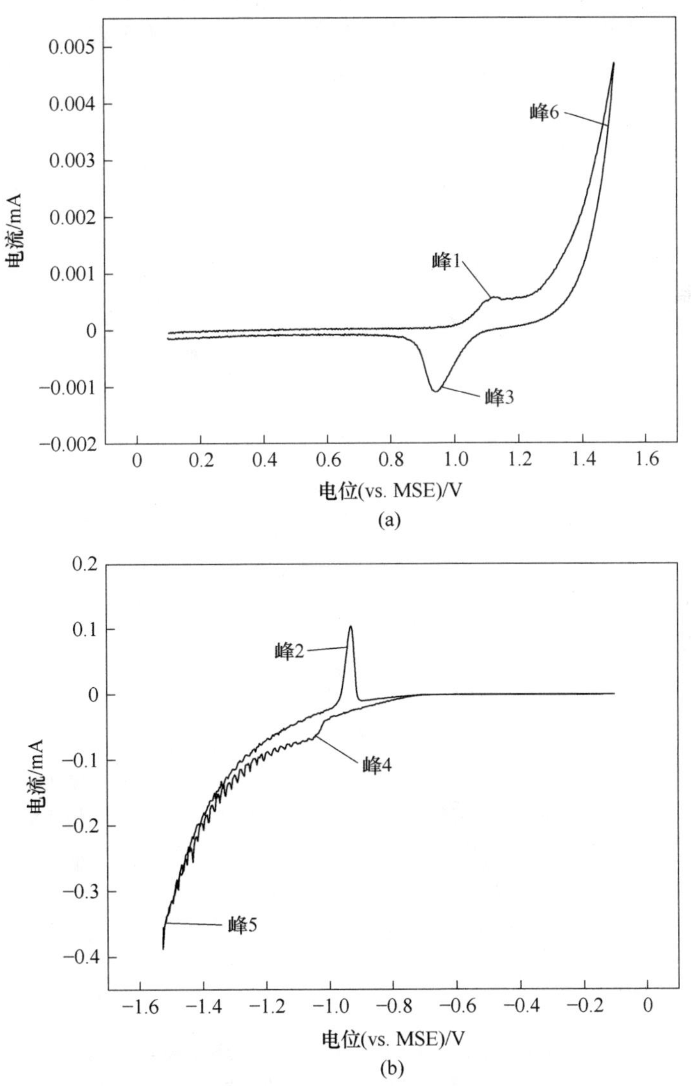

图8-23 柠檬酸铅（L_3C_2）焙烧后铅粉的CV曲线

（a）阳极；（b）阴极

表 8-4　柠檬酸铅（L_3C_2）焙烧的铅粉氧化还原峰值

电极	E_{pc1}/V	i_{pc1}/mA	E_{pa1}/V	i_{pa1}/mA	i_{pa1}/i_{pc1}
阳极	0.9419（3）	−0.0012（3）	1.0999（1）	0.0007（1）	0.583
阴极	−0.93326（2）	0.1013（2）	−1.0356（5）	−0.0618（5）	0.610

8.4.2　铅粉循环特性

柠檬酸-柠檬酸钠体系得到的柠檬酸铅制备的铅粉的 CV 循环见图 8-24，乙酸-柠檬酸钠体系得到的柠檬酸铅制备的铅粉的 CV 循环见图 8-25。由图中可以看出，

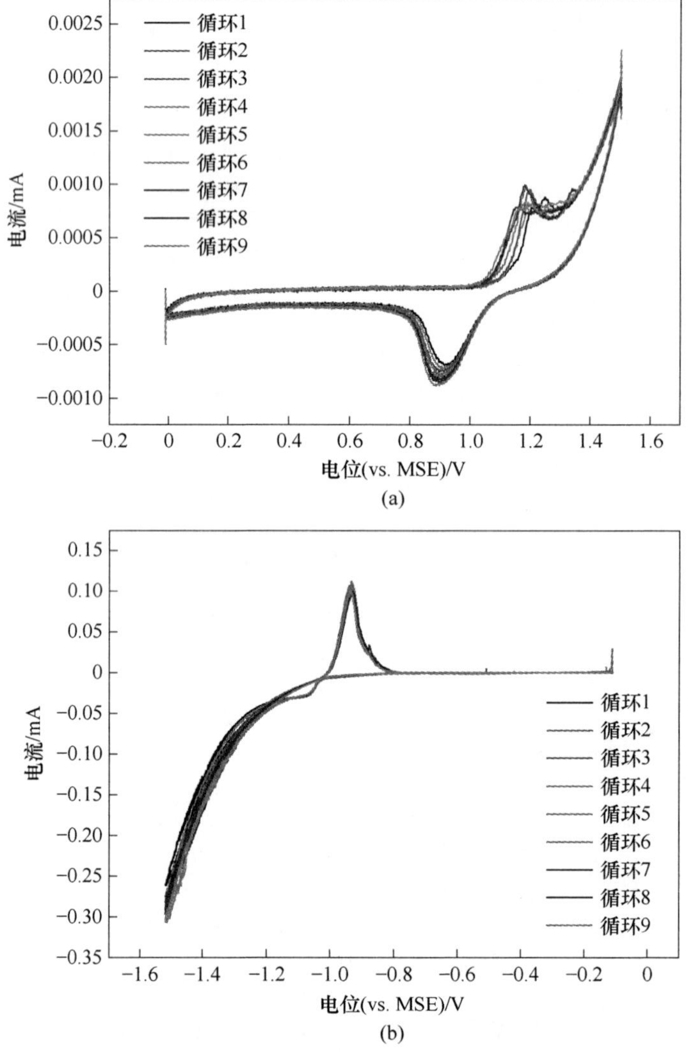

图 8-24　柠檬酸铅（LC）焙烧铅粉的 CV 循环曲线

（a）阳极；（b）阴极

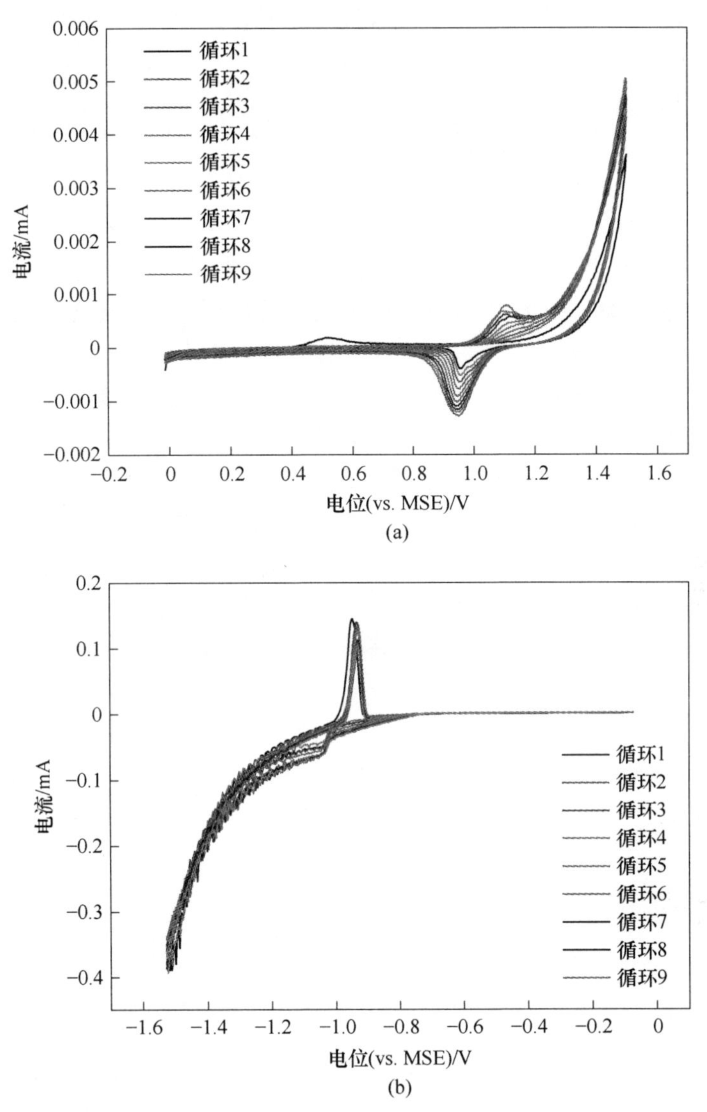

图 8-25 柠檬酸铅（L_3C_2）焙烧铅粉的 CV 循环曲线

（a）阳极；（b）阴极

自制铅粉的 CV 曲线出峰情况良好，氧化还原峰基本成对出现，可见其可逆性较好。从图中可以看出，两种铅粉的阳极、阴极九次循环曲线重叠性较好，说明铅粉的循环性能较优。

8.5 本章小结

（1）采用 TG/DTA 分析仪研究了不同升温速率下，两种柠檬酸铅的热分解特征。研究表明，在空气中其热分解过程可大致分为脱水、主体阶段热分解及炭化阶段；随着升温速率的提高，热滞后现象明显，高升温速率可在一定程度上促进热分解反应的进行。

（2）TG-FT-IR 实验结果说明两种柠檬酸铅在空气气氛下，热分解的初始阶段的反应均为结晶水的失去，在 200~280℃范围内分解出部分有机物，而此后主要产物为二氧化碳。柠檬酸铅 LC 与 L_3C_2 在 400℃与 350℃保温 1h 焙烧得到的最终产物 EDX 表明，两种柠檬酸铅在空气中的产物为氧化铅与金属铅。

（3）焙烧温度对柠檬酸铅分解起到关键性的作用，随着焙烧温度的升高，柠檬酸铅的烧失量逐渐变大，当达到 350℃以上时，烧失量变化大。不同焙烧温度下分解产物物相还是发生了较大的变化。当焙烧温度超过 350℃，柠檬酸基本分解完全，主要物相是 α-PbO、β-PbO 与金属铅。随着焙烧温度的升高，α-PbO 与金属铅的含量逐渐变低，而 β-PbO 的含量逐渐增多，在 500℃温度下保温 1h 的样品全部是 β-PbO。在 350℃随着焙烧时间的延长，出现了一种新的物相 Pb_3O_4，在 350~450℃范围内，随着温度的升高，Pb_3O_4 含量也升高，而在 500℃时焙烧的产物全变成了 β-PbO。柠檬酸铅 L_3C_2 的热分解特征与柠檬酸铅 LC 大致相似，由于柠檬酸配体含量相对较少，因此分解温度低于 500℃，同时延长焙烧时间没有 Pb_3O_4 的产生。

（4）采用实际铅膏湿法浸出低温焙烧制备的超细铅粉，微电极电化学实验表明超细铅粉可逆性较好、循环稳定性较优，表明该自制铅粉有一定的应用前景。

9 铅膏湿法浸出回收的其他探索

9.1 柠檬酸-氨水体系研究

pH 值为控制废铅膏浸出的主控制因素，研究发现可通过廉价易得试剂——氨水调节柠檬酸体系 pH 值，控制浸出脱硫过程。

氨水又称阿摩尼亚水，主要成分为 $NH_3 \cdot H_2O$，是氨气的水溶液，无色透明且具有刺激性气味。氨水易挥发，具有部分碱的通性，由氨气通入水中制得，氨气熔点为-77℃，沸点为 36℃，密度为 0.91g/cm^3，易溶于水、乙醇。氨气有毒，对眼、鼻、皮肤有刺激性和腐蚀性，能使人窒息，空气中最高容许浓度为 30mg/m^3，主要用作化肥。

工业氨水是含氨 25%~28%的水溶液，氨水中仅有一小部分氨分子与水反应形成铵离子和氢氧根离子，即一水合铵，是仅存在于氨水中的弱碱。氨水凝固点与氨水浓度有关，常用的 20%（质量分数）氨水凝固点约为-35℃。氨水与酸中和反应产生热，有燃烧爆炸危险，比热容为 4.3×10^3J/(kg・℃)（10%的氨水）。氨水主要用途是用于分析试剂、中和剂，用于制备铵化合物、洗涤剂，在毛纺、丝绸、印染等工业用于洗涤羊毛、呢绒、坯布，溶解和调整酸碱度，并作为助染剂等。氨水是重要的化工原料，廉价易得。

9.1.1 硫酸铅单组分浸出研究设计

以分析纯硫酸铅为研究对象，研究氨水添加对柠檬酸有机试剂浸出硫酸铅的影响，实验设计如表 9-1 所示。由表 9-1 可知，对照组只添加柠檬酸和双氧水，添加柠檬酸和双氧水反应 60min 后添加氨水形成 pH 值为 3.3、4.5、5.5 和 6.2 的实验组，分析氨水添加对浸出硫酸铅的影响。

表 9-1 添加氨水浸出硫酸铅实验设计表

序号	浸出药剂	pH 值	柠檬酸与铅的摩尔比	浸出温度/℃
对照组	柠檬酸	2.1		
NH_3-1		3.3		
NH_3-2	柠檬酸，在 60min 添加氨水	4.5	1.96	23±2
NH_3-3		5.5		
NH_3-4		6.2		

9.1.2　浸出产物结果

添加氨水后，柠檬酸体系的温度和 pH 值变化情况如图 9-1（a）所示。在 60min 时添加氨水，pH 值与温度均有较大幅度的变化，浸出体系的 pH 值由添加之前的 2.3±0.2 迅速提高至 5.5±0.2。浸出体系的温度也有较大幅度提升，体系温度由 23℃迅速提高至 37.2℃，硫酸铅与柠檬酸基团配位反应为放热反应，浸出体系温度的提高应可大幅度提高浸出反应的速率，从而提高硫酸铅的转化速率。

添加氨水与未添加氨水的实验组中硫酸铅脱硫率结果如图 9-1（b）所示。

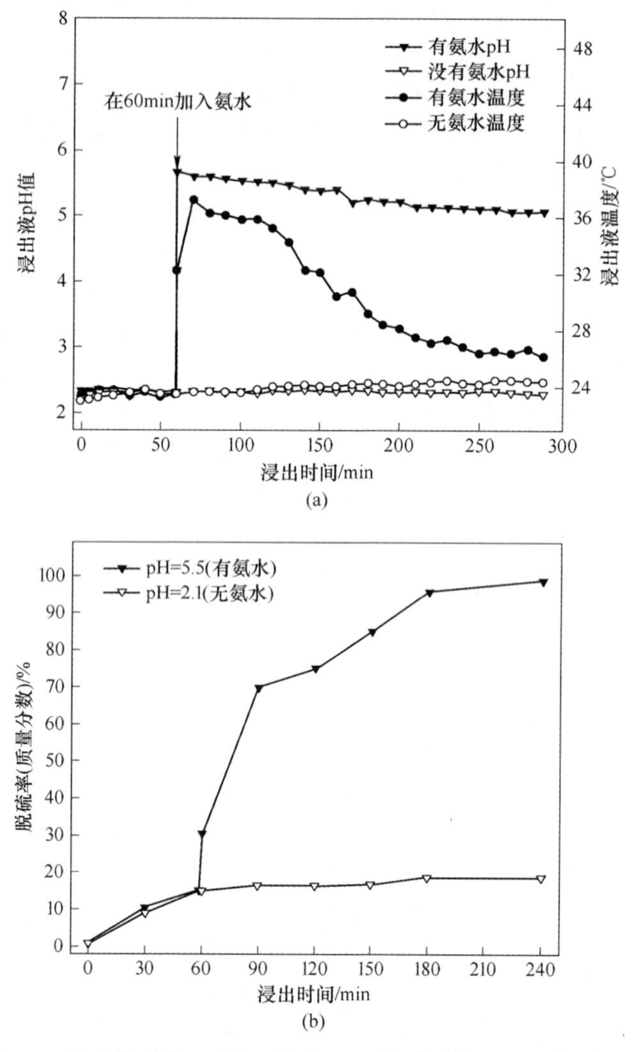

(a)

(b)

图 9-1　浸出体系的 pH 值、温度（a）与脱硫率（b）变化情况

（在 60min 时添加氨水试剂）

添加氨水可明显提高硫酸铅在浸出反应过程中的脱硫率。在60min之前对照组硫酸铅脱硫率明显低于15%（质量分数），而随着浸出时间的进一步延长，在浸出时间为240min时，硫酸铅的脱硫率也依然维持在18%（质量分数）。在60min添加氨水后，硫酸铅的脱硫率明显提高，90min时硫酸铅脱硫率已增加至70%（质量分数），而随浸出时间延长至120min时，硫酸铅脱硫率增加至75%（质量分数），在240min时，硫酸铅脱硫率已达99%（质量分数），这表明添加氨水可明显提高硫酸铅在柠檬酸浸出溶液的脱硫率。脱硫率提高的机理需结合柠檬酸铅结晶产物的溶解及其反应模型进一步分析。

在不同pH值条件下，硫酸铅在柠檬酸浸出体系的脱硫率和铅在滤液中质量分数如图9-2所示。

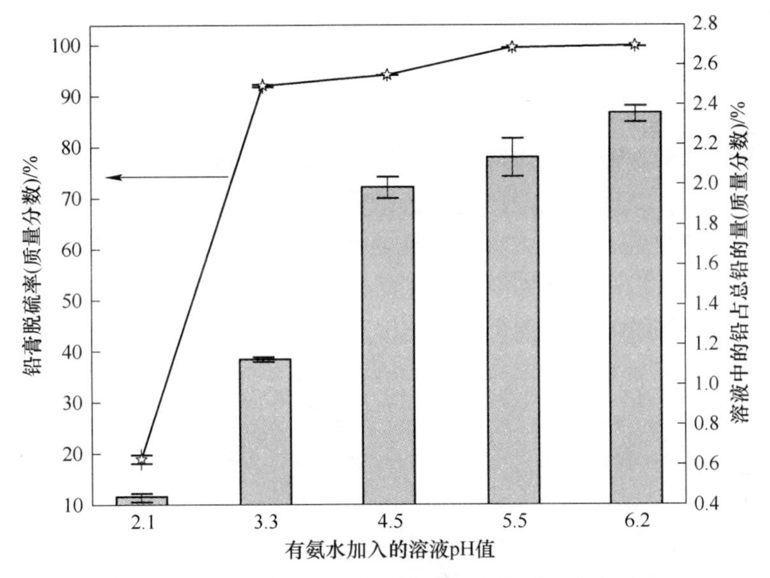

图9-2 pH值对硫酸铅在柠檬酸浸出体系脱硫率影响

由图9-2可知，随氨水添加量增加，pH值增加，硫酸铅脱硫率逐渐升高。在未添加氨水，pH值为2.1时，硫酸铅的脱硫率为18.9%，添加氨水至pH值为3.3时，脱硫率增加为92.2%。随pH值进一步增加，脱硫率进一步增加，在pH值为5.5时，脱硫率增加至99.6%，在pH值为6.2时，硫酸铅的脱硫率为99.8%，与pH值为5.5时相比基本变化不大。随pH值升高，铅在滤液中的分布量逐渐升高，由pH值为2.1时的0.44%增加至pH值为6.2时的2.35%，这与柠檬酸铅溶解度随溶液pH值升高而增大有关（图9-3）。

氨水添加对浸出体系的作用主要在于浸出体系pH值的提高，体系的温度虽也暂时提高，随反应继续进行和体系向环境散热等，温度下降并趋于稳定。浸出体系pH值的升高会影响反应初始生成的柠檬酸铅晶体的溶解度，如图9-3所示。

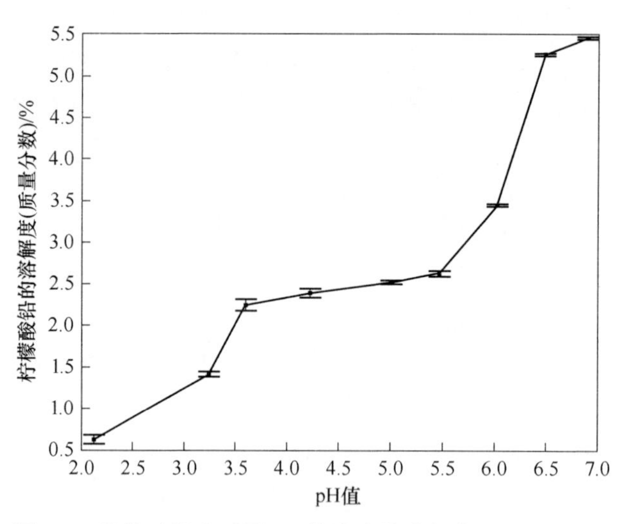

图 9-3　柠檬酸铅在不同 pH 值溶液的溶解度（25℃，8h）

在硫酸铅与柠檬酸根反应的初期，初始生成的柠檬酸铅因粒径较小，会覆盖在原料硫酸铅的表面，从而阻止浸出剂与反应物的接触。未添加氨水时，pH 值维持在 2.0 附近，柠檬酸铅溶解量极小；而在添加氨水时，浸出体系的 pH 值升高，部分反应生成的柠檬酸铅晶体溶解，从而部分裸露出包裹在内部的未反应硫酸铅颗粒，硫酸铅可继续与浸出剂反应，并提高脱硫率。反应基本模型可理解为核壳模型，壳即为反应后生成的柠檬酸铅，核为未参与反应被包裹的硫酸铅。在弱酸性条件下（pH=5.5），核壳结构外层的柠檬酸铅晶体被逐渐溶解和破坏，从而逐渐暴露出内部未反应的硫酸铅颗粒，其过程如图 9-4 所示。

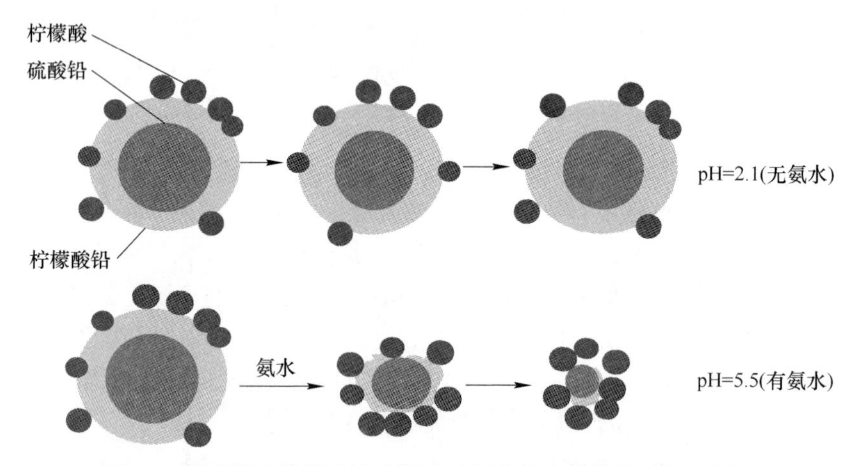

图 9-4　硫酸铅在柠檬酸溶液浸出过程中核壳结构的破坏机制图

对典型 pH 值条件下制备的柠檬酸铅晶体进行单晶衍射分析，获得晶体结构的相关信息，在强酸性条件 pH 值为 3.3 时，晶体结构如图 9-5（a）所示，在弱酸性条件 pH 值为 6.2 时，晶体结构如图 9-5（b）所示。比较在强酸性和弱酸性

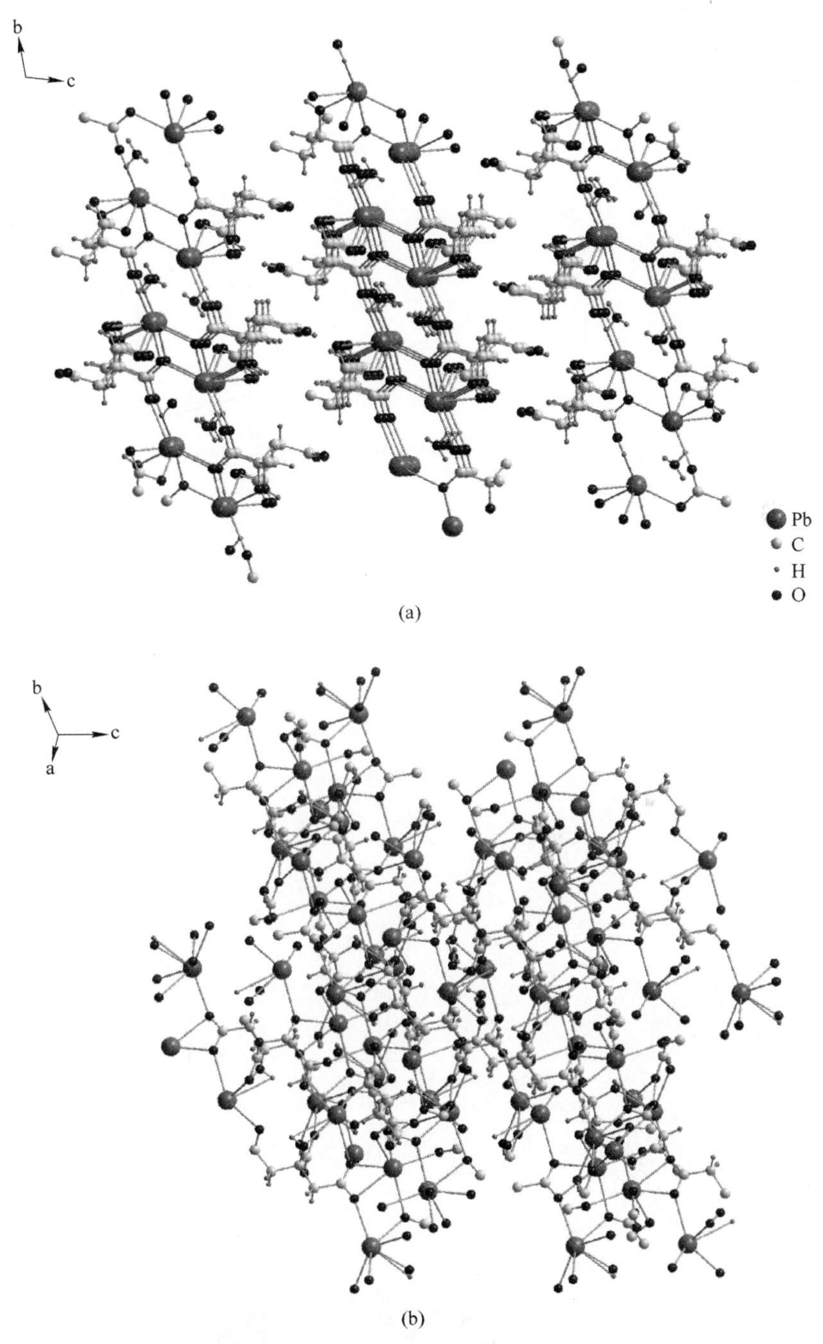

图 9-5　柠檬酸-氨水体系中废铅膏在强酸性（a）和弱酸性（b）条件下形成的柠檬酸铅晶体结构图

条件下晶体的结构可知，不同 pH 值条件制备的柠檬酸铅晶体结构差异较大，在强酸性条件制备的柠檬酸铅晶体明显呈层状结构，在弱酸性条件制备的柠檬酸铅晶体结构呈棒状结构。

9.1.3 热力学分析

Pb-CitH-NH_3浸出体系（其中，CitH 代表柠檬酸，NH_3代表氨水）的 E_h-pH 值图和物相比例图如图 9-6 所示。

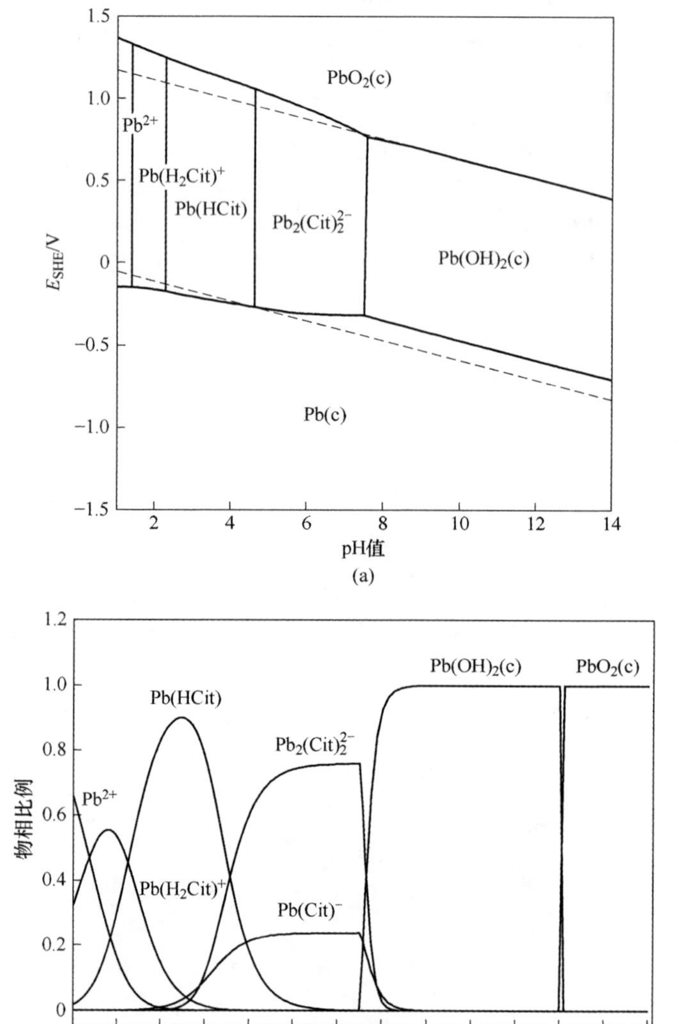

图 9-6 Pb-CitH-NH_3浸出体系 E_h-pH 值图（a）和物相比例图（b）

（25℃，200.0mmol/L Pb（Ⅱ），50.0mmol/L NH_3，400.0mmol/L Cit^{3-}）

在标准条件下，在 pH 值为 2.3~4.5，电位为 0~1.2V 时，浸出的稳定物相为 Pb(HCit)，具体化学式为 Pb（$C_6H_6O_7$）；在 pH 值为 4.5~7.4，电位为 0~1.2V 时，浸出体系的稳定物相为 $Pb_2(Cit)_2^{2-}$，与游离的 Pb^{2+}进一步络合。在电位<0 时，浸出体系的稳定物相为 Pb 单质，表明提高浸出体系的电位可实现 Pb 单质向柠檬酸铅络合态的转化；在电位大于 0.5V，浸出体系的稳定物相为 PbO_2，通过添加还原剂降低浸出体系的环境电位可实现 PbO_2向柠檬酸铅络合态的转变。分析表明，废铅膏在柠檬酸-氨水体系浸出的热力学过程与柠檬酸-柠檬酸钠工艺基本相同，也表明氨水在柠檬酸浸出体系中所起到的作用应为调节浸出环境的 pH 值。

9.1.4　硫酸铅在柠檬酸-氨水体系中的动力学研究

9.1.4.1　浸出温度参数对脱硫率的影响

浸出温度对 $PbSO_4$转化率的影响实验方案如表 9-2 所示，浸出温度分别设置为 25℃、35℃、45℃和 50℃，分析不同浸出温度对硫酸铅转化率的影响。实验转速控制为 400r/min。

表 9-2　硫酸铅在柠檬酸-氨水体系的浸出动力学研究实验方案

序号	氨水量/g	柠檬酸与铅的摩尔比	pH 值	固液比	搅拌速度/r·min⁻¹	温度/℃
NH_3-D-Ⅰ	45.0	8.0	5.8±0.2	1/10	400	25
NH_3-D-Ⅱ						35
NH_3-D-Ⅲ						45
NH_3-D-Ⅳ						50

不同浸出温度条件下 $PbSO_4$脱硫率随时间变化如图 9-7 所示，不同浸出温度条件下的动力学曲线如图 9-8 所示。

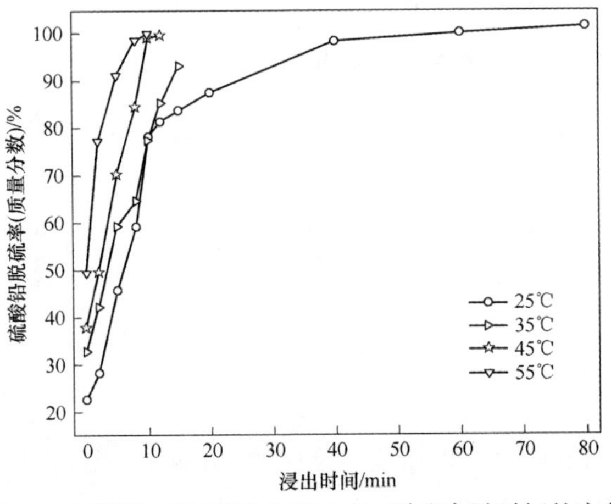

图 9-7　不同浸出温度条件下 $PbSO_4$脱硫率随时间的变化

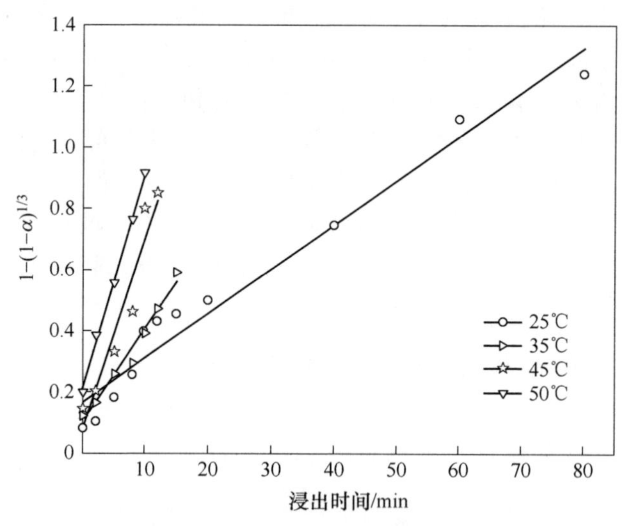

图 9-8　不同浸出温度条件下的动力学曲线

由图 9-8 可得动力学方程式如式（9-1）~式（9-4）所示。

25℃:　$1-(1-\alpha)^{1/3}=0.1685+0.0145\times t$　(9-1)

35℃:　$1-(1-\alpha)^{1/3}=0.1685+0.0145\times t$　(9-2)

45℃:　$1-(1-\alpha)^{1/3}=0.0844+0.0619\times t$　(9-3)

50℃:　$1-(1-\alpha)^{1/3}=0.2199+0.0694\times t$　(9-4)

式中　α——硫酸铅脱硫率；

t——浸出时间，min。

式（9-1）~式（9-4）所对应的相关系数分别为 0.965、0.960、0.960 和 0.996，均大于 0.96，表明实测数据与拟合方程吻合性较高。计算各浸出温度条件下化学反应速率常数的对数值 ln$K$ 结果如表 9-3 所示。

表 9-3　各浸出温度下 K 和 ln$K$

浸出温度		$1/T$	K	ln$K$
25℃	298.15K	0.003356	0.0145	−4.23361
35℃	308.15K	0.003247	0.0305	−3.49003
45℃	318.15K	0.003145	0.0619	−2.78224
50℃	323.15K	0.003096	0.0694	−2.66787

注：T 为开尔文温度，K 为化学反应速度常数。

依据表 9-3，以 lnK 对 1/T 作浸出反应的 Arrhenius 图如图 9-9 所示。在图中，其直线斜率为 −6253.2，则根据 Arrhenius 公式 $\ln K=-E/(RT)+B$，斜率为

$-E/R=-6253.2$，计算可得表观活化能 E 为 51.99kJ/mol，大于 42kJ/mol，认为浸出反应受化学反应控制。

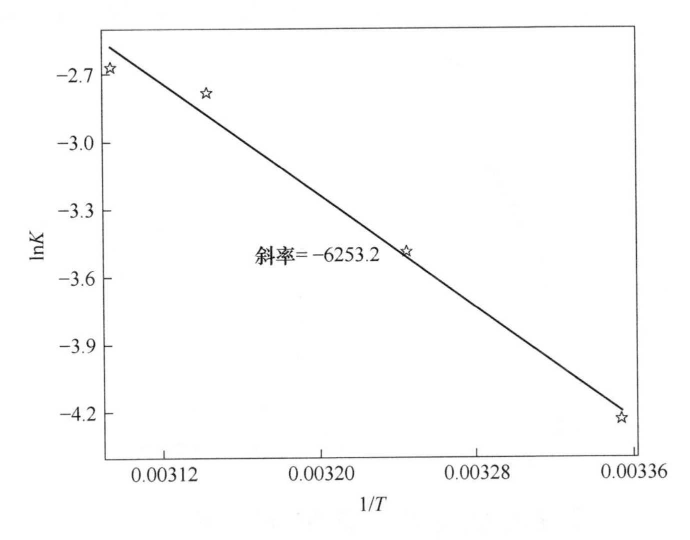

图 9-9 浸出反应的 Arrhenius 图

9.1.4.2 搅拌速度对脱硫率的影响

搅拌速度对 $PbSO_4$转化率的影响实验方案设计如表 9-4 所示。

表 9-4 搅拌速度对硫酸铅在柠檬酸-氨水体系的浸出影响研究实验设计

序号	氨水量 /g	柠檬酸与铅的摩尔比	pH 值	固液比	温度 /℃	搅拌速度 /r · min^{-1}
NH_3-D-1	45.0	8.0	5.8±0.2	1/10	25	400
NH_3-D-2						600
NH_3-D-3						800
NH_3-D-4						1000

图 9-10 为搅拌速度与 $PbSO_4$转化率的关系曲线，反应温度均为 25℃。在浸出时间 20min 之前，随着搅拌速度的增加，$PbSO_4$转化率逐渐提高。在转速继续提高至 800r/min 时，$PbSO_4$转化率已经达到最大值。在转速从 400r/min 提高到 800r/min 的过程中，转速的提高有利于浸出剂和固体物料的充分接触反应。在搅拌速度提高至 1000r/min，$PbSO_4$转化率较转速为 800r/min 时下降，这可能是由于在高速搅拌过程中，硫酸铅反应原料和浆液同步转动，无法充分接触和反应。

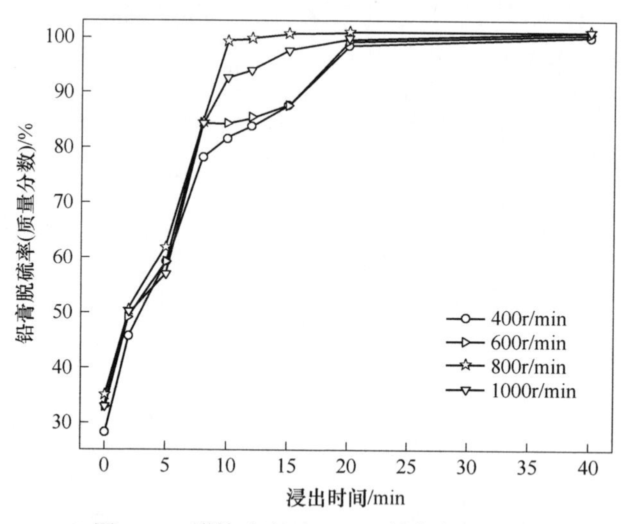

图 9-10　搅拌速度对 $PbSO_4$ 转化率的影响

9.1.5　基于柠檬酸体系浸出过程的缩核模型机理分析

脱硫率的主要限制因素是反应过程中未反应硫酸铅与主要浸出剂的接触。在废铅膏与含柠檬酸基团浸出剂反应过程中，初步形成的柠檬酸铅因颗粒比表面积大，会包裹未反应部分的硫酸铅。在强酸性环境中，柠檬酸铅溶解度较小，未反应部分硫酸铅释放速度极慢；在弱酸性环境中，柠檬酸铅溶解量较大，未反应部分硫酸铅释放速度增加。随着浸出环境 pH 值增加，柠檬酸铅的溶解度升高（见图 9-11）。在 pH 值为 2.0 时，柠檬酸铅在溶液环境中的溶解度约为 0.5%（质量分数）；随 pH 值增加为 3.5，溶解度约为 2.2%（质量分数）；随 pH 值继续增加为 6.5，柠檬酸铅的溶解度可增加至 5.2%（质量分数）。随柠檬酸铅溶解度升高，裸露出包裹在内部的未反应硫酸铅（模型图见图 9-11）。

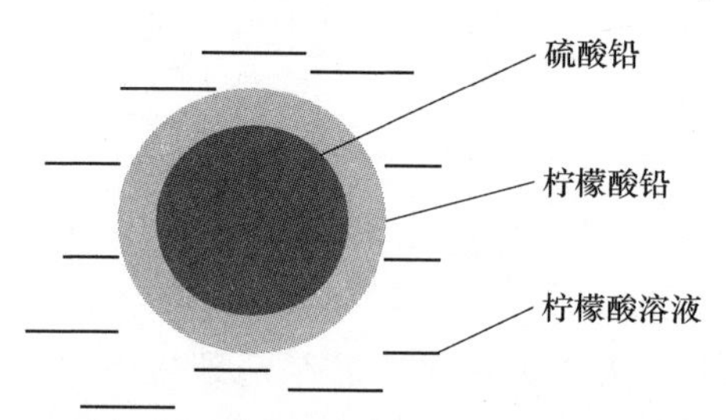

图 9-11　硫酸铅在柠檬酸溶液中脱硫反应的核壳结构模型

在强酸性环境中，反应初始生成的柠檬酸铅溶解度极小，未反应硫酸铅表面的柠檬酸铅会较长时间附着，导致未反应硫酸铅无法裸露出来参与反应。弱酸性环境中，反应初始生成的柠檬酸铅会部分溶解，可导致硫酸铅释放，释放后的硫酸铅可继续与浸出环境中的柠檬酸根基团发生配位反应，随反应时间延长，硫酸铅被逐渐释放和反应，促进脱硫反应的进行。

为了揭示 $PbSO_4$ 在柠檬酸-氨水体系中的核壳模型机制，借助 EDS 元素分布对浸出过程进行分析。添加氨水反应初始时（1min）生成颗粒的线扫描和面扫描结果分别如图 9-12 和图 9-13 所示。从元素分布来看，S 元素主要分布在颗粒内部，C 元素主要在颗粒外部分布，说明反应初始生成的柠檬酸铅（含 C 元素）会包裹未反应的 $PbSO_4$（含 S 元素）。线扫描结果说明颗粒内部主要为 S 元素，C 元素主要分布在颗粒外侧。

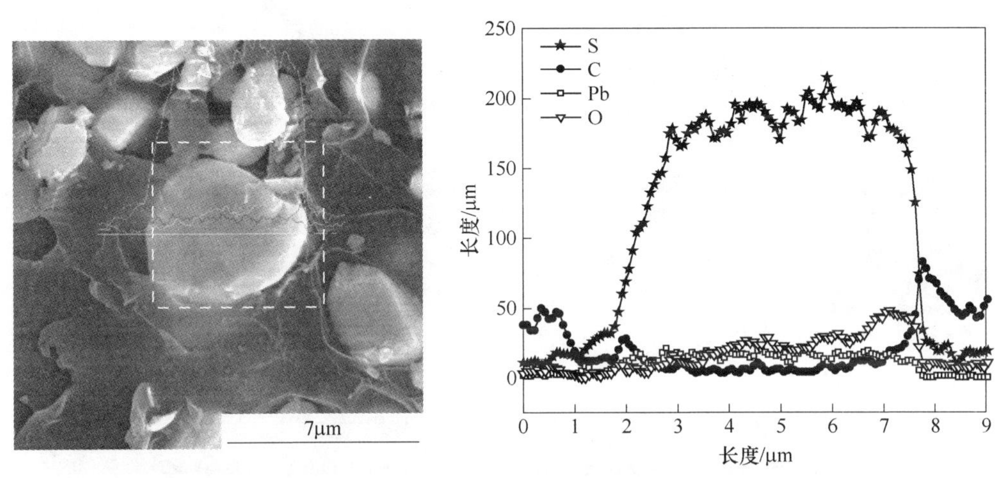

图 9-12 添加氨水反应 1min 时生成颗粒的 EDS 线扫描结果

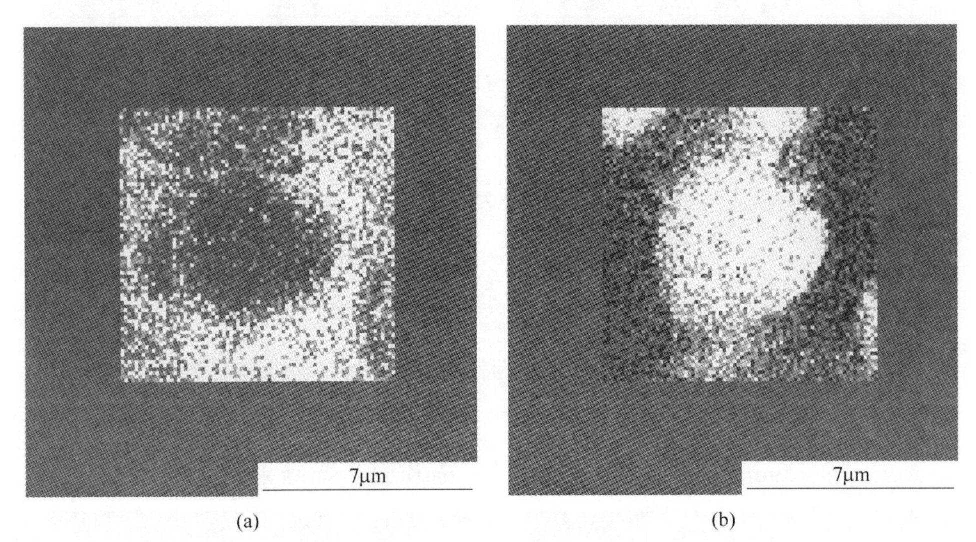

图 9-13 添加氨水反应 1min 时生成颗粒的 EDS 面扫描结果

（a）C 元素分布结果；（b）S 元素分布结果

添加氨水 5min 时生成颗粒的 EDS 线扫描和面扫描结果分别如图 9-14 和图 9-15所示。随反应时间延长，产物颗粒有缩小趋势，但 S 元素仍分布于颗粒内部，C 元素分布在颗粒外部。结合线扫描结果，C 元素在颗粒内部的量明显增加，表明被包裹内部的硫酸铅（含 S 元素）开始被释放，而释放后的硫酸铅会进一步与环境中的柠檬酸根反应。

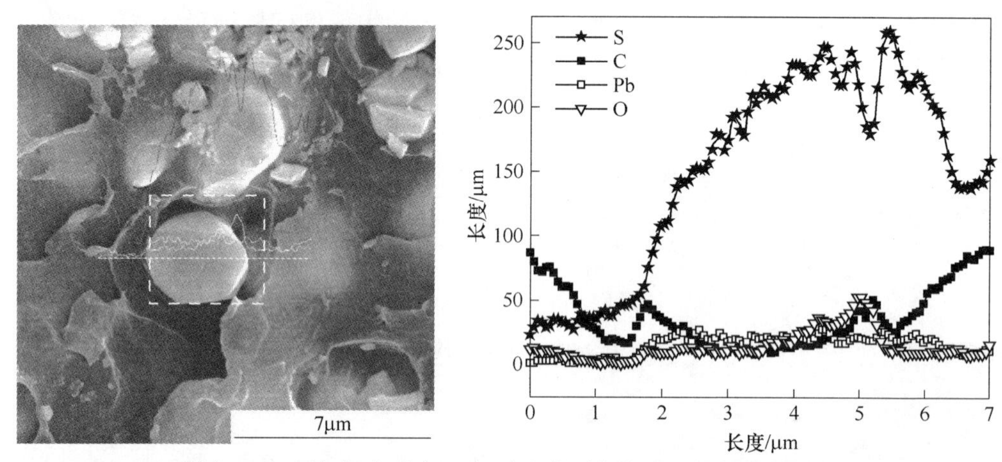

图 9-14　添加氨水反应 5min 时生成颗粒的 EDS 线扫描结果

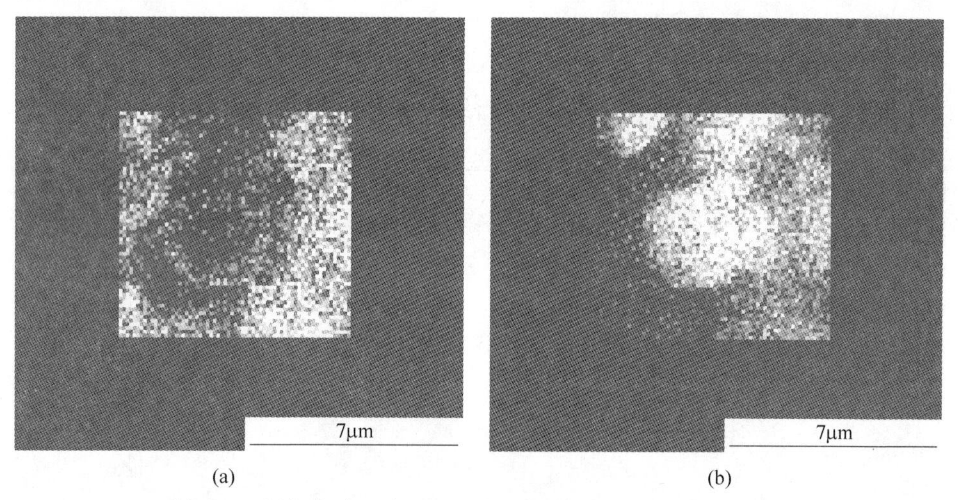

图 9-15　添加氨水反应 5min 时生成颗粒的 EDS 面扫描结果

（a）C 元素分布结果；（b）S 元素分布结果

添加氨水 15min 时生成颗粒 EDS 线扫描和面扫描结果分别如图 9-16 和图 9-17所示。产物颗粒进一步缩小，C 元素逐渐分布在颗粒内部，说明颗粒内部的硫酸铅逐步转化为柠檬酸铅（含 C 元素）。结合线扫描结果，S 元素的强度逐渐降低，说明被包裹在内部的硫酸铅（含 S 元素）逐步被反应。

添加氨水 30min 时生成颗粒 EDS 线扫描和面扫描结果分别如图 9-18 和图 9-19所示。随反应时间延长，C 元素和 S 元素分布趋于均匀，说明硫酸铅进一步反应，S 元素的强度进一步降低，包裹在内部的硫酸铅（含 S 元素）被反应的量越来越大。

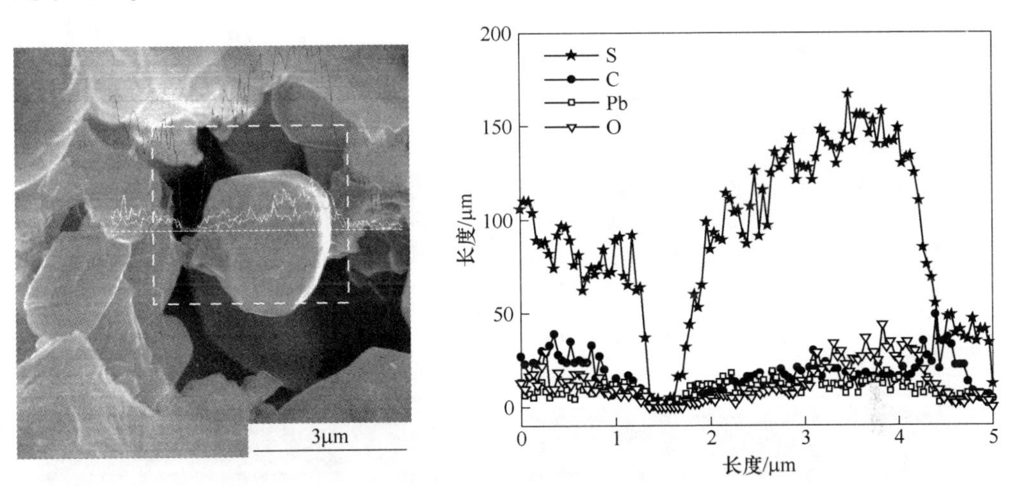

图 9-16 添加氨水反应 15min 时生成颗粒的 EDS 线扫描结果

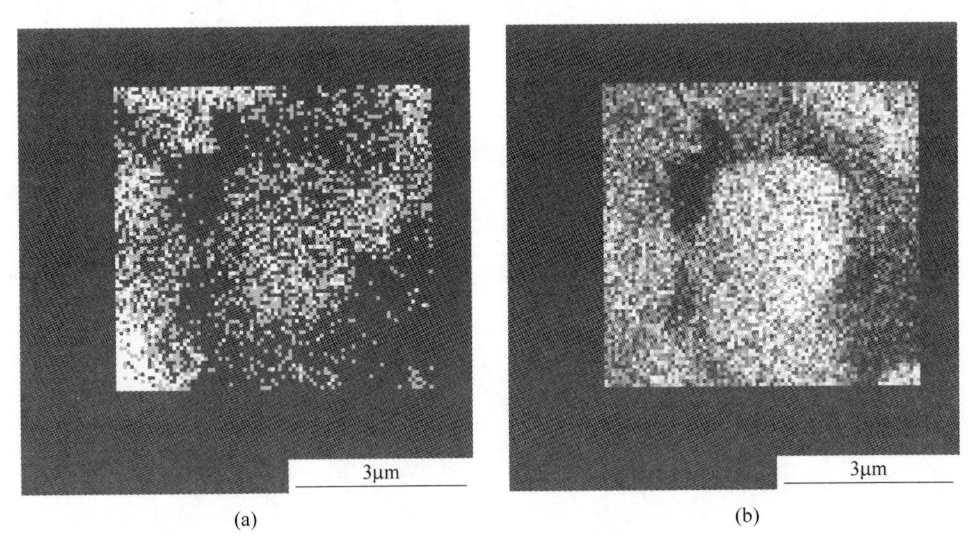

图 9-17 添加氨水反应 15min 时生成颗粒的 EDS 面扫描结果
（a）C 元素分布结果；（b）S 元素分布结果

由分析可知，包裹在未反应硫酸铅（核）周围的反应初始生成的柠檬酸铅（壳）在弱酸性 pH 值环境中逐步被溶解，硫酸铅逐步被释放和反应，浸出体系核壳结构均被破坏，内部硫酸铅逐步被反应，从而促进脱硫反应的高效进行。

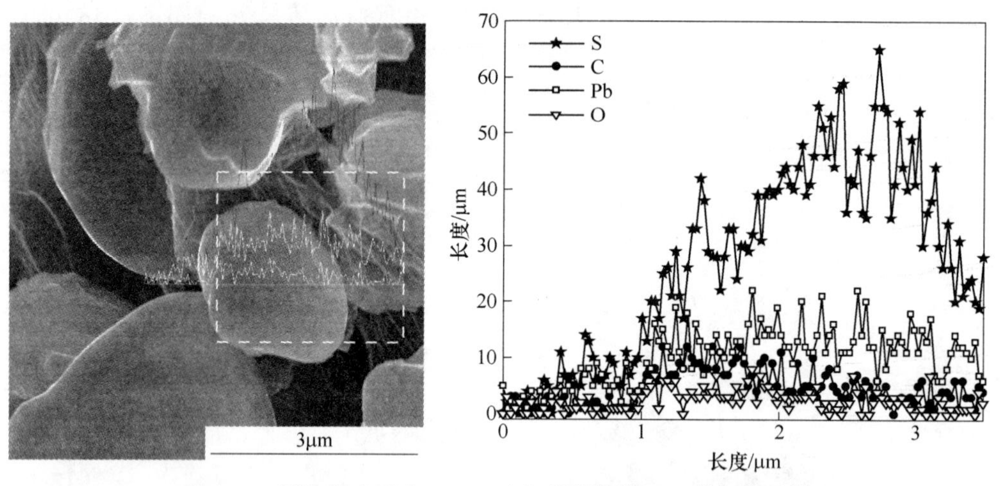

图 9-18　添加氨水反应 30min 时生成颗粒的 EDS 线扫描结果

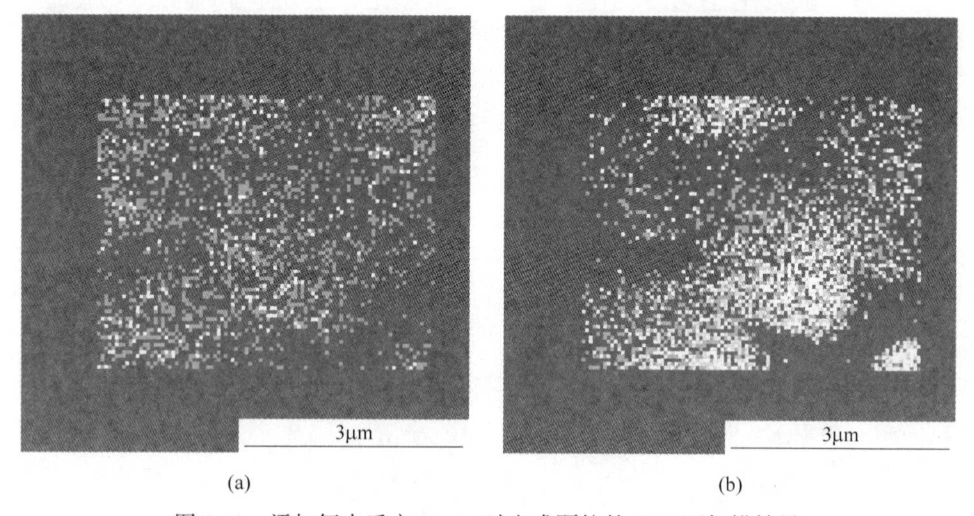

(a)　　(b)

图 9-19　添加氨水反应 30min 时生成颗粒的 EDS 面扫描结果
（a）C 元素分布结果；（b）S 元素分布结果

9.2　柠檬酸-NaOH 体系研究

氢氧化钠，化学式为 NaOH，俗称烧碱、火碱、苛性钠，为一种具有强腐蚀性的强碱，一般为片状或块状形态，易溶于水（溶于水时放热）并形成碱性溶液。另外，NaOH 有潮解性，易吸取空气中的水蒸气（潮解）和二氧化碳（变质），可加入盐酸检验是否变质。

纯品 NaOH 是无色透明的晶体，密度为 2.130g/cm^3，熔点为 318.4℃，沸点为 1390℃，相对分子质量 39.997。工业品 NaOH 含有少量的氯化钠和碳酸钠，是白色不透明的晶体，有块状，片状，粒状和棒状等。NaOH 是化学实验室中一种必备的化学品，亦为常见的化工品之一。氢氧化钠被广泛应用于水处理，在污水处理厂，氢氧化钠可以通过中和反应减小水的硬度。在工业领域，氢氧化钠是离子交换树脂再生的再生剂。氢氧化钠具有强碱性，且在水中具有相对高的可溶性。由于氢氧化钠在水中具有相对高的可溶性，所以容易衡量用量，可以方便地在水处理的各个领域使用。本节使用 NaOH 强碱试剂投加进入柠檬酸浸出体系，分析强碱性试剂对硫酸铅或废铅膏在浸出系统脱硫的影响。

9.2.1 硫酸铅单组分浸出实验设计

本节以柠檬酸-NaOH 为浸出体系，研究添加 NaOH 对柠檬酸浸出体系的影响，研究不同参数条件对转化产物柠檬酸铅前驱体的晶体结构、铅膏脱硫率、滤液中 Pb 残留率的影响。

实验设计内容如表 9-5 所示。编号为对照组为未添加 NaOH 的空白对照组，Ⅰ组为控制 pH 值单因素的实验组，Ⅱ组为控制浸出温度的实验组，Ⅲ组为控制浸出体系固液比的实验组，Ⅳ组为控制浸出时间的实验组。

表 9-5 $PbSO_4$组分在柠檬酸-NaOH 体系浸出方案设计

序号	浸出药剂	pH 值	固液比	反应时间/h	浸出温度/℃
对照	柠檬酸和双氧水	2.1	1/10	6	25
NaOH-Ⅰ-1	柠檬酸、双氧水，在 60min 加入氢氧化钠	3.3	1/10	6	25
NaOH-Ⅰ-2		4.5			
NaOH-Ⅰ-3		5.5			
NaOH-Ⅰ-4		6.2			
NaOH-Ⅱ-1	柠檬酸、双氧水，在 60min 加入氢氧化钠	6.1	1/10	6	25
NaOH-Ⅱ-2					35
NaOH-Ⅱ-3					45
NaOH-Ⅱ-4					55
NaOH-Ⅲ-1	柠檬酸、双氧水，在 60min 加入氢氧化钠	6.1	1/5	6	25
NaOH-Ⅲ-2			1/10		
NaOH-Ⅲ-3			1/15		
NaOH-Ⅲ-4			1/20		
NaOH-Ⅳ-1	柠檬酸、双氧水，在 60min 加入氢氧化钠	6.1	1/15	0	25
NaOH-Ⅳ-2				2	
NaOH-Ⅳ-3				4	
NaOH-Ⅳ-4				6	
NaOH-Ⅳ-5				8	

9.2.2 $PbSO_4$浸出研究

9.2.2.1 pH 值对 $PbSO_4$浸出的影响

不同 pH 值条件下硫酸铅单组分的脱硫率和铅在滤液中的残留率结果如图 9-20 所示。由图 9-20 可知，随浸出体系 pH 值增加，硫酸铅在柠檬酸浸出体系的脱硫率呈明显增加的趋势。在 pH 值为 2.1 时，硫酸铅在柠檬酸体系的脱硫率为 18.9%；随 pH 值增加至 3.3 时，硫酸铅的脱硫率增加至 89.3%；在 pH 值为 4.5 时，硫酸铅在浸出体系的脱硫率维持在 94.0%。随浸出体系 pH 值进一步增加至 5.5 和 6.2 时，硫酸铅在柠檬酸浸出体系的脱硫率趋于稳定，在 pH 值为 5.5 时，硫酸铅脱硫率维持在 99.0%，pH 值进一步增加至 6.2，硫酸铅在浸出体系的脱硫率为 99.2%，也表明硫酸铅脱硫率基本趋于稳定。浸出完成后，Pb^{2+}在滤液中的残留率随 pH 值的升高而升高。在未添加 NaOH、pH 值为 2.1 时，Pb^{2+}在滤液中的残留率为 0.4%；在逐渐增加 NaOH 的投加量，pH 值为 3.3 时，Pb^{2+}在滤液中残留率增加至 1.0%；在 pH 值为 4.5 时，Pb^{2+}残留率为 1.6%；在 pH 值继续增加为 5.5 和 6.2 时，Pb^{2+}残留率分别为 2.9%和 4.0%。Pb^{2+}残留率随 pH 值升高而增加的结果主要是由浸出生成的柠檬酸铅前驱体在浸出体系中的溶解度随 pH 值升高而增加决定的。

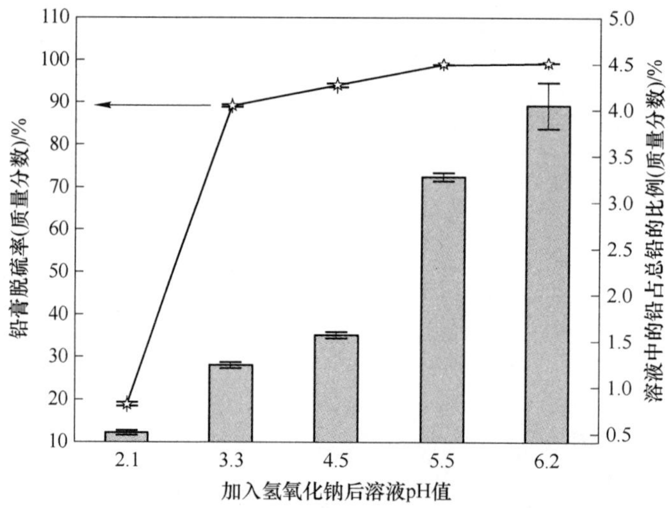

图 9-20 $PbSO_4$在柠檬酸-NaOH 体系中脱硫率和铅残留率随 pH 值的变化

与弱碱性试剂氨水投加后形成的弱酸-弱碱缓冲体系类似，投加 NaOH 后首先与柠檬酸反应生成柠檬酸钠，反应后的体系也属弱酸-弱碱缓冲体系范畴。

硫酸铅在不同 pH 值条件浸出制备的前驱体 XRD 图谱结果如图 9-21 所示。由图 9-21 可知，随浸出体系 pH 值的变化，$PbSO_4$在浸出体系制备的前驱体 XRD 图谱不同。在 pH 值为 2.1 时，大部分硫酸铅未参与反应，因此在 XRD 图谱中出现较多硫酸铅物相的峰，随 pH 值的增加，硫酸铅物相的峰消失。在强酸性 pH 值条件（pH 值为 3.3±0.2）时，制备的前驱体晶体出峰位置和峰相对强度与标准柠檬酸铅相似，推测其分子组成为 $Pb(C_6H_6O_7) \cdot H_2O$；在弱酸性条件时，前驱体晶体的出峰位置与外购柠檬酸铅接近，推测其分子组成为 $Pb_3(C_6H_5O_7)_2 \cdot 3H_2O$。$PbSO_4$在强酸性条件出峰基线更平整，表明在强酸性条件生成的晶体晶型更完整。

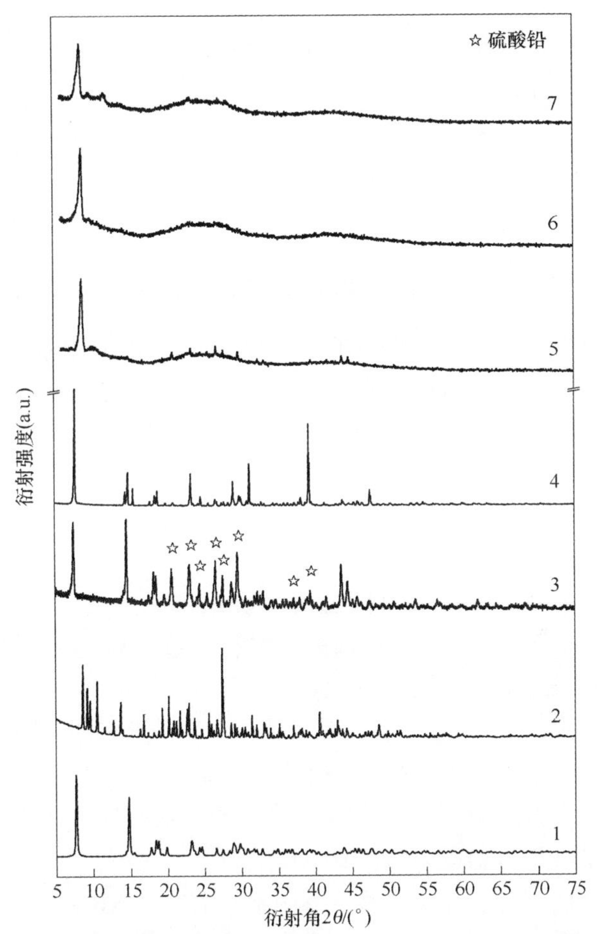

图 9-21 $PbSO_4$在柠檬酸-NaOH 体系不同 pH 值条件下制备的前驱体 XRD 图谱

1—标准 $Pb(C_6H_6O_7) \cdot H_2O$；2—外购 $Pb_3(C_6H_5O_7)_2 \cdot 3H_2O$；

3—pH 值为 2.1；4—pH 值为 3.3；5—pH 值为 4.5；6—pH 值为 5.5；7—pH 值为 6.2

9.2.2.2 反应温度对 $PbSO_4$浸出的影响

$PbSO_4$在柠檬酸-NaOH 体系不同温度的脱硫率和铅在浸出后滤液中的残留率如图 9-22 所示。

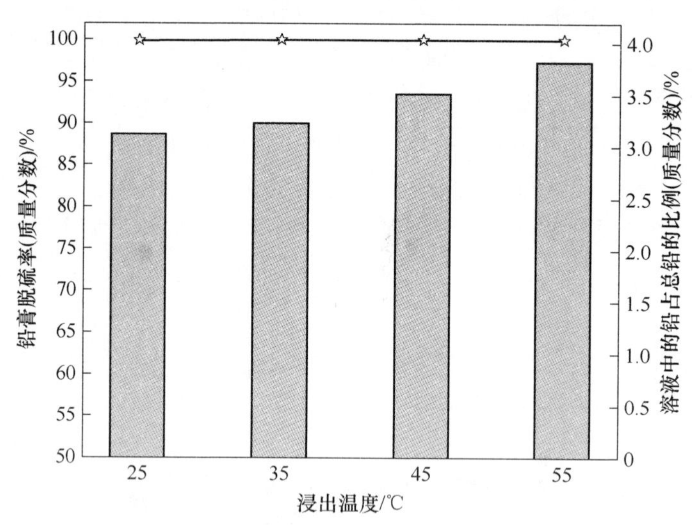

图 9-22　$PbSO_4$在柠檬酸-NaOH 体系不同温度下的脱硫率和铅残留率

由图 9-22 可知，硫酸铅单组分在柠檬酸-NaOH 体系中的脱硫率随浸出温度变化不大。在 25℃时，$PbSO_4$组分的脱硫率为 99.4%；在 35℃时，脱硫率为 99.8%；随温度继续增加至 45℃，脱硫率维持在 99.8%。浸出完成后，铅在浸出滤液中的残留率随温度的升高逐渐增加，残留率由 25℃时的 4.4%增加至 55℃时的 5.6%，铅在滤液中残留率的增加主要由于柠檬酸铅溶解度随温度升高而升高（见图 9-22）。

$PbSO_4$在柠檬酸-NaOH 体系不同温度下浸出产物 XRD 图谱如图 9-23 所示。由图 9-23 可知，随浸出温度升高，前驱体晶体基线逐渐趋于平整。在浸出温度为 25℃时，柠檬酸铅晶体基线波动较大，表明前驱体晶体生长不完整；在 35℃时，柠檬酸铅前躯体基线波动极小，表明晶体生长逐渐趋于完整。随温度进一步升高至 45℃和 55℃时，前驱体晶体出峰强度提高，表明前驱体晶体生长进一步完整。从前驱体晶体的出峰位置和相对强度分析，前驱体分子组成主要与外购柠檬酸铅类似，应为 $Pb_3(C_6H_5O_7)_2 \cdot 3H_2O$。

与分析纯 $PbSO_4$在不同 pH 值条件下制备的前驱体 XRD 图谱比较，在温度升高的条件下（≥35℃）制备的柠檬酸铅晶体的基线波动较小，表明温度提高促进柠檬酸铅晶体晶型生长趋于完整。

9.2.2.3　固液比对 $PbSO_4$浸出的影响

不同固液比条件下脱硫率结果如图 9-24 所示。随固液比的增加，$PbSO_4$在柠檬酸-NaOH 体系的脱硫率逐渐增加。在固液比为 1/5 时，$PbSO_4$的脱硫率为 99.4%；在固液比为 1/10 时，$PbSO_4$的脱硫率提高为 99.5%；当固液比提高至

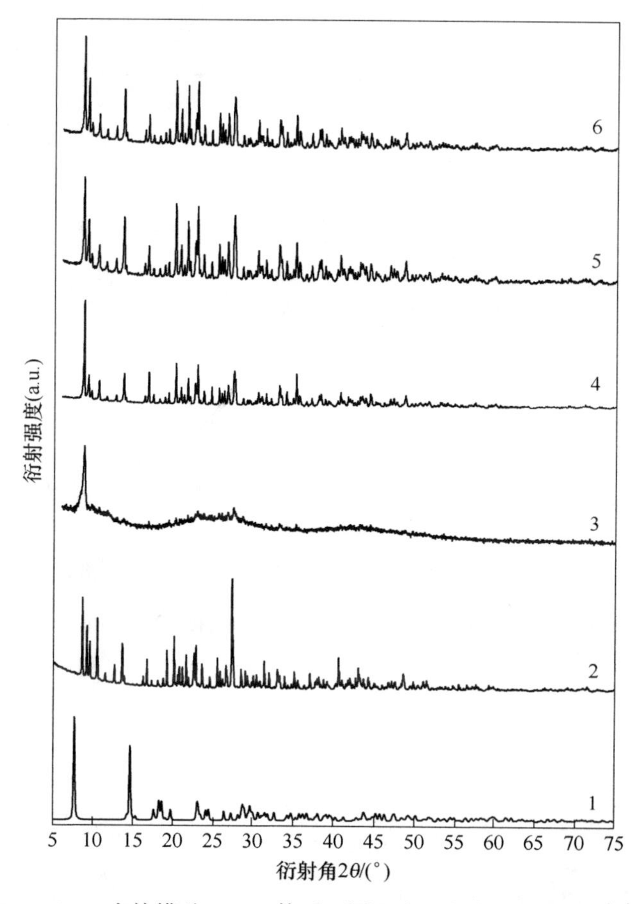

图 9-23 $PbSO_4$在柠檬酸-NaOH 体系不同温度下制备的前驱体 XRD 图谱

1—标准 $Pb(C_6H_6O_7)\cdot H_2O$；2—外购 $Pb_3(C_6H_5O_7)_2\cdot 3H_2O$；

3—浸出温度 25℃；4—浸出温度 35℃；5—浸出温度 45℃；6—浸出温度 55℃

1/15和 1/20 时，$PbSO_4$的脱硫率维持为 99.9%。固体比对浸出反应的影响主要体现在反应物与浸出剂的接触面积等，若浸出溶液过少，会造成浸出体系中固体很难分散，同时搅拌过程也会受到很大的影响，使浸出剂与反应物之间接触面积变小。

9.2.2.4 浸出时间对 $PbSO_4$浸出的影响

$PbSO_4$组分在柠檬酸-NaOH 体系中脱硫率随浸出时间的变化如图 9-25 所示。由图 9-25 可知，随浸出时间的延长，硫酸铅在柠檬酸-NaOH 体系中的脱硫率逐渐升高。在浸出时间为 2h 时，$PbSO_4$组分的脱硫率为 62.2%；浸出时间延长至 4h 时，$PbSO_4$组分的脱硫率提高至 80.2%；在浸出时间为 6h 时，脱硫率维持在

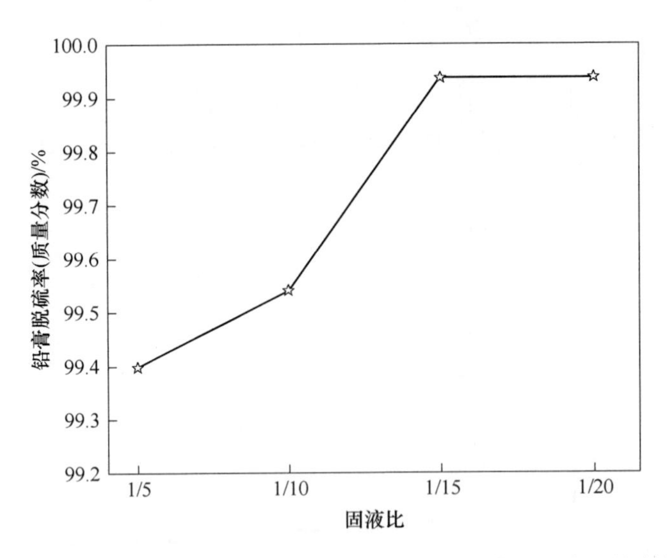

图 9-24 $PbSO_4$组分在柠檬酸-NaOH 体系中脱硫率随固液比的变化

99.3%。随浸出时间进一步增加为 8h 时，脱硫率保持为 99.3%，表明浸出反应在 6h 时绝大部分硫酸铅已经反应完全。

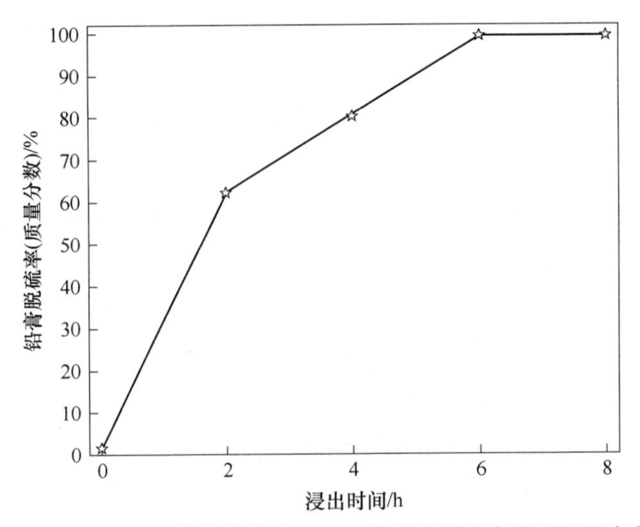

图 9-25 $PbSO_4$组分在柠檬酸-NaOH 体系中脱硫率随时间的变化

9.2.3 $PbSO_4$在柠檬酸-NaOH 体系中的动力学研究

9.2.3.1 浸出温度的影响

浸出温度对 $PbSO_4$脱硫率的影响实验方案设计如表 9-6 所示。

表 9-6　硫酸铅在柠檬酸-NaOH 体系的浸出动力学研究实验设计

序号	NaOH 质量 /g	柠檬酸与铅的摩尔比	pH 值	体积/mL	搅拌速度 /r · min^{-1}	温度/℃
NaOH-D-Ⅰ	20	6	5.6	300	400	25
NaOH-D-Ⅱ						35
NaOH-D-Ⅲ						45
NaOH-D-Ⅳ						55

在不同浸出温度条件下 $PbSO_4$的脱硫率随时间变化如图 9-26 所示，不同浸出温度条件下的动力学曲线如图 9-27 所示。

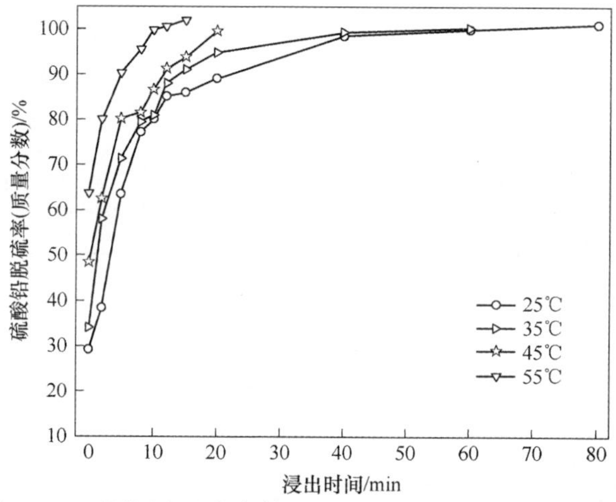

图 9-26　不同浸出温度条件下 $PbSO_4$脱硫率随时间变化结果

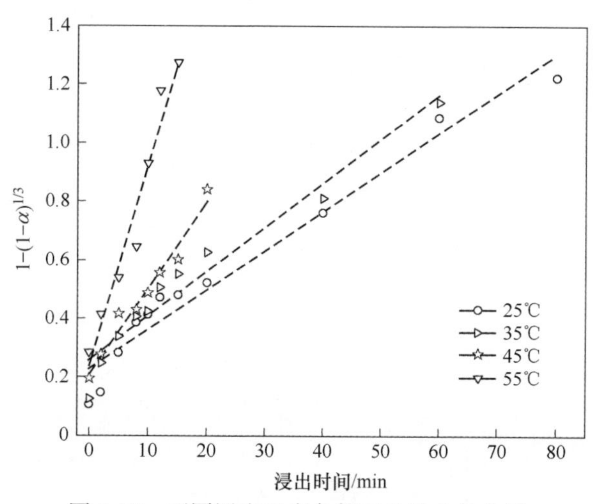

图 9-27　不同浸出温度条件下的动力学曲线

由图 9-27 可得动力学方程式如式（9-5）~式(9-8) 所示。

25℃：　$$1-(1-\alpha)^{1/3}=0.23+0.0134\times t \tag{9-5}$$

35℃：　$$1-(1-\alpha)^{1/3}=0.2615+0.015\times t \tag{9-6}$$

45℃：　$$1-(1-\alpha)^{1/3}=0.2137+0.0293\times t \tag{9-7}$$

55℃：　$$1-(1-\alpha)^{1/3}=0.2436+0.0688\times t \tag{9-8}$$

式中，α 为硫酸铅脱硫率；t 为浸出时间，min。

动力学方程式（9-6）~式（9-9）所对应的相关系数分别为 0.96、0.95、0.97、0.96，均接近于或大于 0.96，表明实测数据与拟合方程吻合性较高。计算各浸出温度下化学反应速率常数对数值 ln$K$ 结果如表 9-7 所示。

表 9-7　各浸出温度下 K 和 ln$K$

浸出温度		$1/T$	K	ln$K$
25℃	298.15K	3.36×10^{-3}	1.34×10^{-2}	−4.31
35℃	308.15K	3.25×10^{-3}	1.50×10^{-2}	−4.20
45℃	318.15K	3.15×10^{-3}	2.93×10^{-2}	−3.53
50℃	323.15K	3.10×10^{-3}	6.88×10^{-2}	−2.68

注：T 为开尔文温度，K 为化学反应速度常数。

以 ln$K$ 对 $1/T$ 作图得浸出反应的 Arrhenius 图如图 9-28 所示。在图 9-28 中，其直线斜率为−6253.2，根据 Arrhenius 公式 $\ln K=-E/(RT)+B$，斜率为 $-E/R=-5406.9$，计算得表观活化能 E 为 45kJ/mol，大于 42kJ/mol，认为浸出反应受化学反应控制。

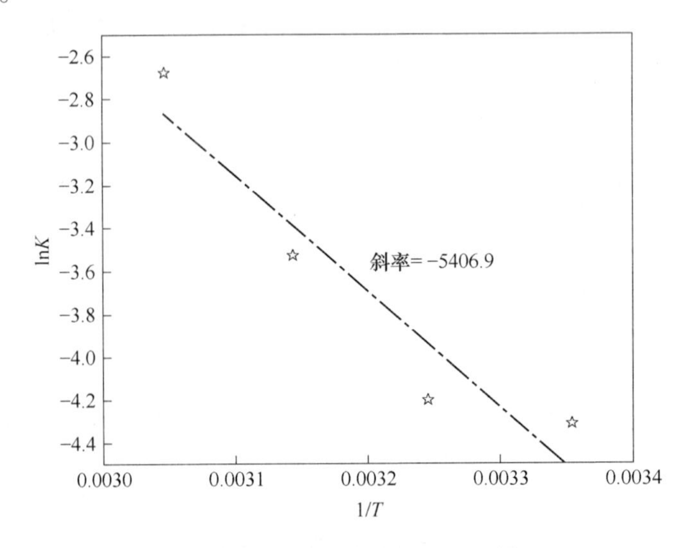

图 9-28　浸出反应的 Arrhenius 图

与柠檬酸-氨水体系相比，硫酸铅在柠檬酸-NaOH 体系反应的表观活化能稍小，表明在反应条件完全相同时，硫酸铅在柠檬酸-NaOH 体系转化较容易。

表观活化能小于 63kJ/mol 时反应速度较快，所以硫酸铅组分在柠檬酸-NaOH 体系中反应较快，但限于生成物的包裹和原料的扩散，反应速度会降低。

9.2.3.2 搅拌速度的影响

搅拌速度对 $PbSO_4$转化率的影响实验方案设计如表 9-8 所示。

表 9-8 硫酸铅在柠檬酸-NaOH 体系的浸出动力学研究实验设计

序号	氢氧化钠 /g	柠檬酸与铅的摩尔比	pH 值	体积 /mL	温度 /℃	搅拌速度 /r · min^{-1}
NaOH-D-1	45	6.0	5.6	300	25	400
NaOH-D-2						600
NaOH-D-3						800
NaOH-D-4						1000

图 9-29 为搅拌速度与 $PbSO_4$脱硫率的关系曲线，反应温度均为 25℃。随着搅拌速度增加，$PbSO_4$脱硫率会随之提高，但在转速继续提高至 800r/min 时，$PbSO_4$脱硫率已经达到最大值。转速从 400r/min 提高到 800r/min，有利于浸出剂和反应物的充分接触反应。当搅拌速度提高至 1000r/min 后，$PbSO_4$脱硫率较 800r/min 时稍小。

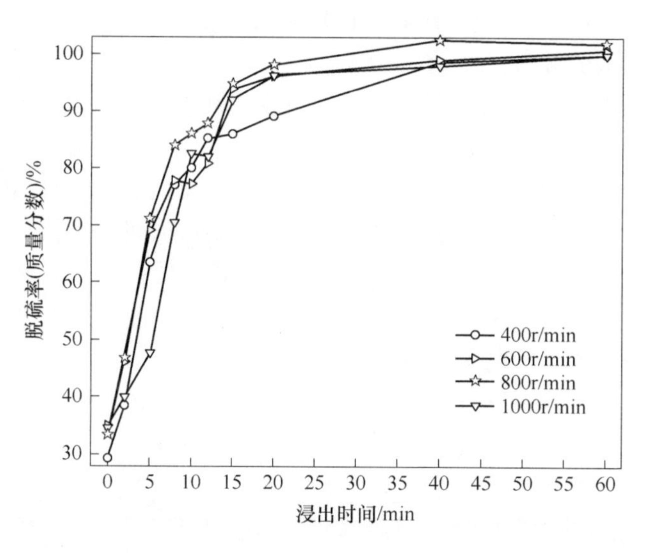

图 9-29 搅拌速度与 $PbSO_4$ 脱硫率的关系

9.3　预脱硫——柠檬酸浸出工艺研究

铅蓄电池回收使用最多的方法为传统火法。该方法是将极板破碎并与焦炭混合后，直接在1350℃的高温下焙烧，将二氧化铅和硫酸铅还原为金属铅，并且在空气氛围下会生成氧化铅。但是在整个过程中硫酸根会转化为二氧化硫排放出去，而且在铅膏中硫酸铅的含量一般是最大的，可达60%以上，因此产生的二氧化硫的浓度可达0.075kg/kg金属料。为了减少火法熔炼中二氧化硫的排放，可先用脱硫剂将铅膏中的硫酸铅转化为其他不含硫元素的铅的化合物后，再进行焙烧。目前国内外主要的脱硫方法为单一脱硫剂脱硫，通常采用单一的某种碳酸盐或碳酸氢盐作为脱硫剂。这些方法中最常用的脱硫剂是碳酸钠，过量碳酸钠溶液与铅膏中的硫酸铅将会发生以下一系列的化学反应：

$$PbSO_4 + Na_2CO_3 \longrightarrow PbCO_3 + Na_2SO_4 \tag{9-9}$$

$$3PbSO_4 + 2Na_2CO_3 + 2H_2O \longrightarrow Pb_3(CO_3)_2(OH)_2 + 2Na_2SO_4 + H_2SO_4 \tag{9-10}$$

$$Pb_3(CO_3)_2(OH)_2 + 2Na_2CO_3 \longrightarrow 3NaPb_2(CO_3)_2OH + NaOH \tag{9-11}$$

由此可见，虽然碳酸钠可以将硫酸铅转化为碳酸铅，实现了脱硫的效果，但是会产生含钠的副产物$NaPb_2(CO_3)_2OH$，副产物既是后续铅回收的杂质成分，同时降低了脱硫副产品Na_2SO_4的回收率。资料表明，上述副产物的产生条件为pH>10，在常温下pH值为8.31左右的碳酸氢钠溶液作为脱硫剂时，将不会产生该产物。但是大量的实验数据表明，碳酸氢钠的脱硫率低于碳酸钠，所以目前最为常用的方法是向碳酸钠溶液中通入CO_2来调节pH值，但是此方法需调节CO_2用量以及增加CO_2的起源及其设备投入，较为繁琐。

本研究采用碳酸钠与碳酸氢钠同时作为脱硫剂，即为复合脱硫剂脱硫法。其优点在于：（1）采用碳酸钠可以保证获得较高的脱硫率，而且常温条件下，碳酸钠溶液的pH值在11.64左右，碳酸氢钠溶液的pH值在8.31左右，因此可以通过控制Na_2CO_3和$NaHCO_3$的投加量之比，控制溶液的pH值保持在10以下，可避免$NaPb_2(CO_3)_2OH$杂质相的生成；（2）碳酸钠和碳酸氢钠会形成缓冲溶液，可以维持反应体系的pH值基本稳定，可保证整个反应过程的稳定性以及反应体系的均匀性。

在前期开发的柠檬酸-柠檬酸钠体系中反应速度较慢，分离与回收相对困难。本文的目的是寻找一种有效通过化学转化的方法，第一步铅膏经过脱硫，第二步脱硫铅膏与柠檬酸反应，第三步柠檬酸铅通过低温分解制备超细铅粉。

为了确定实际铅膏中物相，对经过预处理的铅膏粉末进行XRD测试，主要物相是$PbSO_4$、PbO_2、PbO、Pb。采用化学分析的方法测定了$PbSO_4$、PbO_2、PbO和金属Pb的百分含量，结果如表9-9所示。从表中可看出，铅膏的主要成

分为 $PbSO_4$，约占总量的 65.0%，其次是 PbO_2 与 PbO，分别是 29.5%与 4.5%，此外金属 Pb 含量为 0.5%。

表 9-9 实际铅膏的各成分含量 (%)

组成	$PbSO_4$	PbO_2	PbO	Pb	其他	总量
质量分数	65.0	29.5	4.5	0.5	0.5	74.5

9.3.1 复合脱硫剂脱硫研究

9.3.1.1 实验原理

本实验采用碳酸钠和碳酸氢钠的混合水溶液作为脱硫剂，且控制其 pH 值小于 10，则其与铅膏将会如下反应：

$$PbSO_4 + Na_2CO_3 \longrightarrow PbCO_3 + Na_2SO_4 \quad (9\text{-}12)$$

$$PbSO_4 + 2NaHCO_3 \longrightarrow PbCO_3 + Na_2SO_4 + CO_2 + H_2O \quad (9\text{-}13)$$

碳酸钠和碳酸氢钠可分别与铅膏中硫酸铅反应生成碳酸铅和硫酸钠，反应后脱硫铅膏主要成分为 $PbCO_3$，以及铅膏中其他未参与反应的 PbO_2、PbO、Pb 等含铅物质。原硫酸铅中的 S 元素转化为 SO_4^{2-} 通过洗涤过滤残留在溶液中，将不再参与后续的脱硫铅膏的回收处理工艺，即实现了脱硫的效果。

9.3.1.2 脱硫实验方案设计

由前面的叙述可知，本实验中最重要的部分即为控制整个反应体系的 pH 值，其控制方法为调整碳酸钠和碳酸氢钠投加量的比例，根据两种盐的电离过程，并参考设计 pH 值进行一定的计算。具体投加量的确定过程如下：由于本实验中的反应温度除了室温外，最高只采用到 40℃，且小幅度的温度改变对于 pH 值的影响并不明显，因此，pH 值的计算中采用的电离常数全部取常温下的数值。

H_2CO_3 的电离常数如下：

$$H_2CO_3 \longrightarrow HCO_3^- + H^+, \quad K_{a1} = 4.2 \times 10^{-7} \quad (9\text{-}14)$$

$$HCO_3^- \longrightarrow CO_3^{2-} + H^+, \quad K_{a2} = 5.61 \times 10^{-11} \quad (9\text{-}15)$$

在投料比为 1/1，即反应（9-12）和反应（9-13）恰好完全反应的情况下，设碳酸钠的物质的量为 $x$mol，碳酸氢钠的物质的量为 $y$mol。据反应（9-12）和反应（9-13），可知 Na^+ 和 SO_4^{2-} 的物质的量之比为 2：1，10g 铅膏中硫酸根的含量为 $\frac{10\times65\%}{303}=0.02$（mol）。

因此，可列方程式：

$$2x + y = 0.04\text{mol} \quad (9\text{-}16)$$

（1）在设计 pH=10 的条件下。对于缓冲体系，采用以下公式计算 pH 值：

$$pH = pK_{a2} + \lg \frac{盐的浓度}{酸的浓度} \tag{9-17}$$

因此有

$$pH = -\lg(5.61 \times 10^{-11}) + \lg \frac{x}{y} = 10 \tag{9-18}$$

根据方程（9-16）和方程（9-18），解得：$x = 0.0104$，$y = 0.0191$。$m(Na_2CO_3) = 106x = 1.10g$，$m(NaHCO_3) = 84y = 1.60g$。

在实际实验过程中，取物料比为 1∶2（铅膏与复合脱硫剂之比），则确定Ⅰ组、Ⅱ组的反应条件为：碳酸钠质量为 2.20g，碳酸氢钠质量为 3.20g，固液比为 1/20，转速为 400r/min，温度分别为 40℃和 20℃。

（2）在设计 pH=10.5 的条件下。由于在实验过程中，发现反应前的实测 pH 值要小于设计值，因此，为了提高转化率，即增加碳酸钠的投加量，也就是提高反应体系的 pH 值，同时又要满足 pH<10 的条件，则选择将设计 pH 值调整为 10.5，可以得到下列方程式：

$$pH = -\lg(5.61 \times 10^{-11}) + \lg \frac{x}{y} = 10.5 \tag{9-19}$$

根据方程（9-16）和方程（9-19），解得：$x = 0.0160$，$y = 0.0080$。$m(Na_2CO_3) = 106x = 1.70g$，$m(NaHCO_3) = 84y = 0.67g$。

在实际实验过程中，取物料比为 1∶2（铅膏与复合脱硫剂之比），则确定Ⅲ组、Ⅳ组的反应条件为：碳酸钠质量为 3.40g，碳酸氢钠质量为 1.34g，固液比为 1/20，转速为 400r/min，温度分别为 40℃和 20℃。因此，根据设计计算一共设计了 4 组实验，每组实验分别有两个平行样。具体设计方案如表 9-10 所示。

表 9-10　具体实验方案设计表

序号	设计反应温度/℃	设计 pH 值	铅膏质量/g	碳酸钠质量/g	碳酸氢钠质量/g
Ⅰ	40	10	10	2.20	3.20
Ⅱ	20	10	10	2.20	3.20
Ⅲ	40	10.5	10	3.40	1.34
Ⅳ	20	10.5	10	3.40	1.34
Ⅴ	40	11.64	10	4.24	0
Ⅵ	40	8.31	10	0	6.72

9.3.1.3　脱硫率分析

整个实验结果见表 9-11。分六组开展实验，每组有两个平行样，其中Ⅰ组和

Ⅱ组投加的复合脱硫剂配比相同，Ⅰ组反应温度是40℃，Ⅱ组反应温度是20℃；Ⅲ组和Ⅳ组投加的复合脱硫剂配比相同，Ⅲ组反应温度是40℃，Ⅳ组反应温度是20℃。Ⅴ组为只投加碳酸钠的实验，反应温度为40℃，Ⅵ组为只投加碳酸氢钠的实验，反应温度为40℃。

表 9-11 脱硫实验表

序号	反应时间/h	反应温度/℃	设计pH值	测定pH值	脱硫率/%
Ⅰ	2	40	10	9.30	98.66
Ⅱ	2	20	10	9.30	93.78
Ⅲ	2	40	10.5	10.21	99.51
Ⅳ	2	20	10.5	10.21	96.44
Ⅴ	2	40	11.64	11.52	99.57
Ⅵ	2	40	8.31	8.30	98.01

注：上表中所记录的实验数据，全部都是在投料比为1/2，固液比为1/20，转速为400r/min的条件下取得的。

从Ⅰ、Ⅱ、Ⅲ、Ⅳ组的实验数据可以看出，复合脱硫剂的pH值要小于其设计pH值，这说明实际实验温度与理论计算有一定的差异。从Ⅰ组和Ⅱ组的对比可以发现，在其他条件均相同的情况下，提高温度可以提高脱硫率。从Ⅲ和Ⅳ组的对比，同样可以得出这样的结论。从Ⅰ组和Ⅲ组的对比可以发现，在其他条件均相同的情况下，且不考虑是否有副产物的情况下，提高碳酸钠的比例可以在一定程度上改善脱硫率。从Ⅱ组和Ⅳ组的对比，也说明提高碳酸钠的比例对脱硫率的提高有利。通过复合脱硫剂和单一脱硫剂的脱硫率数据对比可以发现，在其他条件相同的情况下，使用复合脱硫剂时实际铅膏的脱硫率和只投加碳酸钠时基本相同，比只投加碳酸氢钠的结果要稍好。

9.3.1.4 脱硫后铅膏与实际铅膏的对比

将脱硫效果最好的第Ⅲ组产品与未脱硫处理的铅膏进行对比，其外观照片对比如图9-30所示。

由两者的外观对比可以发现，脱硫后铅膏颜色要浅。这与脱硫后的铅膏经过一定的洗涤过程，使部分杂质得以去除的缘故有关。

9.3.2 脱硫铅膏柠檬酸浸出及制备超细铅粉研究

柠檬酸是一种弱酸，1mol的$C_6H_8O_7$理论上可以电离出3mol H^+，但是H^+不能完全电离，反应方程式为

$$C_6H_8O_7 = C_6H_7O_7^- + H^+,\quad K_{a1} = 7.4 \times 10^{-4} \tag{9-20}$$

$$C_6H_7O_7^- = C_6H_6O_7^{2-} + H^+,\quad K_{a2} = 1.7 \times 10^{-5} \tag{9-21}$$

(a)

(b)

图 9-30　原始铅膏（a）与脱硫后铅膏（b）对比图

$$C_6H_6O_7^{2-} \rightleftharpoons C_6H_5O_7^{3-} + H^+,\quad K_{a3} = 4.0 \times 10^{-7} \tag{9-22}$$

脱硫铅膏的组成为 $Pb_3(CO_3)_2(OH)_2$、$PbCO_3$、PbO_2 和 PbO，因此与柠檬酸反应方程式为

$$Pb_3(CO_3)_2(OH)_2 + 3C_6H_8O_7 \cdot H_2O \longrightarrow 3Pb(C_6H_6O_7) \cdot H_2O + 2CO_2 \uparrow + 4H_2O \tag{9-23}$$

$$PbCO_3 + C_6H_8O_7 \cdot H_2O \longrightarrow Pb(C_6H_6O_7) \cdot H_2O + CO_2 \uparrow + H_2O \tag{9-24}$$

$$PbO_2 + C_6H_8O_7 \cdot H_2O + H_2O_2 \longrightarrow Pb(C_6H_6O_7) \cdot H_2O + O_2 \uparrow + 2H_2O \tag{9-25}$$

$$PbO + C_6H_8O_7 \cdot H_2O \longrightarrow Pb(C_6H_6O_7) \cdot H_2O + H_2O \tag{9-26}$$

浸出反应温度为 25℃，浓度为 200g/L，不同浸出剂的投加量下得到产物 XRD 见图 9-31，从图中可以看出 $C_6H_8O_7 \cdot H_2O$ 与 Pb 的摩尔比（α）为 0.67，$PbCO_3$ 与 PbO_2 能被鉴定出来，说明 $PbCO_3$ 与 PbO_2 不能完全反应。随着 α 的增加，得到产物越来越与 $PbC_6H_6O_7 \cdot H_2O$ 的标准图谱一致，当 α 的值高于 1.5 时，得到物质为 $PbC_6H_6O_7 \cdot H_2O$。

一些铅留在了溶液中，溶液中铅的含量对铅的回收率非常重要，因为只有溶液中铅越少，铅的回收率越高。溶液中的铅与浸出剂投加量之间的关系是，随着浸出剂的投加量的增加，溶液中铅的含量也在增加，当投加量 α 为 1.5，此时溶液中铅为 3%，回收率 97%。

采用空气气氛，流量为 $100cm^3/min$，以 10℃/min 的升温速率在室温到 500℃ 对生成的柠檬酸铅进行了 TG 实验。柠檬酸铅的分解历程相对比较复杂，从 DTA 曲线可以发现整个失重阶段大致可以分成 5 个阶段，失重最快的温度点分别是 180℃、204℃、285℃、348℃、417℃，450℃ 后几乎没有失重。90～180℃ 为

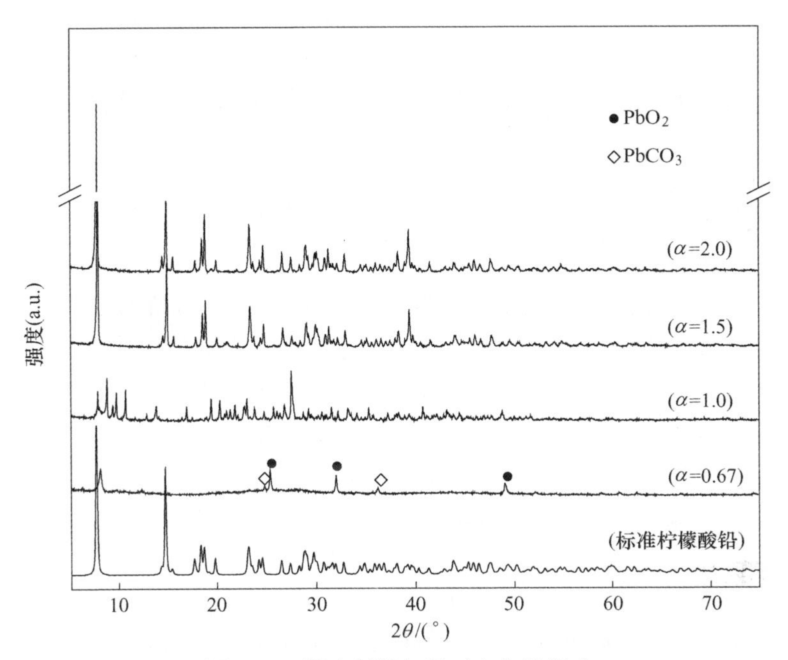

图 9-31 浸出剂投加量对产物的影响

第一个阶段，失重 4.07%，与 $Pb(C_6H_6O_7)\cdot H_2O$ 失去 1 个结晶水的理论失重 4.3%基本相符；之后在 220℃与 430℃之间出现多个失重台阶，可能是柠檬酸根分解以及分解产物的燃烧，失重为 42.63%，最终总失重为 46.7%。最后的残余为 53.3%，介于 $Pb(C_6H_6O_7)\cdot H_2O$ 分解全部生成 PbO(53.7%) 与全部生成金属铅（49.9%）之间。TG 实验证明了柠檬酸铅的分子式为 $Pb(C_6H_6O_7)\cdot H_2O$。

得到的产物 $Pb(C_6H_6O_7)\cdot H_2O$ 的形貌见图 9-32，从图中可以看出产物形貌

(a) (b)

图 9-32 柠檬酸铅的 SEM 图

（a）柠檬酸铅；（b）柠檬酸铅 370℃焙烧产物

与 Sonmez 和 Kumar 得到的一致，为条状结构。图 9-32（b）显示柠檬酸铅在 370℃保温 1h，主要物相是氧化铅与金属铅，铅粉的粒径在 100~500nm 之间。

本研究提供了一个创新的、环境友好的工艺路线代替传统的火法工艺去循环回收铅膏。

9.4　从废铅膏制备超细碳酸铅及超细氧化铅

碳酸铅（$PbCO_3$）是一种重要的化工原料，在制备超细氧化铅材料的前驱体方面受到了广泛的关注，对于深度开发以 $PbCO_3$ 为原料的高科技产品有重要意义。在碳酸盐这类化合物中碳酸铅的热分解是较为复杂的，因而引起许多研究者的兴趣。碳酸铅在二氧化碳气氛中的热分解经过四十余年的研究已基本确定，但是在空气与二氧化碳气氛中 $PbCO_3$ 的热分解以及产物在不同温度下的转化等机理还存在争议，缺乏深入了解。本研究采用废铅膏为原料，采用湿法过程制备了超细碳酸铅，并对其热分解性能及超细氧化铅的制备进行了研究。

9.4.1　实验原理

铅膏采用碳酸钠、碳酸氢钠或者碳酸铵脱硫，反应方程式为：

$$PbSO_4 + 2NaHCO_3 \longrightarrow PbCO_3 + Na_2SO_4 + CO_2\uparrow + H_2O \qquad (9\text{-}27)$$

$$PbSO_4 + (NH_4)_2CO_3 \longrightarrow PbCO_3 + (NH_4)_2SO_4 \qquad (9\text{-}28)$$

$$PbSO_4 + Na_2CO_3 \longrightarrow PbCO_3 + Na_2SO_4 \qquad (9\text{-}29)$$

$$3PbSO_4 + 2Na_2CO_3 + 2H_2O \longrightarrow Pb_3(CO_3)_2(OH)_2 + 2Na_2SO_4 + H_2SO_4 \qquad (9\text{-}30)$$

$$Pb_3(CO_3)_2(OH)_2 + 2Na_2CO_3 \longrightarrow 3NaPb_2(CO_3)_2OH + NaOH \qquad (9\text{-}31)$$

脱硫后铅膏成分可能是 $PbCO_3$、$Pb_3(CO_3)_2(OH)_2$，没有反应的 Pb、PbO、PbO_2，以及可能少量没有完全反应的硫酸铅以及它们的混合物。脱硫铅膏与醋酸反应，在双氧水的作用下转化成可溶性醋酸铅，主要的反应方程式为：

$$PbO + 2CH_3COOH \longrightarrow Pb(CH_3COO)_2 + H_2O \qquad (9\text{-}32)$$

$$PbO_2 + 2CH_3COOH + H_2O_2 \longrightarrow Pb(CH_3COO)_2 + 2H_2O + O_2 \qquad (9\text{-}33)$$

$$PbCO_3 + 2CH_3COOH \longrightarrow Pb(CH_3COO)_2 + H_2O + CO_2 \qquad (9\text{-}34)$$

$$Pb_3(CO_3)_2(OH)_2 + 6CH_3COOH \longrightarrow 3Pb(CH_3COO)_2 + 4H_2O + 2CO_2 \qquad (9\text{-}35)$$

在醋酸铅溶液缓慢加入碳酸生成超细碳酸铅，发生的反应为：

$$Pb(CH_3COO)_2 + Na_2CO_3 \longrightarrow PbCO_3 + 2CH_3COONa \qquad (9\text{-}36)$$

9.4.2　实验与表征

9.4.2.1　碳酸铅与氧化铅的制备

碳酸铅的制备流程为称取 100.0g 铅膏，44.0g 碳酸钠，在 1000mL 去离子水中，室温下反应2h后抽滤，洗涤。得到的脱硫铅膏与500mL含有乙酸溶液中反应，过程中加入20mL 30%的双氧水，反应时间为2h，洗涤过滤。得到的滤液中加入碳酸钠45.0g，反应时间为0.5h，过滤洗涤，80℃下干燥6h，得$PbCO_3$。烘干后的前躯体碳酸铅放入管式炉中，两端通大气，在不同的焙烧温度在管式炉焙烧1h，自然冷却后得到超细氧化铅产品。

9.4.2.2 材料表征

碳酸铅与焙烧产物的物相采用荷兰帕纳科公司PANalytical B.V.产X'Pert PRO型X射线衍射仪，铜靶，40kV，$\lambda=0.154089$nm，扫描范围5°~80°。碳酸铅的热分解性能采用美国PE公司产热重-差示扫描量热仪（Pyris 1 DSC）分析：空气气氛，流速20mL/min，升温速度10℃/min，温度范围20~800℃。碳酸铅与焙烧产物的物相形貌分析采用荷兰FEI产Sirion 200场发射扫描电镜，样品喷金后观察。

9.4.3 结果与讨论

9.4.3.1 超细碳酸铅的表征

制备的$PbCO_3$纳米粉体X射线粉末衍射图见图9-33，它与PDF卡47-1734斜方晶系$PbCO_3$的谱图一致，无不能与PDF卡匹配的衍射峰，说明产物无杂质存在。

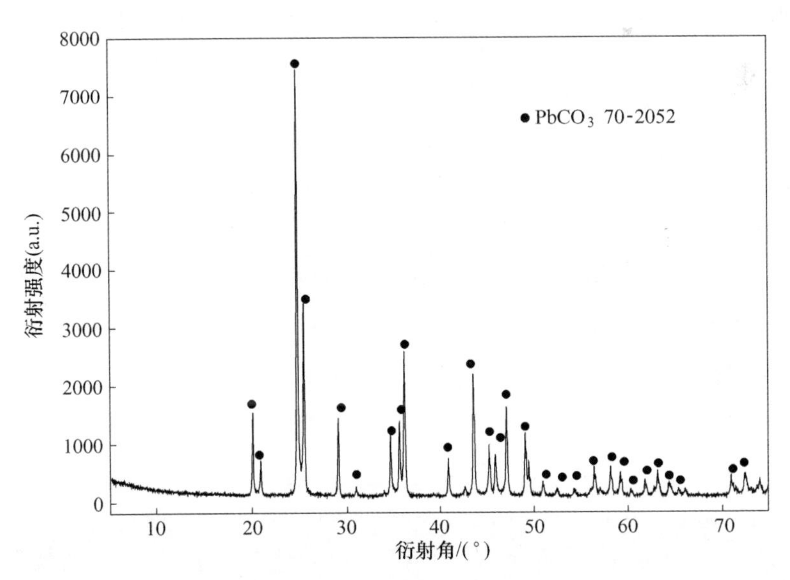

图9-33 碳酸铅的XRD图

碳酸铅的 SEM 结果见图 9-34，从图中可以看出碳酸铅颗粒较小，基本上呈不规则球状或者柱形，粒径均在 1μm 以下。

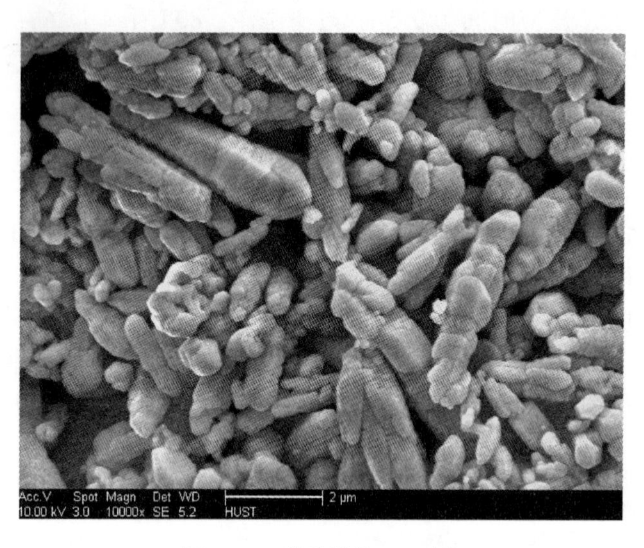

图 9-34　碳酸铅的 SEM 图

前驱物碳酸铅的 TG-DSC 曲线如图 9-35 所示。由其 DSC 曲线可知，在 200～300℃和 300～370℃内有 2 个尖锐的吸热峰，分别对应于 TG 曲线上 2 个明显的失重台阶。第一个台阶失重约 11.0%，可能形成了一种热分解中间产物；第二个台阶为中间产物氧化燃烧生成红色氧化铅过程。另在 DTA 曲线上 450～500℃有一个较宽的放热峰，它为不稳定的红色氧化铅向稳定的黄色氧化铅转变过程。这可能是由于碳酸铅首先分解成了 $Pb_3O_2CO_3$（理论失重为 10.98%），而由 $Pb_3O_2CO_3$继续分解变成了 PbO（理论失重为 5.45%）。但是从 TG 曲线上可以看出，在 350～450℃质量轻微地升高之后下降，这可能是由于过程中生成了 Pb_3O_4，温度升高后又变成了 PbO。失重过程可能发生的反应为：

$$3PbCO_3 \longrightarrow PbCO_3 \cdot 2PbO + 2CO_2\uparrow \tag{9-37}$$

$$PbCO_3 \cdot 2PbO \longrightarrow 3PbO(\alpha) + CO_2\uparrow \tag{9-38}$$

$$6PbO(\alpha) + O_2 \longrightarrow 2Pb_3O_4 \tag{9-39}$$

$$2Pb_3O_4 \longrightarrow 6PbO(\beta) + O_2\uparrow \tag{9-40}$$

从 TG-DSC 曲线上可以看出要得到红色氧化铅，前驱物热分解温度为 350℃较适宜，得到红色 Pb_3O_4焙烧温度应控制在 400～450℃，而要得到温度的黄色氧化铅，前驱物热分解温度高于 500℃ 较适宜。整个过程碳酸铅的实际产率为 83.9%，按方程式计算理论产率为 83.5%，两者基本吻合。

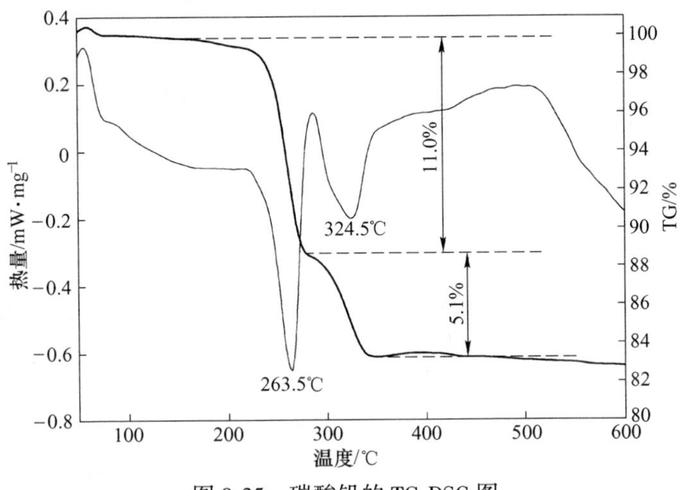

图 9-35 碳酸铅的 TG-DSC 图

9.4.3.2 碳酸铅的制备超细氧化铅与表征

A 焙烧产物的 XRD 分析

采用管式炉在静止空气中焙烧碳酸铅得到产物进行分析，结果发现焙烧温度对最终产物的晶型影响很大。$PbCO_3$在 350℃灼烧 1h 后，得到的产物为一种暗红色物质，从图 9-36 的 XRD 图中可以看出生成物质的主要物相是 α-PbO；当焙

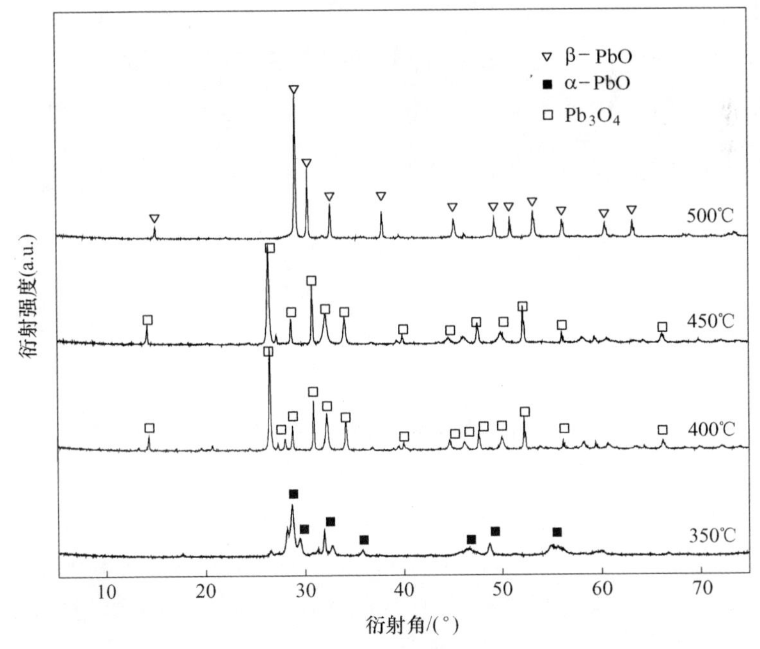

图 9-36 碳酸铅不同温度焙烧产物的 XRD 图

烧温度达到400℃与450℃焙烧的产物为亮红色的物质，从XRD图上可以看出，焙烧产物的物相主要是四氧化三铅；而在500℃左右灼烧得到更稳定的黄色产物，从图中可以看出为β-PbO。XRD实验结果与TG-DSC结果所推断结果完全吻合，证明了推断的焙烧反应过程发生的化学反应是正确的，因此在不同的温度下可以得到不同晶型的氧化铅。

B　焙烧产物的SEM分析

图9-37为碳酸铅在不同温度焙烧产物的SEM图。从图中可以看出，所得样品呈球形，粒度分布均匀，分散性好，无团聚现象，粒径小于0.5μm。温度在450℃时，成球现象更明显。分析其形成过程可能为：首先碳酸铅受热后自由体积内的空气首先膨胀，使碳酸铅晶体爆裂，成为极其微小的碎片，这些微小的碳酸铅碎片在高温作用下，分解出二氧化碳气体，晶体碎片内部二氧化碳气体的形成，进一步使其分裂为更细小的碎片，上述两个过程也可能同时发生，从而获得了超细的碳酸铅。

(a)

(b)

图9-37　碳酸铅不同温度焙烧产物的XRD图

(a) 350℃；(b) 450℃

9.5　本章小结

(1) 两种浸出体系，即柠檬酸-氨水体系、柠檬酸-NaOH体系遵循pH值影响规律。在强酸性条件下（pH≈3.3～4.0），柠檬酸铅分子式为$Pb(C_6H_6O_7)\cdot H_2O$，呈二维片状结构；弱酸性条件下（pH≈4.6～6.0），柠檬酸铅分子式为$Pb_3(C_6H_5O_7)_2\cdot 3H_2O$，呈三维柱状结构。基于热力学$E_h$-pH值相图分析结果表明：pH值为2.3～4.5，电位为0～1.2V时，柠檬酸体系浸出的稳定物相为$Pb(C_6H_6O_7)$；pH值为4.5~7.5，电位为0~1.2V时，柠檬酸体系浸出的稳定物相为$Pb_3(C_6H_5O_7)_2$。Pb在柠檬酸浸出体系中的热力学分析为柠檬酸浸出体系pH值的控制提供理论基础。Pb在柠檬酸浸出体系中反应过程符合缩核模型，在弱酸性条件下，反应初始生成的柠檬酸铅逐渐溶解消失，裸露出柠檬酸铅包裹的硫酸铅，并与浸出环境中的柠檬酸根基团配合，随着反应时间延长，硫酸铅被逐步裸露和反应，从而促进脱硫反应的进行。

（2）通过调整碳酸钠和碳酸氢钠的投加比例，可以使得复合脱硫剂的脱硫效果与单一脱硫剂碳酸钠的脱硫效果相当，且不会产生$NaPb_2(CO_3)_2OH$等副产物。从脱硫率的角度考虑，且在没有副产物生成的前提下。反应的最优条件如下：物料比为1/2（即10g铅膏对应3.40g碳酸钠和1.34g碳酸氢钠），固液比为1/20，转速为400r/min，反应时间为2h，反应温度为40℃。从工业生产的角度考虑，即节省能耗的情况下，反应的最优条件如下：物料比为1/2（即10g铅膏对应3.40g碳酸钠和1.34g碳酸氢钠），固液比为1/20，转速为400r/min，反应时间为2h，反应温度为20℃。在此条件下，没有副产物的生成。浸出过程中，当$C_6H_8O_7 \cdot H_2O/Pb$比高于1.5时，$Pb(C_6H_6O_7) \cdot H_2O$是唯一的产物。超细铅粉主要的物相是β-PbO，粒径在100~500nm之间。可以看到与传统的方法相比较，本研究方法没有SO_2的产生，能耗低，回收铅粉具有较大的比表面积，初步研究显示这可以有效地回收和循环铅膏制备铅粉。

（3）以废铅膏为原料，通过均匀沉淀法可以制备粒径小、分布均匀、流散性好的微料级碳酸铅，其粒径介于0.5~5μm，且工艺过程简单。碳酸铅在静止空气中的热分解过程分4个阶段，产物分别是$PbCO_3 \cdot 2PbO$、α-PbO、Pb_3O_4和β-PbO。以碳酸铅为前驱体，调节温度不同可制备不同晶型的超细氧化铅物质，同时反应条件易掌握，工艺简单，成本低。

参 考 文 献

[1] 天津大学无机化学教研室．无机化学（下册）[M]. 北京：高等教育出版社，1992.

[2] 彭容秋．铅冶金 [M]. 长沙：中南大学出版社，2004.

[3] 胡永达．国内铅价弱于外盘 [J]. 中国有色金属，2011，(29)：25~27.

[4]《铅锌冶金学》编委会．铅锌冶金学 [M]. 北京：科学出版社，2003.

[5] 周国宝．关于铅锌工业发展的思考 [J]. 有色金属工业，2003，(9)：11~13.

[6] 郑昕．铅锌市场分析和展望 [D]. 北京：北京邮电大学，2008.

[7] 屈联西，闫乃青. 再生铅技术现状与发展 [J]. 中国有色金属通报，2010，(35)：17~19.

[8] 兰兴华，殷建华．发展中的中国再生铅工业 [J]. 中国资源综合利用，2000，(8)：19~21.

[9] 蒋继穆．我国铅锌冶炼现状与持续发展 [J]. 中国有色金属学报，2004，14 (1)：52~62.

[10] 朱松然．铅蓄电池技术 [M]. 2 版．北京：机械工业出版社，2002.

[11] 徐品弟，柳厚田．铅酸蓄电池—基础理论和工艺原理 [J]. 上海：上海科学技术文献出版社，1996.

[12] 张红润，李军鸿．铅酸蓄电池使用寿命影响因素与电池失效原因 [J]. 机电产品开发与创新，2010，23 (5)：60~63.

[13] 潘香英．阀控铅酸蓄电池早期容量衰减的研究 [D]. 天津：天津大学，2007.

[14] 周正华．从废旧蓄电池中无污染火法冶炼再生铅及合金 [J]. 上海有色金属，2002，(23)，157~163.

[15] Ferracin L C, Chácon-Sanhueza A E, Davoglio R A, et al. Lead recovery from a typical Brazilian sludge of exhausted lead-acid batteries using an electrohydrometallurgical process [J]. Hydrometallurgy, 2002, 65: 137~144.

[16]《废铅酸蓄电池收集和处理污染控制技术规范》编制组．《废铅酸蓄电池收集和处理污染控制技术规范》编制说明，2008.

[17] 祁嘉义．过量铅对健康的影响 [J]. 微量元素与健康研究，1999，16 (2)：75~77.

[18] 张懋奎，周晓明，王蓓兰．铅对人类的危害及铅中毒的预防 [J]. 社区卫生保健，2007，6 (5)：359~360.

[19] 张艳梅．铅暴露与人体健康 [J]. 预防医学论坛，2008，14 (3)：254~256.

[20] Duan W, Chen G, Ye Q, et al. The situation of hazardous chemical accidents in China between 2000 and 2006 [J]. Journal of hazardous materials, 2001, 186: 1489~1494.

[21] 刘岚．铅对人类健康的危害及防治 [J]. 职业与健康，2005，20 (5)：665~666.

[22] 刘辉，银星宇，覃文庆，等．铅膏碳酸盐化转化过程的研究 [J]. 湿法冶金，2005，24 (3)：146~149.

[23] Lyakov K N, Atanasova D A, Vassilev V S. Desulphurization of damped battery paste by sodium carbonate and sodium hydroxide [J]. Journal of Power Sources, 2007, 171: 960~965.

[24] 桂双林．废铅蓄电池中铅泥浸出特性及氯盐法浸出条件研究 [D]. 南昌：南昌大学，2008.

[25] 杨家宽，朱新锋，刘万超，等．废铅酸电池铅膏回收技术的研究进展 [J]. 现代化工，

2009, 29 (3): 32~37.

[26] Vaysgant Z, Morachevsky A, Demidov A, et al. A low-temperature technique for recycling lead-acid battery scrap without wastes and with improved environmental control [J]. Journal of Power Sources, 1995, 53: 303~306.

[27] Yanakieva V P, Haralampiev G A, Lyakov N K. Desulphurization of the damped lead battery paste with potassium carbonate [J]. Journal of Power Sources, 2000, 85: 178~180.

[28] Arai K, Toguri J M. Leaching of lead sulphate in sodium carbonate solution [J]. Hydrometallurgy, 1984, 12: 49~59.

[29] Gong Y, Dutrizac J E, Chen T T. The reaction of anglesite ($PbSO_4$) with sodium carbonate solutions [J]. Hydrometallurgy, 1992, 31: 175~199.

[30] Lyakov N K, Atanasova D A. Desulphurization of damped battery paste by sodium carbonate and sodium hydroxide [J]. Journal of Power Sources, 2007, 171: 960~965.

[31] Gong Y, Dutrizac J E, Chen T T. The conversion of lead sulphate to lead carbonate in sodium carbonate media [J]. Hydrometallurgy, 1992, 28: 399~421.

[32] Andrews D, Raychaudhur A, Frias C. Environmentally sound technologies for recycling secondary lead [J]. Journal of Power Sources, 2000, 88: 124~129.

[33] 郭翠香, 赵由才. 从废铅蓄电池中湿法回收铅的技术进展 [J]. 东莞理工学院学报, 2006, 13 (1): 81~86.

[34] 孙佩极, 赵素藩, 王艳红, 等. 废蓄电池渣泥二段脱硫工艺研究 [J]. 有色金属 (冶炼部分), 1994, (4): 41~43.

[35] 孙佩极, 赵素藩. 用酸式碳酸盐处理废蓄电池渣泥的动力学 [J]. 有色金属 (冶炼部分), 1992, (6): 3~7.

[36] 陆克源. 固相电解法——一种再生铅的新技术 [J]. 有色金属再生及利用, 2005, (12): 16~17.

[37] Mcdonald H D. Method of recovering lead values from battery sludge: US, 4229271 [P]. 1980-10-21.

[38] Prengaman R D. Recovering lead from batteries [J]. Journal of Metals, 1995, 47 (1): 31~33.

[39] Cole J, Ernest R, Lee A Y, et al. Update on recovering lead from scrap batteries [J]. Journal of Metals, 1985, 37 (2): 79~83.

[40] Olper M, Fracchia P. Hydrometallurgical process for an overall recovery of the components of exhausted lead-acid batteries: US, 4769116 [P]. 1988-9-6.

[41] 陈维平, 龚建森. Fe^{2+}还原废蓄电池泥渣中 PbO_2 的试验研究 [J]. 湖南大学学报, 1995, 22 (6): 53~58.

[42] 陈维平. 一种湿法回收废铅蓄电池填料的新技术 [J]. 湖南大学学报, 1996, 23 (6): 111~115.

[43] Olper M, Maccagni M, Buisman C J N. Electrowinning of lead battery paste with the production of lead and elemental sulphur using bioprocess technologies [C] //Dutrizac JE, Gonzalez JA.

LEAD～ZINC 2000 symposium. Pittsburgh Pennsylvania USA：Minerals Met & Mat Soc, 2000, 803～813.

[44] 王升东, 王道藩, 唐忠诚, 等. 废铅蓄电池回收铅与开发黄丹、红丹以及净化铅蒸汽新工艺研究 [J]. 再生资源研究, 2004, (2)：25～28.

[45] 宋剑飞, 李立清, 李丹, 等. 用废铅蓄电池制备黄丹和红丹 [J]. 化工环保, 2004, 24 (1)：52～54.

[46] 傅欣, 贡佩芸, 傅毅诚. 废铅蓄电池的综合回收利用研究 [J]. 资源再生, 2008, (2)：30～32.

[47] 刘辉. 从铅的矿物资源及二次资源直接制备超细粉体材料的研究 [D]. 长沙：中南大学, 2005.

[48] 叶少峰, 谭国进, 蒋林斌. 湿法回收废铅蓄电池制备三碱式硫酸铅 [J]. 无机盐工业, 2006, 38 (4)：46～48.

[49] 杨新生. 从废铅蓄电池渣泥中制取铅系列化工产品的试验研究 [J]. 江西冶金, 1995, 15 (2)：22～23.

[50] Manders J E, Lam L T, Peters K, et al. Lead-acid battery technology [J]. Journal of Power Sources, 1996, 59：199～207.

[51] 赵瑞瑞, 陈红雨. 铅酸蓄电池用铅粉的研究进展 [J]. 蓄电池, 2009, (2)：68～71.

[52] Mayer G, Rand D A J. Leady oxide for lead/acid battery positive plates：scope for improvement [J]. Journal of Power Sources, 1996, 59：17～24.

[53] Blair T L. Lead oxide technology-Past, present, and future [J]. Journal of Power Sources, 1998, 73：47～55.

[54] McKinley J P, Dlaska M K, Batson R. Red lead：understanding red lead in lead-acid batteries [J]. Journal of Power Sources, 2002, 107：180～186.

[55] 王景川, 徐小义. 红丹 (Pb_3O_4) 及其在铅酸蓄电池中的应用 [J]. 蓄电池, 2000, (3)：31～33.

[56] Pierson J R. Control of vital chemical processes in the preparation of lead-acid battery active materials [J]. Journal of Power Sources, 2006, 158：868～873.

[57] Shin J H, Kim K W. Preparation for leady oxide for lead-acid battery by cementationreaction [J]. Journal of Power Sources, 2000, 89：46～51.

[58] Morales J, Petkova G. Synthesis and characterization of lead dioxide active material for lead-acid batteries [J]. Journal of Power Sources, 2006, 158：831～836.

[59] Bervas M, Perrin M, Genìes S, et al. Low-cost synthesis and utilization in mini-tubular electrodes of nano PbO_2 [J]. Journal of Power Sources, 2007, 173：570～577.

[60] Radtke S F. Developments in lead-acid battery technology. Lead-Zinc 2000, Proc. of the Lead-Zinc 2000 Symp. TMS Fall Extraction & Process Metallurgy Meeting, eds. J E Dutriac et al, Pittsburg, U. S. A：Published by TMS, 2000, 887～897.

[61] Karami H, Karami M A. Synthesis of uniform nano-stuctured lead oxide bysonochemical method and its application as cathode and anode of lead-acid batteries [J]. Materials Research Bulletin,

2008, 43 (11): 3054~3065.

[62] Karami H, Karami M A. Synthesis of lead nanoparticles by sonochemical method and its application as cathode and anodeof lead-acid batteries [J]. Journal of Power Sources, 2008, 108: 337~344.

[63] 李娟, 龚良玉, 夏熙. α-PbO 纳米粉体的固相合成及其对 MnO_2 电极材料的改性作用 [J]. 应用化学, 2001, 18 (4): 264~268.

[64] 龚良玉, 李娟, 夏熙. 固相合成 β-PbO 纳米粉体及相关过程的研究 [J]. 无机材料学报, 2001, 16 (5): 969~970.

[65] 高艳阳, 张月, 王金霞. 棒状纳米 PbO 的固相合成 [J]. 中北大学学报 (自然科学版), 2007, 28 (1): 57~59.

[66] 刘建斌, 许民, 黄志明. 纳米 β-PbO 粉体的固相合成 [J]. 有色金属 (冶炼部分), 2004, (2): 44~46.

[67] 马凤国, 邵自强, 宋毅, 等. 纳米级氧化铅粉体的合成 [J]. 合成化学, 2001, 9 (5): 449~450.

[68] Li S Y, Yang W, Chen M, et al. Preparation of PbO nanoparticles by microwave irradiation and their application to Pb (Ⅱ) -selective electrode based on cellulose acetate [J]. Materials Chemistry and Physics, 2005, 90: 262~269.

[69] Haddadian H, Aslani A, Morsali A. Syntheses of PbO nano-powders using new nano-structured lead (Ⅱ) coordination polymers [J]. Inorganica Chimica Acta, 2009, 362: 1805~1809.

[70] Salavati-Niasari M, Mohandes F, Davar F. Preparation of PbO nanocrystals via decomposition of lead oxalate [J]. Polyhedron, 2009, 28: 2263~2267.

[71] 胡彬彬, 季振国, 袁苑, 等. 直流反应磁控溅射制备氧化铅薄膜 [J]. 真空科学与技术学报, 2004, 26 (2): 84~87.

[72] Ren P F, Zou X P, Cheng J, et al. Growth of lead oxide nanorods by electrochemical reduction method [J]. Journal of Materials Science & Engineering, 2007, 25 (6): 902~905.

[73] Cuzr M, Hemna L, Moarles J, et al. Spary pyrolysis as method for preparing PbO coating maenbale to use in lead-acid batteries [J]. Journal of Power Sources, 2002, 108: 35~40.

[74] Fard-Jahromi M J S, Morsali A. Sonochemical synthesis of nanoscale mixed-ligands lead (Ⅱ) coordination polymers as precursors for preparation of Pb (SO_4) O and PbO nanoparticles; thermal, structural and X-ray powder diffraction studies [J]. Ultrasonics Sonochemistry, 2010, 17: 435~440.

[75] Yang J, Ma J F, Liu Y Y. Organic-acid effect on the structures of a series of lead (Ⅱ) complexes [J]. Inorganic Chemistry, 2007, 46: 6542~6555.

[76] Pellisser A, Bretonniere Y, Chatterton N, et al. Relating structural and thermodynamic effects of the Pb (Ⅱ) lone pair: A new picolinate ligand designed to accommodate the Pb (Ⅱ) lone pair leads to high stability and selectivity [J]. Inorganic Chemistry, 2007, 46: 3714~3725.

[77] Kourgiantakis M, Raptopoulou C P, Matzapetakis M, et al. Lead-citrate chemistry. synthesis, spectroscopic and structural [J]. Inorganica Chimica Acta, 2000, 297: 134~138.

[78] 李加荣，陈博仁，欧育湘，等．3-硝基-1，2，4-三唑酮-5（NTO）的铅盐［$Pb(NTO)_2 \cdot H_2O$］的晶体结构［J］．北京理工大学学报，1993，13（2）：157~161.

[79] Kety S S. The lead citrate complex and its role in the physiology and therapy of lead poisoning [J]. The Journal of biological chemistry, 1941, 28: 181~192.

[80] Bottari E, Vicedomini M. On the complex formation between lead (Ⅱ) and citrate ions in acid solution [J]. Journal of Inorganic and Nuclear Chemistry, 1973, 35 (4): 1269~1278.

[81] Bottari E, Vicedomini M. On the complex formation between lead (Ⅱ) and citrate ions in alkaline solution [J]. Journal of Inorganic and Nuclear Chemistry, 1973, 35 (7): 2447~2453.

[82] Ekström L G, Olin Å. On the complex formation between lead (Ⅱ) and citrate in acid, neutral and weakly alkaline solution [J]. Chemica Scripta. 1978, 79 (13): 10~15.

[83] 石晶，徐家宁，张萍．［$Pb_6(H_2O)_2(cit)_4$］$\cdot 3H_2O$和$Pb(tar)(H_2O)_2$两种柔性酸和铅的配位聚合物的水热合成与表征［J］．高等学校化学学报，2007，28（9）：1617~1621.

[84] Kumar R V, Sonmez M S, Kotzeva V P. Lead recycling; UK, 0622249.1 [P], 2006.

[85] Sonmez M S, Kumar R V. Leaching of waste battery paste components. Part1: Lead citrate synthesis from PbO and PbO_2 [J]. Hydrometallurgy, 2009, 95: 53~60.

[86] Sonmez M S, Kumar R V. Leaching of waste battery paste components. Part 2: Leaching and desulphurisation of $PbSO_4$ by citric acid and sodium citrate solution [J]. Hydrometallurgy, 2009, 95: 82~86.

[87] Worayingyong A, Kangvansura P, Ausadasuk S, et al. The effect of preparation: Pechini and Schiff base methods, on adsorbed oxygen of $LaCoO_3$ perovskite oxidation catalysts [J]. Colloids and Surfaces A: Physicochemical and Engineering Aspects, 2008, 315: 217~225.

[88] Vivekanandhan S, Venkateswarlu M, Satyanarayana N. Effect of different ethylene glycol precursors on the Pechini process for the synthesis of nano-crystalline $LiNi_{0.5}Co_{0.5}VO_4$ powders [J]. Materials Chemistry and Physics, 2005, 91: 54~59.

[89] Verma S, Pradhan S D, Pasricha R, et al. A noval low-temperature synthesis of nanosized NiZn ferrite [J]. Journal of the American Chemical Society, 2005, 88: 2597~2599.

[90] Chen T T, Dutrizac J E. The mineralogical characterization of lead-acid battery paste [J]. Hydrometallurgy, 1996, 40: 223~245.

[91] 朱新锋，刘万超，杨海玉，等．以废铅酸电池铅膏制备超细氧化铅粉末［J］．中国有色金属学报，2011，20（1）：132~136.

[92] Yang J K, Zhu X F, Kumar R V. Ethylene glycol-mediated synthesis of PbO nanocrystal from $PbSO_4$: A major component of lead paste in spent lead acid battery [J]. Materials Chemistry and Physics, 2011, 131: 336~342.

[93] 侯建华，赵凤起，高红旭，等．柠檬酸铈的热分解机理及反应动力学［J］．火炸药学报，2007，30（4）：1~5.

[94] 景茂样，沈湘黔，沈裕军．柠檬酸盐凝胶法制备纳米氧化镍的研究［J］．无机材料学报，2004，19（2）：289~294.

[95] Li L, Ge J, Wu F, et al. Recovery of cobalt and lithium from spent lithium ion batteries using

organic citric acid as leachant [J]. Journal of Hazardous Materials, 2010, 176: 288~293.

[96] 严永华, 刘期崇, 夏代宽, 等. 磷酸分解磷矿石的动力学 [J]. 高校化学工程学报, 1998, 1 (2): 265~270.

[97] 梁晓蓉, 刘晓荣, 顾怡卿, 等. 废铅蓄电池湿法再生过程 PbO_2 的还原研究 [J]. 上海应用技术学院学报, 2009, 9 (2): 126~129.

[98] 石晶. 铅的配位聚合物的水热合成. 结构表征与性质研究 [D]. 长春: 吉林大学, 2008.

[99] Fan S R, Zhu L G. Secondary synthesis of two cobalt complexes by the use of 5-sulfosalicylate and 1, 10-phenanthroline and their crystal structures [J]. Chinese Journal of Chemistry, 2005, 23 (10): 1292~1296.

[100] Soudi A, Morsali A, Moazzenchi S. A first 1, 2, 4-triazole Pb (II) complex: thermal, spectroscopic and structural studies, $[Pb_2(trz)_2(CH_3COO)(NO_2)]_n$ [J]. Inorganic Chemistry Communications, 2006, 12: 1259~1262.

[101] 孙召明. 冶金化学动力学研究中应注意的几个问题 [J]. 稀有金属与硬质金属, 2001, 146: 27~29.

[102] 李洪桂, 郑清远, 张启修, 等. 湿法冶金学 [M]. 长沙: 中南工业大学出版社, 2002.

[103] 张玉军. 物理化学 [M]. 北京: 化学工业出版社, 2008.

[104] 周星, 张炜, 杨栋, 等. 基于动力学和扩散分段控制的 Mg/H_2O 反应模型及数值分析 [J]. 国防科技大学学报, 2011, 33 (1): 35~38.

[105] Geidarov A A, Akhmedov M M, Karimov M A, et al. Kinetics of leaching of lead sulfate in sodium chloride solutions [J]. Russian Metallurgy, 2009, (6): 469~472.

[106] 周贤玉, 李珊, 陈小泉, 等. Fe_3O_4 在过氧化氢-柠檬酸中的溶解特性研究 [J]. 核科学与工程, 1997, 17 (4): 377~381.

[107] 周贤玉. 过氧化氢-柠檬酸-离子交换树脂体系的可行性论证 [J]. 中南工学院学报, 1995, 9 (2): 46~51.

[108] 周贤玉, 李珊. 铁的模拟腐蚀产物在柠檬酸、过氧化氢溶液中的溶解特性 [J]. 湘潭大学自然科学学报, 1998, (1): 62~66.

[109] 沈娟, 蒋琪英, 钟国清. 锑 (Ⅲ) 配合物的合成及其空间立体化学 [J]. 化学进展, 2007, 19 (1): 107~116.

[110] 季海冰, 何孟常, 赵承易. 环境中锑的形态分析研究进展 [J]. 分析化学, 2003, 31 (11): 1393~1398.

[111] 钱文华, 温孝慈, 张其楷, 等. 治疗日本吸血虫的锑剂研究 [J]. 药学学报, 1956, 4 (4): 295~299.

[112] 王静康. 化学工程手册: 结晶 [M]. 2版. 北京: 化学工业出版社, 1996.

[113] 丁绪淮, 谈遒. 工业结晶 [M]. 北京: 化学工业出版社, 1995.

[114] 叶铁林. 化工过程结晶原理与应用 [M]. 北京: 北京工业大学出版社, 2006.

[115] 沈兴. 差热、热重分析与非等温固相反应动力学 [M]. 北京: 冶金工业出版社, 1995.

[116] 胡荣祖, 史启祯. 热分析动力学 [M]. 北京: 科学出版社, 2001.

[117] 谭洪. 生物质热裂解机理试验研究 [D]. 杭州: 浙江大学, 2005.

[118] 李永玲，吴占松．秸秆热解特性及热解动力学研究［J］．热力发电，2008，37（7）：1~5.

[119] 王子曦，李桂菊，张晓镭．制革污泥热解动力学研究［J］．中国皮革，2008，37（3）：34~38.

[120] 陈亚，陈建林，刘龙茂，等．城市污水污泥热解动力学研究［J］．河南科学，2009，27（6）：727~730.

[121] Bassilakis R, Carangelo R M, Wojtowicz M A. TG-FTIR analysis of biomass pyrolysis [J]. Fuel, 2001, 80 (12): 1765~1786.

[122] Jong W, Pirone A, Wojtowicz M A. Pyrolysis of Miscanthus Giganteus and wood pellets: TG-FTIR analysis and reaction kinetics [J]. Fuel, 2003, 82 (9): 1139~1147.

[123] Brown M E. Thermal decomposition of lead citrate [J]. Journal of the Chemical Society, Faraday Transactions 1: Physical Chemistry in Condensed Phases, 1973, 69: 1202~1212.

[124] Munson M J, Riman R E. Observed phase transformations of oxalate -derived lead monoxide powder [J]. Journal of Thermal Analysis, 1991, 37: 2555~2566.

[125] Criado J M, Gonzalez F, Gonzalez M, et al. Influence of the grinding of $PbCO_3$ on the texture and structure of the final products of its thermal decomposition [J]. Journal of Materials Science, 1982, 17: 2056~2060.

[126] 郝润蓉，方锡义，钮少冲．《无机化学丛书》（第3卷）碳硅锗分族［M］．北京：科学出版社，1998.

[127] 刘广林．铅酸蓄电池工艺学概论［M］．北京：机械工业出版社，2008.

[128] Perry D L, Wilkinson T J. Synthesis of high-purity alpha-PbO and beta-PbO and possible applications to synthesis and processing of other lead oxide materials [J]. Applied Physics Materials Science and Processing, 2007, 89 (1): 77~80.

[129] Visscher W. Cyclic voltammetry on lead electrodes in sulphuric acid solution [J]. Journal of Power Sources, 1977, 1 (3): 257~266.

[130] 唐爱东，黄可龙，赵家昌．尖晶石型 $LiMn_2O_4$ 电极循环伏安研究［J］．电源技术．2003，27（6）：502 ~ 504.

[131] 徐秋红，常照荣，张士国．粉末微电极循环伏安法快速评价 $LiCoO_2$ 合成条件研究［J］．河南师范大学学报（自然科学版），2009，37（5）：89~93.

[132] Ruan Y, Hang C, Wang Y. Government's role in disruptive innovation and industry emergence: The case of the electric bike in China [J]. Technovation, 2014, 34 (12): 785~796.

[133] Zhang X, Rao R, Xie J, et al. The current dilemma and future path of China's electric vehicles [J]. Sustainability, 2014, 6 (3): 1567~1593.

[134] Zhang W, Yang J, Wu X, et al. A critical review on secondary lead recycling technology and its prospect [J]. Renewable and Sustainable Energy Reviews, 2016, 61: 108~122.

[135] Raghavan R, Mohanan P, Swarnkar S. Hydrometallurgical processing of lead-bearing materials for the recovery of lead and silver as lead concentrate and lead metal [J]. Hydrometallurgy, 2000, 58 (2): 103~116.

[136] Kushwaha G, Sharma N. Green initiatives: a step towards sustainable development and firm's

performance in the automobile industry [J]. Journal of Cleaner Production, 2016, 121: 116~129.

[137] Matteson S, Williams E. Residual learning rates in lead-acid batteries: Effects on emerging technologies [J]. Energy Policy, 2015, 85: 71~79.

[138] Zhang Q. The current status on the recycling of lead-acid batteries in China [J]. International Journal of Electrochemical Science, 2013, 8: 6457~6466.

[139] Tian X, Gong Y, Wu Y, et al. Management of used lead acid battery in China: Secondary lead industry progress, policies and problems [J]. Resources, Conservation and Recycling, 2014, 93: 75~84.

[140] Tian X, Wu Y, Gong Y, et al. Residents' behavior, awareness, and willingness to pay for recycling scrap lead-acid battery in Beijing [J]. Journal of Material Cycles and Waste Management, 2015, 17 (4): 655~664.

[141] Moseley P, Rand D, Monahov B. Designing lead - acid batteries to meet energy and power requirements of future automobiles [J]. Journal of Power Sources, 2012, 219: 75~79.

[142] Tian X, Wu Y, Gong Y, et al. The lead-acid battery industry in China: outlook for production and recycling [J]. Waste Management & Research, 2015, 33 (11): 986~994.

[143] Zhu X, Li L, Sun X, et al. Preparation of basic lead oxide from spent lead acid battery paste via chemical conversion [J]. Hydrometallurgy, 2012, 117: 24~31.

[144] 潘军青, 边亚茹. 铅酸蓄电池回收铅技术的发展现状 [J]. 北京化工大学学报 (自然科学版), 2014, 41 (3): 1~14.

[145] Chen L, Xu Z, Liu M, et al. Lead exposure assessment from study near a lead-acid battery factory in China [J]. Science of the Total Environment, 2012, 429: 191~198.

[146] Zhu X, Yang J, Gao L, et al. Preparation of lead carbonate from spent lead paste via chemical conversion [J]. Hydrometallurgy, 2013, 134: 47~53.

[147] Bai L, Qiao Q, Li Y, et al. Substance flow analysis of production process: a case study of a lead smelting process [J]. Journal of Cleaner Production, 2015, 104: 502~512.

[148] Bai L, Qiao Q, Li Y, et al. Statistical entropy analysis of substance flows in a lead smelting process [J]. Resources, Conservation and Recycling, 2015, 94: 118~128.

[149] Bernardes A, Espinosa D, Tenório J. Recycling of batteries: a review of current processes and technologies [J]. Journal of Power Sources, 2004, 130 (1): 291~298.

[150] 彭露, 张伟, 喻文昊, 等. 废铅蓄电池火法冶炼环境影响分析 [J]. 现代化工, 2016, 36 (1): 17~20+22.

[151] Allan M, Fagel N, Van Rampelbergh M, et al. Lead concentrations and isotope ratios in speleothems as proxies for atmospheric metal pollution since the industrial revolution [J]. Chemical Geology, 2015, 401: 140~150.

[152] Liu G, Yu Y, Hou J, et al. An ecological risk assessment of heavy metal pollution of the agricultural ecosystem near a lead-acid battery factory [J]. Ecological Indicators, 2014, 47: 210~218.

[153] Singh N, Li J. Environmental impacts of lead ore mining and smelting [J]. Advanced Materials Research, 2014, 878: 338~347.

[154] Buzatu T, Petrescu M, Ghica V, et al. Processing oxidic waste of lead-acid batteries in order to recover lead [J]. Asia-Pacific Journal of Chemical Engineering, 2015, 10 (1): 125~132.

[155] 祁国恕，张正洁，陈扬．固相电还原回收铅电化学基本机理研究 [J]. 2012 中国环境科学学会学术年会论文集（第三卷），2012：2464~2468.

[156] 张正洁．利用废铅膏制取超细 PbO 粉体工艺 [J]. 蓄电池，2012，49（5）：195~197.

[157] Bakkar A. Recycling of electric arc furnace dust through dissolution in deep eutectic ionic liquids and electrowinning [J]. Journal ofHazardous Materials, 2014, 280: 191~199.

[158] Pan J, Zhang C, Sun Y, et al. A new process of lead recovery from waste lead-acid batteries by electrolysis of alkaline lead oxide solution [J]. Electrochemistry Communications, 2012, 19: 70~72.

[159] Pan J, Sun Y, Li W, et al. A green lead hydrometallurgical process based on a hydrogen-lead oxide fuel cell [J]. Nature Communications, 2013, 4: 1~6.

[160] Pan J, Song S, Sun Y. A recycling method of waste lead acid batteries for the directly manufacturing of high purity lead oxide: CN , 201210535154. 1 [P]. 2012.

[161] Pan J, Song S, Ma Y, et al. A new atom-economical method for the recovery of wasted leadacid batteries in the production of lead oxide: CN, 201310084392. X [P]. 2013.

[162] Pan J, Zhang X, Sun Y, et al. Preparation of high purity lead oxide from spent lead acid batteries via desulfurization and recrystallization insodium hydroxide [J]. Industrial & Engineering Chemistry Research, 2016, 55 (7): 2059~2068.

[163] 邱德芬，柯昌美，王茜，等．从废铅膏中回收铅及铅的化合物的方法 [J]. 无机盐工业，2014，46（7）：16~19.

[164] Ma Y, Qiu K. Recovery of lead from lead paste in spent lead acid battery by hydrometallurgical desulfurization and vacuum thermal reduction [J]. Waste Management, 2015, 40: 151~156.

[165] Zhan L, Xu Z. State-of-the-art of recycling e-wastes by vacuum metallurgy separation [J]. Environmental Science & Technology, 2014, 48 (24): 14092~14102.

[166] Zhou H. Synthesis and characterization of lead compounds in waste lead battery treatment [D]. Hong Kong: The University of Hong Kong, 2015.

[167] Ma C, Shu Y, Chen H. Recycling lead from spent lead pastes using oxalate and sodium oxalate and preparation of novel lead oxide for lead-acid batteries [J]. RSC Advances, 2015, 5 (115): 94895~94902.

[168] Ma C, Shu Y, Chen H. Preparation of high-purity lead oxide from spent lead paste by low temperature burning and hydrometallurgical processing with ammonium acetate solution [J]. RSC Advances, 2016, 6 (25): 21148~21155.

[169] Shahrjerdi A, Hosseiny D, Najafi E, et al. Sonoelectrochemical synthesis of a new nano lead (Ⅱ) complex with quinoline-2-carboxylic acid ligand: A precursor to produce pure phase nano-sized lead (Ⅱ) oxide [J]. Ultrasonics Sonochemistry, 2015, 22: 382~390.

[170] Gao P, Lv W, Zhang R, et al. Methanothermal treatment of carbonated mixtures of $PbSO_4$ and PbO_2 to synthesize α-PbO for lead acid batteries [J]. Journal of Power Sources, 2014, 248: 363~369.

[171] Gao P, Liu Y, Bu X, et al. Solvothermal synthesis of α-PbO from lead dioxide and its electrochemical performance as a positive electrode material [J]. Journal of Power Sources, 2013, 242: 299~304.

[172] Smith N, Kinsbursky S. Process for obtaining pure litharge from lead acid battery paste: US, 8562923 [P]. 2013.

[173] Smith N, Kinsbursky S. Recovery of high purity lead oxide from lead acid battery paste: US, 8715615 [P]. 2014.

[174] Yang J, Kumar R V, Singh D. Combustion synthesis of PbO from lead carboxylate precursors relevant to developing a new method for recovering components from spent lead-acid batteries [J]. Journal of Chemical Technology and Biotechnology, 2012, 87 (10): 1480~1488.

[175] Zhang W, Yang J, Zhu X, et al. Structural study of a lead (Ⅱ) organic complex - a key precursor in a green recovery route for spent lead-acid battery paste [J]. Journal of Chemical Technology and Biotechnology, 2016, 91: 672~679.

[176] Zhu X, He X, Yang J, et al. Leaching of spent lead acid battery paste components by sodium citrate and acetic acid [J]. Journal of Hazardous Materials, 2013, 250: 387~396.

[177] Zhu X, Li L, Liu J, et al. Leaching properties of lead paste in spent lead-acid battery with a hydrometallurgical process at room temperature [J]. Environmental Engineering and Management Journal, 2013, 12 (11): 2175~2182.

[178] 王治科, 张含, 叶存玲. 硫氰酸盐-铁(Ⅲ)体系从废电路板中选择性浸出金银 [J]. 有色金属(冶炼部分), 2013, (11): 32~35.

[179] Li J, Safarzadeh M, Moats M, et al. Thiocyanate hydrometallurgy for the recovery of gold. Part Ⅲ: Thiocyanate stability [J]. Hydrometallurgy, 2012, 113~114: 19~24.

[180] Li J, Safarzadeh M, Moats M, et al. Thiocyanate hydrometallurgy for the recovery of gold. Part Ⅰ: Chemical and thermodynamic considerations [J]. Hydrometallurgy, 2012, 113~114: 1~9.

[181] Zárate-Gutiérrez R, Lapidus G. Anglesite ($PbSO_4$) leaching in citrate solutions [J]. Hydrometallurgy, 2014, 144~145: 124~128.

[182] 郝保红, 黄俊华. 晶体生长机理的研究综述 [J]. 北京石油化工学院学报, 2006, 14 (2): 58~64.

[183] 王立明, 韦志仁, 吴峰. 水热条件下影响晶体生长的因素 [J]. 河北大学学报(自然科学版), 2002, 22 (4): 345~350.

[184] 戴江洪. 氯化亚铜微晶的制备及其表征 [D]. 赣州: 江西理工大学, 2007.

[185] 居鸣丽. 络合-结晶法脱异丙醇铝及氧化铝纳米粉体中痕量铁的研究 [D]. 大连: 大连理工大学, 2004.

[186] 赵瑞祥, 安永峰. 添加晶种对氟硅酸钠结晶的影响 [J]. 无机盐工业, 2009, 41 (12):

46~48.

[187] 张玲，郑毓峰，孙言飞，等．晶种诱导水热合成二硫化钴 CoS_2 粉体及结构精修 [J]. 新疆大学学报（自然科学版），2006，23 (1)：47~52.

[188] 郭志超，李鸿，王静康，等．超声波对结晶过程的作用及机理 [J]. 天津化工，2003，17 (3)：1~4.

[189] 张虽栓，蔡花真，张根明，等．浓缩-结晶法制备辣椒碱类化合物工艺 [J]. 食品科学，2010，31 (24)：128~133.

[190]《废铅酸蓄电池收集和处理污染控制技术规范》编制组．《废铅酸蓄电池收集和处理污染控制技术规范》编制说明．2008.

[191] 徐琴．用磁选法进一步去除锌精矿中铁杂质的研究 [J]. 化工矿山技术，1997，26 (2)：24~26.

[192] 王彦欣，张彩旗．照相明胶生产中杂质铁的去除与控制 [J]. 明胶科学与技术，2006，26 (2)：79~80.

[193] 张伟宁，李静．用分步沉积法去除 $Nb(OH)_5/Ta(OH)_5$ 中 Ti，Sb 等金属杂质的工艺研究 [J]. 宁夏工程技术，2002，1 (3)：216~217.

[194] Venegas P, Cruz L, Lapidus G. Dissolution mechanism of different iron species contained in kaolin [J]. Mexican Journal of Materials Science and Engineering, 2014, 1 (2): 30~34.

[195] Riveros P. The removal of antimony from copper electrolytes using amino-phosphonic resins: Improving the elution of pentavalent antimony [J]. Hydrometallurgy, 2010, 105 (1): 110~114.

[196] 熊祥祖，王威，李志保，等．离子交换树脂脱除湿法磷酸中金属杂质的研究 [J]. 武汉工程大学学报，2009，31 (7)：26~29.

[197] 王振玉，刘家弟，李宗站，等．离子交换树脂去除金矿选矿循环用水中金属杂质离子的研究 [J]. 黄金，2010，31 (2)：48~51.

[198] 刘玲静．铅膏浸出过程中的杂质迁移转化规律及湿法工艺设计 [D]. 武汉：华中科技大学，2012.

[199] Yuan X, Hu J, Xu J, et al. The effect of barium sulfate-doped lead oxide as a positive active material on the performance of lead acid batteries [J]. RSC Advances, 2016, 6 (32): 27205~27212.

[200] 朱新锋．废铅膏有机酸浸出及低温焙烧制备超细铅粉的基础研究 [D]. 武汉：华中科技大学，2012.

[201] 喻文昊．脱硫铅膏酸浸湿法回收液相合成氧化铅的研究 [D]. 武汉：华中科技大学，2015.

[202] 李尚勇．有色金属热力学数据库的计算模型与架构体系研究 [D]. 昆明：昆明理工大学，2012.

[203] 周丹娜．化学平衡制图软件 HYDRA/MEDUSA 在大学化学教学中的应用 [J]. 大学化学，2015，30 (4)：21~25.

[204] 朱新锋，杨家宽，孙晓娟，等．铅膏在柠檬酸-柠檬酸钠体系中的浸出过程 [J]. 过程工

程学报, 2013, 13 (4): 615~620.

[205] Masłowska J. Thermal decomposition and thermofracto-chromatographic studies of metal citrates [J]. Journal of Thermal Analysis and Calorimetry, 1984, 29 (5): 895~904.

[206] Geidarov A, Akhmedov M, Karimov M, et al. Kinetics of leaching of lead sulfate in sodium chloride solutions [J]. Russian Metallurgy (Metally), 2009, 2009 (6): 469~472.

[207] 何东升, 朱新锋, 刘建文, 等. 废铅酸蓄电池铅膏柠檬酸浸出动力学研究 [J]. 环境工程学报, 2012, 6 (2): 623~626.

[208] Ledwith D, Whelan A, Kelly J. A rapid, straight-forward method for controlling the morphology of stable silver nanoparticles [J]. Journal of Materials Chemistry, 2007, 17 (23): 2459~2464.

[209] Zhang W, Yang J, Hu Y, et al. Effect of pH on desulphurization of spent lead paste via hydrometallurgical process [J]. Hydrometallurgy, 2016: DOI: 10. 1016/j. hydromet. 2016. 1005. 1012.

附录　废铅膏成分测试方法

对铅膏进行以下预处理：水洗至中性，105℃干燥3h，破碎后过120目筛子，120目筛下物供分析实验用。

1. PbO_2的测量

(1) 方法原理

在硝酸溶液中，二氧化铅可定量的氧化过氧化氢，而剩余的过氧化氢又被高锰酸钾定量氧化，根据高锰酸钾溶液的用量，计算出二氧化铅的含量。

(2) 测定方法

称取铅膏试样0.4g（准确至0.0001g），于250mL三角杯中，加硝酸（1+1）15mL，用移液管准确加入5mL H_2O_2(1+40)溶液，轻轻摇动30min，使试样溶解完全（仔细观察无小气泡发生即表示溶解完全），用$c(0.2KMnO_4)=0.15mol/L$高锰酸钾标准溶液滴定至呈浅红色（30s不变色）。记空白实验和铅膏试样实验时的高锰酸钾用量分别为V_0(mL)和V(mL)，试样质量为m(g)，c(mol/L)为高锰酸钾标准溶液的实际浓度，则PbO_2的质量分数计算公式为：

$$w_{PbO_2}=c\times(V_0-V)\times0.1196\times100/m \tag{1}$$

2. PbO的测量

(1) 方法原理

试样中氧化铅易溶解于稀醋酸溶液中，所生成的二价铅离子，在pH=5~6的溶液中，以醋酸钠和六次甲基四胺溶液做缓冲剂、二甲酚橙为指示剂，用EDTA络合滴定。

(2) 测定方法

称取3g（准确至0.0001g）铅膏试样，于盛有60mL 5%醋酸的250mL烧杯中，搅拌溶解30min，以慢速滤纸过滤于250mL容量瓶中，用5%的醋酸溶液洗净烧杯和残渣中的铅离子（整个过程残渣不得暴露于空气中，避免金属铅的氧化），并洗至刻度处，摇匀。得到分离的滤液和残渣分别用于PbO和$PbSO_4$的测定。用移液管吸取50mL滤液于250mL三角杯中，加水稀释至80~100mL，用氨水（1+1）调溶液pH=5~6，加5mL 20%醋酸钠溶液、3mL 20%六次甲基四胺溶液、三滴0.5%二甲酚橙指示剂，用经标定后滴定度为T(g/mL)，浓度$c(C_{10}H_{14}N_2O_8Na_2\cdot2H_2O)=0.05mol/L$的EDTA标准溶液滴定，直至溶液由紫红色变为亮黄色。记录EDTA用量为V(mL)，试样质量为m(g)，则PbO的质量分数计算公式为：

$$w_{PbO} = (T \times V \times 250 \times 100)/(m \times 50) \quad (2)$$

3. $PbSO_4$的测量

（1）方法原理

硫酸铅在常温下可缓慢地溶解于含有较大浓度氯化钠的溶液中，所生成的二价铅离子，采用 EDTA 络合滴定。

（2）测定方法

将测 PbO 时保留的残渣立即收集于原杯中，加 150mL 25%的氯化钠溶液连续搅拌溶解 1h 或搅拌后放置过夜。用快速滤纸过滤于 500mL 容量瓶中，加冰乙酸 5mL，用 10%的氯化钠洗液洗涤烧杯、残渣至无铅离子，并洗至刻度处，摇匀。得到分离的滤液和残渣分别用于 $PbSO_4$和 Pb 的测定。吸取 50mL 试液于 250mL 三角杯中，加水稀释至 80~100mL，调节 pH=5~6，加 5mL 20%醋酸钠溶液、3mL 20%六次甲基四胺溶液、三滴 0.5%二甲酚橙指示剂，同时加入 3mL 饱和硫脲、0.1g 抗坏血酸作掩蔽剂，用滴定度为 T(g/mL)、浓度 $c(C_{10}H_{14}N_2O_8Na_2 \cdot 2H_2O) = 0.1$mol/L 的 EDTA 标准溶液滴定至溶液变为亮黄色。记录 EDTA 用量为 V(mL)，试样质量为 m(g)，则 $PbSO_4$的质量分数计算公式为：

$$w_{PbSO_4} = (T \times V \times 500 \times 100)/(m \times 50) \quad (3)$$

4. Pb 的测量

（1）方法原理

试样中氧化铅易溶解于稀醋酸溶液中，生成二价铅离子，硫酸铅在常温下可缓慢地溶解于含有较大浓度氯化钠的溶液中，而铅不与其发生反应，因此可以利用测定氧化铅与硫酸铅后的渣与硝酸反应所生成的二价铅离子，采用 EDTA 络合滴定的方法测定金属铅的含量。

（2）测定方法

将测 $PbSO_4$时保留的残渣立即收集于原杯中，加 50mL HNO_3(1+50）溶液连续搅拌溶解 30min，用于 Pb 的分析。用快速滤纸过滤于 250mL 容量瓶中，用 HNO_3(1+50）洗液洗涤烧杯，洗至刻度处，摇匀。得到分离的滤液，吸取 50mL 试液于 250mL 三角杯，其他步骤同测 Pb，用滴定度为 T(g/mL)、$c(C_{10}H_{14}N_2O_8Na_2 \cdot 2H_2O) = 0.05$mol/L 的 EDTA 标准溶液进行滴定。记录 EDTA 用量为 V(mL)，试样质量为 m(g)，Pb 的质量分数计算公式为：

$$w_{PbO} = (T \times V \times 250 \times 100)/(m \times 50) \quad (4)$$

5. 总 Pb 的测量

总铅的测定，称取 0.1g（准确至 0.0001）铅膏试样，用 1∶1 硝酸与双氧水消解样品，如果较难溶的话，先加入 0.5g 的氯化铵，加热至沸腾后，再加硝酸与双氧水溶解，采用与氧化铅分析相同的分析方法或者原子吸收分光光度法测定总铅的含量。